本书获得国家重点研发计划项目2020 YFA0608201支持

农业灾害与粮食安全
——影响评价与适应对策

张　朝　张亮亮　梅晴航　庄慧敏　张　静　著

科 学 出 版 社
北 京

内 容 简 介

本书立足于我国三大主粮作物，基于翔实的野外观测、机理过程模型模拟、机器学习和文献调研等方法，探讨了近40来年气候变化对我国作物生产系统生长发育过程和最终产量的影响；并针对粮食作物如何适应未来气候变化这一热点问题，分别从何时、何地需要更换新品种、未来品种应具备何种优良性状等农业生产应对气候变化的科学措施，以及如何实现农业保险产品的智能化设计等方面进行了创新、系统地论证，提出了我国玉米、小麦、水稻粮食作物生产应对气候变化的对策和措施。

本书可供农业科学、地理科学、国家安全学，以及相关交叉科学本科生和研究生进行学习和科研的启蒙引导，也能为相关领域的科研院所研究者、高等院校的教育工作者和政府决策管理者等提供参考和决策依据。

审图号：GS 京(2024)1851 号

图书在版编目(CIP)数据

农业灾害与粮食安全：影响评价与适应对策／张朝等著．北京：科学出版社，2024．10．-- ISBN 978-7-03-079891-6

Ⅰ．S42；F326．11

中国国家版本馆 CIP 数据核字第 2024FA8452 号

责任编辑：刘　超／责任校对：樊雅琼

责任印制：赵　博／封面设计：无极书装

科学出版社 出版

北京东黄城根北街 16 号

邮政编码：100717

http://www.sciencep.com

北京中科印刷有限公司印刷

科学出版社发行　各地新华书店经销

*

2024 年 10 月第　一　版　开本：787×1092　1/16

2025 年 1 月第二次印刷　印张：14 1/4

字数：330 000

定价：170.00 元

（如有印装质量问题，我社负责调换）

自　序

国家粮食安全定义为一个国家的国民在任何时候都能得到生存和健康所需要的足够食物。粮食安全是国家安全的重要部分，是国家安全学的一个重要分支，也是农业科学、地理科学、环境科学、经济学等多学科研究的重要课题之一。粮食安全的内涵也在不断完善，从原来的四维特征，即可得性（availability）、可取性（access）、可用性（utilization）和稳定性（stability），发展到目前的六维特征，新增加的两个特征是能动性（agency）和可持续性（sustainability）。因此，粮食安全涉及多个学科、多个部门、多个区域，是一个综合性的全球问题；需要每个个体、社群、各级行政管理部门、国家、区域甚至全世界的通力协作。

当今世界恰逢百年未有之大变局，气候变化、区域冲突和贸易争端严重威胁全球粮食安全，也对我国粮食安全形成前所未有的外部压力。我国政府历来重视粮食安全，习近平总书记强调“悠悠万事，吃饭为大”“确保中国人的饭碗牢牢端在自己手中”“保障国家粮食安全是一个永恒课题，任何时候这根弦都不能松”。但是，相较于国家的高度重视，我国粮食安全领域的科学研究和人才培养却长期面临“零散、边缘、弱势”的困境。作为国内教育资源最为丰富和教育资历最为深厚的高等学府，北京师范大学粮食安全（京师粮食安全）团队有能力和魄力肩负这项重任来破解上述困境。

两年前，京师粮食安全团队勇敢尝试着迈出了第一步，出版了一本有关粮食安全的专著——《农业灾害与粮食安全：极端温度与水稻生产》。两年后，第二部专著也将面世。相比于第一次专著撰写时的谨小慎微，编写本书却是另外一幅场景：舒畅、淋漓、停不下笔。收笔最后时刻，终于体会到了“复得返自然般的宁静和美好”。促成我们完成本书的另外一个因素来自本领域一位资深专家。交流时，他多次表示目前很多优秀成果都是以英文形式发表的，首选专业顶级期刊或综合性高影响期刊发表，要在如此繁多的英文期刊中迅速了解一个团队长期的研究成果、理解他们的研究思路非常困难，而阅读中文专业书籍才是深入系统地学习某一领域的最好方法，尤其对于一位刚刚入门、热衷深造的学者更是如此。加上非英语母语的弱势，一名新人要跨越英文的理解、逻辑的拿捏、思路的把握等多重困难，是一项痛苦的挑战，初始热情甚至可能被熄灭。因此，我们出版本书，如果能对粮食安全高等教育有所帮助，我将深感荣幸。

由于作者水平有限，书中难免存在不足之处，恳请同行和广大读者批评指正，不吝赐教。

张　朝

2024年3月6日

于南国北师　珠海

前　言

气候无国界，气候变化也已成为全人类的危机。最新的政府间气候变化专门委员会（IPCC）评估报告显示，自 1850～1900 年以来，全球地表温度已上升了约 1℃，过去 20 年陆地温度升高了 1.59℃，升温速率达到了近 2000 年来的最大值。根据当前的趋势，到 21 世纪末温度升高将超过 2℃，极端温度将达到或超过植物和人体的耐受阈值。与此同时，天气系统的不稳定导致热浪、暴雨、飓风及复合型极端气候现象变得更加剧烈和频繁，以前百年一遇的极端气候事件到 21 世纪末可能每年都会发生。激烈的气候变化将自然生态系统推向了临界点，破坏将突如其来且在数百年到千年的时间尺度上不可逆转。

“靠天吃饭”的农业是受冲击最大的行业，尤其是作为农业主体的作物生产与粮食安全。全球变化改变了农业气候条件，引起的极端天气超出了作物的适应能力，对粮食的可得性和稳定性构成了严重威胁。然而目前世界上还有 8.21 亿人面临着饥饿和营养不良的问题，预计到 2050 年全球人口总数将超过 90 亿人，粮食需求将翻一番。气候变化背景下如何保障粮食安全成为 21 世纪人类面对的巨大挑战，是当前亟待解决的重大问题。

玉米、小麦和水稻是全球最重要的三大粮食作物，分布广、用途多、营养丰富，不仅是世界 80 亿人口的主食，而且是重要的饲料和工业深加工原料，在保障粮食安全和维持经济发展方面发挥着举足轻重的作用。作物生长发育对温度极其敏感，有其适宜的温度区间，低于或者超过这个适宜温度都不利于作物生长，并最终影响产量。例如，温度超过其生理阈值会破坏作物生殖器官，降低光合作用，加速叶片衰老，阻碍干物质累积和分配，缩短生育期，进而造成严重减产。荟萃（Meta）分析表明温度每升高 1℃，全球玉米减产率最高，为 7.4%，小麦减产率 6.0%，水稻减产率也达 3.2%。当然 CO_2 浓度升高会刺激 C_3 作物（水稻、小麦）光合作用，提高辐射利用率，补偿一部分气温升高导致的产量损失。但玉米是 C_4 作物，大气中的 CO_2 浓度是饱和的，CO_2 的肥效作用并不显著，因此在急剧变化的气候条件下玉米将存在着更大的减产风险。

中国是世界上主要的粮食生产国家，仅以 9% 的耕地和 6% 的淡水资源生产了全球 23% 的玉米、18% 的小麦、37% 的水稻，养活着全球 22% 的人口。以 2021 年为例，全国粮食播种面积、单位面积产量和总产量分别为 11 763.2 万 hm^2（176 447 万亩①）、5805kg/

① 1 亩≈666.7m^2。

hm^2（387kg/亩）和68 285万t（13657亿斤[①]）。其中玉米是当前我国第一大作物，其产量的80%以上供给了畜牧业和化工业，早已不再是单纯的口粮作物，已成为维持国民经济发展的战略性物资。随着产业结构调整和人民生活水平的提高，玉米需求刚性增长，国内玉米生产已供不应求，也是进口量最大的粮食作物。2021年，我国玉米进口量为2623.38万t，同比增长了2.4倍，创历史新高。进口的玉米主要来自美国（71.9%）、乌克兰（27.7%）和俄罗斯（0.3%）。然而当今国际形势复杂，贸易摩擦愈演愈烈，粮食流通充满着不确定性，玉米供给面临着严重威胁。在这样的背景下，实现2019年中央一号文件所指出的“稳定玉米生产，确保谷物基本自给自足、口粮绝对安全”极其重要。但是我国地处季风气候区，天气、气候条件年际变化大，气象灾害发生频繁，农业受气候变化的影响剧烈。同时，农业生产基础设施薄弱，抗御自然灾害能力较差，是全球变化最脆弱的地区之一。随着气候变化的持续，破坏程度越来越强，影响越来越复杂，应对难度越来越大，粮食生产面临着前所未有的挑战。

此外，我国是典型的小农农业系统，小农户数量占农业经营主体的98%以上，小农经营的耕地面积占总耕地面积的70%。农民知识水平普遍不足，为了追求高产盲目过量施肥，一些地区农田养分输入甚至超过作物需求量的1倍，33%的耕地出现了氮磷过剩。联合国粮食及农业组织（FAO）统计数据显示，中国三大粮食作物的平均施氮量为305 kg/hm^2，将近世界平均水平的5倍，但氮肥利用效率仅为0.25，不到发达国家（0.65）的一半。超额施肥造成了土壤酸化、水体富营养化、温室气体排放加剧等一系列问题。20世纪80年代以来耕地土壤pH下降了0.5个单位，农田总氮和总磷流失污染了57%的水体，农业N_2O和温室气体（GHG）排放量占全球人为温室气体总排放量的28%～29%。不仅施肥，灌溉情况也相当严峻。20世纪70年代以来灌溉面积扩展了32%，2019年达到了11.1亿亩，相当于总耕地面积的51%，消耗了全球灌溉水总量的13%。但水资源利用效率极低，每立方米水带来的粮食生产力不足1 kg。过度开发地表水和超量开采地下水使北方和华北地区成为全球水资源短缺最严重的区域之一。虽然农业资源投入居世界首位，但是作物产量中等偏下，增水增肥不增产的现象普遍存在。近30年全国一半以上的种植面积作物产量停滞不前甚至下降，粮食增产举步维艰。而且当前气候变化加剧和环境问题日益严峻，农业节水减排引起全世界的关注，在国际上承受着政治、经济等多方压力。

综上，我国农业生产面临着粮食安全、气候变化和环境退化三重挑战，亟须厘清气候变化的影响，探明关键影响因子并给出丰产减排、趋利避害的应对策略。基于此，本书综合京师粮食安全团队近15年的研究成果，尤其是最近5年的最新研究，首先全面客观地评估历史气候变化对三大作物生长发育和产量形成的影响，识别关键影响因子；其次构建

① 1斤=0.5kg。

多目标优化系统优化施肥和灌溉，明确可持续管理潜力和区域最佳生产方案；最后系统评估未来气候变化对作物生产的影响，并精准评价三大作物品种的未来适应性，诊断适合未来的抗风险优良品种特征，不仅为制定气候变化适应措施提供科学依据，还为国家制定可持续发展战略提供科学参考。

作　者

2024 年 3 月

目　录

第1章 气候变化与影响适应概论

气候变化（climate change）是指气候平均状态（气温、降雨、风速、太阳辐射等）统计学意义上的巨大改变或者持续较长一段时间（典型的为30年或更长）的气候变动。气候变化不但包括平均值的变化，而且包括变率的变化。在IPCC报告中，气候变化是指气候随时间的任何变化，无论其原因是自然变率，还是人类活动的结果。而在《联合国气候变化框架公约》（以下简称《公约》）中，气候变化是指“除在类似时期内所观测的气候的自然变异之外，由于直接或间接的人类活动改变了地球大气的组成而造成的气候变化”，所以《公约》更强调人类活动的影响。

气候变化不仅给整个生物圈以及自然环境带来改变，还直接或间接地影响到生活在地球上的人类。气候变化影响既有正面影响，又有负面影响；即使是对于同一种作物，气候变化在不同地区的影响方向各异，影响程度也有差别。因此，客观而准确地评估气候变化的影响非常重要，是我们制定科学应对措施的基础前提和客观依据。科学应对是气候变化领域研究的最终目的，只有预先采取了科学合理的应对措施，才能最大限度地减少气候变化对粮食生产系统和人类社会的负面影响，包括财产损失和人员伤亡，尤其对于“靠天吃饭”的农业生产系统而言。因此，农业生产系统如何适应和应对气候变化相关研究已成为当前科学界的热点问题之一。

本书所指的粮食安全，特采用由1996年罗马FAO发起组织的世界粮食首脑会议上统一的定义，是指“所有人在任何时候都能在物质、社会和经济上获得充足、安全和富有营养的粮食，以满足其积极和健康生活的膳食需求和食物偏好”。2006年FAO进一步提炼出粮食安全的四个重要属性：可得性、可取性、可用性和稳定性；也可以理解为保障粮食安全的四根支柱，即供应、获取、利用和稳定。因此本书涉及的粮食安全主要针对粮食安全的可得性和稳定性，从农作物生产系统防灾止损角度来提高人类社会获得粮食的可能性，降低气候影响带来的粮食生产的波动性。下面就气候变化对农作物生产系统的物候、单产、种植面积影响及其应对措施分别进行介绍。

1.1 气候变化对物候的影响

植物物候是指植物随气候季节而生、长、荣、枯的周期性生命现象（竺可桢，1972）。物候现象可以客观反映植物在生长过程中对外界气候、生态环境条件的响应及适应，是全球变化的“诊断指纹”（Piao et al.，2019；Ettinger et al.，2020）。植物物候能够敏感地指示气候变化，是全球变化研究中的一个研究热点。下面将分别从自然植被和农作物的物候对气候变化影响进行概述，通过对比全面把握研究现状，以便整理出关键的科学问题。

1.1.1 气候变化对自然植被物候的影响

森林是地球陆地自然植被的主体，具有很高的生物生产力和生物量及丰富的生物多样性（刘国华和傅伯杰，2001）。此外，森林还为人类社会的生产和生活提供丰富的资源，在维护区域气候和保护区域生态环境等方面有重要作用。虽然森林面积仅占全球陆地总面积的1/4，但是其碳储量占陆地植被碳储量的80%以上，每年的固碳量约占陆地生物总固碳量的2/3，对全球碳平衡具有举足轻重的作用（郑景云等，2002；陆佩玲等，2006）。反过来，由于森林生态系统是一个巨大的碳库，对大气中的CO_2起着源或汇的作用，因此可加剧或减缓全球变化（朴世龙和方精云，2003；Richardson et al.，2013）。上述功能主要通过物候变化实现。

森林物候是指树木随四季推移而形成的发芽、展叶、开花、叶变色、落叶的现象，根据发生的季节可分为春季物候（萌动期、展叶期、开花期等）和秋季物候（果熟期、叶秋季变色期、落叶期等）（方修琦和余卫红，2002；徐雨晴等，2004）。森林是多年生植物生态系统，其发育节律主要受环境因子控制，对气候条件极其敏感，在全球变化研究中备受关注。研究的主要目的是掌握森林物候的时空动态并识别关键影响因子，进而改进物候预测模型，以准确估计全球变暖对陆地生态系统生产力、生物多样性和碳循环的影响（Keenan et al.，2014；Piao et al.，2019；Ballantyne et al.，2017；Richardson et al.，2018）。研究思路和方法比较明确，即先基于全球物候观测项目（Global Phenological Monitoring，GPM）物候监测数据或遥感反演数据利用线性回归分析春季物候和/或秋季物候的时空变化趋势，然后通过多元线性回归或偏相关分析诊断物候对不同要素的敏感性，进而改进物候模型（主要是经验模型，如基温模型）并预测未来气候条件下植物生长季变化及其对陆地碳循环和净初级生产力的影响（Richardson et al.，2013；Piao et al.，2019）。由于自然植被的物候受人为干扰小，先前研究主要关注森林生育前期或生育期内平均温度及其他相关因素，如低温累积量（chilling，又称冷激）、城市热岛效应的影响。Jeong 等（2011）利用遥感反演的 NDVI 数据和再分析气温数据研究了 1982 ~2008 北半球植被春季和秋季物候的时空动态，发现由于春季物候的提前和秋季物候的推迟，植被生长季在延长，但是2000年后由于非生长季变暖放缓，物候的变化趋势显著下降。Liu Q 等（2016）基于美国航空航天局（NASA）最新的 NDVI3g 数据提取了 1982 ~2011 年北半球树木的秋季物候，并分析了其与温度、降雨和辐射的关系。结果表明，70%的格点秋季物候显著推迟，非生长季温度升高是主导因素，但是在干旱和半干旱区物候推迟主要是由于生长季累积降水量的增加。Meng 等（2020）基于遥感反演产品分析了 2001 ~ 2014 年城市化对美国 85 个城市植被展叶期的影响，发现城市热岛效应显著提前了春季物候，但是物候对城市变暖的敏感性在下降，从而揭示了气候变化对城市植被物候的影响在减弱。

除了温度，植被物候还受光照、水分、海拔等其他因子的作用，学者对上述因素的影响也进行了积极探索。Fu 等（2019）利用欧洲 6 个树种 2377 个物候站 30 年以上的观测数据研究了温度和光周期对植被展叶期的影响，发现光周期与叶片伸展的热量需求呈显著负相关，对气候变暖的影响具有重要的调节作用。Reich 等（2018）基于北半球寒带和温带 11 个树种的 3 年野外观测数据分析了不同土壤水分条件下气候变暖对植被生长的影响。理论上气温升高有利于中高纬度地区植物的光合作用，然而作者发现由于气候变化减少了降雨，增加了蒸散发，加重了根区水分胁迫，11 个树种的光合效率均在减弱，缩短了生长季。Vitasse 等（2018）利用温带 4 个树种 128 个观测站的近 20 000 个物候记录分析了春季物候对海拔的敏感性，指出“霍普金斯（Hopkins）定律”（海拔每升高 1000m，物候提前 33 天）发生了变化，春季物候的高程的敏感性在 1960 ~ 2016 年下降了 35%。此外，Wu 等（2021）还对风速这一之前尚未考虑的因子开展了研究。作者利用 2405 个物候观测数据、18 个通量站点数据和 34 年遥感产品数据分析了风速对北半球高纬度区域（50°N 以北）植被秋季物候的影响，发现风速下降显著推迟了树木的落叶期，对物候变异性的影响甚至超过了温度和降水。

植被物候研究另一重要进展是研究人员发现了昼夜温度的不对称影响。近 50 年最低温的增加速率是最高温的 1.4 倍（Easterling et al.，1997；Solomon et al.，2007），早期研究忽略了这种不均衡变暖对植物物候和生态系统碳循环的影响。Peng 等（2013）基于遥感数据反演的归一化植被指数（NDVI）探讨了植被对昼夜温度的敏感性，发现白天温度升高有利于大部分寒带和温带湿润地区植被生长及其生态系统碳汇功能，但并不利于温带干旱和半干旱地区植被生长，而夜间增温的影响则相反。将 NDVI 替换成大气 CO_2 浓度得到了相似的结论。这一发现更新了对植物物候对气候变暖响应的理解，对改进全球碳循环模型作出了重要贡献。Wu 等（2018）利用 14 536 条观测物候序列和两种遥感产品（NDVI3g 和 MOD13C1）研究了昼夜温度对北半球秋季物候的影响，发现白天和夜间温度的升高或降低始终导致秋季物候向相反的方向变化。在此基础上，研究人员改进了基温物候模拟模型，并预测了到 21 世纪末物候的变化，发现先前的研究延迟了秋季物候，高估了生态系统的固碳量，强调植被物候对气候变化的响应机制有待深入研究。

虽然不同树种、树龄、区域以及不同环境条件下的物候变化特征及其影响因素存在差异，但是现有研究得出了一个全球性的趋势：气候变暖提前了北半球春季物候并/或推迟了秋季物候，温度是物候变化的主导因子（Fu et al.，2019；Piao et al.，2019）。但是最新的研究发现气候变暖对植被物候的影响减弱甚至反转。Fu 等（2015）等利用欧洲 6 个主要树种 1245 个站点观测的展叶期，分析了过去 30 年气候变暖对春季物候的影响及其机制，结果表明从1980～1994年到1999～2013年，植被叶片伸展对春季气温的敏感性下降了40%。Piao等（2017）利用遥感数据、大气CO_2浓度数据、陆地生态系统模型、海洋碳循环模型和大气传输模型分析了1979～2012年北半球植被春季碳汇对温度变化的响应及其机制。结果表明，前17年气候变暖显著促进了生态系统碳汇，后17年促进作用显著减弱，主要原因是植物休眠期温度上升导致春季物候对温度的敏感性下降。Wang等（2019d）基于GIMMS3g数据分析了1982～2014年北半球植被物候的时空动态及其与不同季节空气温度、降雨、辐射、水汽压差、土壤温度和土壤含水量的关系。结果表明，1998年后由于全球变暖停滞，春季和秋季物候均无明显提前或推迟，空气温度与物候的相关性高于其他环境因子。

如上所述，植被物候对气候变化的响应是全球气候变化研究的热点，研究人员解析了不同环境因素的影响，取得了重要成果，特别是最新的研究提出了温周期和光周期协同调控春季物候的新理论，揭示了地表风速变化对秋季物候的影响，发现了昼夜温度的不对称作用，证实了植被物候对气候变暖响应减弱，加深了对气候变化影响的理解，提高了物候预测精度，推动了植物物候研究的进程。但由于影响物候的因素繁多，各因子间的调控关系错综复杂，物候对气候变化的响应机制尚不清楚，还需更深入地研究。

1.1.2 气候变化对作物物候的影响

与自然植被类似，作物物候变化研究的目的是明晰物候的时空变化特征，识别驱动因素，最终服务于产量预测、作物育种、灾害预警和病虫害防治等农业生产（郑景云等，2002；莫非等，2011）。与自然植被不同的是，农业生态系统是一个受到人类活动高度干扰的系统，作物物候不仅受外界环境的影响，还受人为管理的干扰，解析驱动因子更具挑战性（图1.1）。现有研究主通过用统计分析或/和作物模型分析物候对气候变化的响应和适应（赵彦茜等，2019；刘玉洁等，2020）。统计方法简单、方便、易操作，是作物物候研究中最常用的方法。Rezaei等（2017）基于4824个物候观测站的数据研究了1960～2013年德国油菜和大麦的物候变化及其与生育期平均温度的关系。Hu等（2005）利用6个站点70年的观测数据分析了美国冬小麦抽穗期的时空变化。García-Mozo等（2015）基于10个站点17年的观测数据评估了气候变化对西班牙橄榄生殖生长期的影响。在中国，作物物候变化的统计分析以中国科学院地理科学与资源研究所刘玉洁团队的研究为代表。近4年，研究人员利用1981～2010年48～114个农业气象站的观测数据分析了4种主要商品粮的物候变化，并量化了温度、降雨和辐射的影响（Liu et al.，2018a，2019，2020；Liu and Dai，2020；Chen J et al.，2021）。统计分析主要关注作物物候对生育期内气象要素的敏感性，由于其缺乏机理，难以分离气候和人为因素的作用。研究人员通常利用一阶差分剔除管理技术的影响，然后利用相关分析或多元线性回归定量单个气候因子的贡献。然而，差分方法在去除人为管理影响的同时剥去了气象变量的长期趋势，实际上量化的是气候波动对物候的影响。

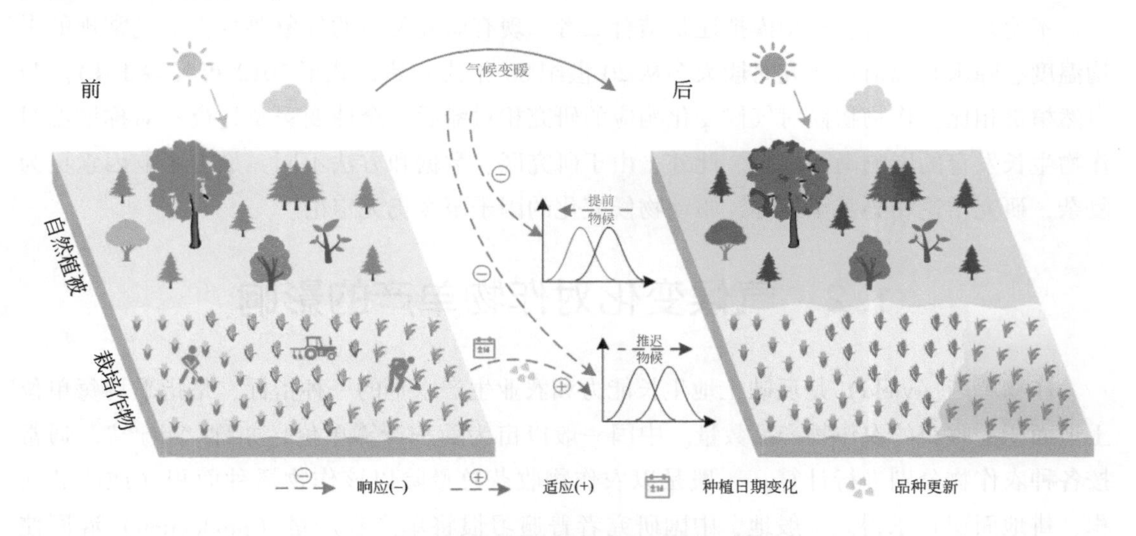

图 1.1　自然植被和栽培作物物候对气候变暖响应的示意图

植被物候主要由气候条件驱动，例如对于春季物候，温度升高会加速发育速率，提前物候时间；作物物候受环境和人为因素的共同作用，变暖会导致物候提前但是农艺管理如播期调整、品种更新可能补偿或逆转气候变化的影响

作物模型考虑了影响作物生长的气候、土壤、栽培管理和品种等多种要素的影响，能够动态模拟物候发展及产量形成，是物候研究的另一种主流方法。Abbas 等（2017）基于 CERES-Maize 模型分离了温度和品种对巴基斯坦玉米物候的影响。He 等（2015）利用 APSIM-Wheat 模型对黄土高原冬小麦开展了类似研究。Wang 等（2017）通过 ORCHIDEE-Crop 模型分析了温度和移栽期变化对水稻生育期的影响。Liu L 等（2013）借助 RiceGrow 模型评估了气候、品种和移栽期对南方双季稻物候变化的贡献。作物模型机理性强，对作物生长影响因素考虑比较完善，可以量化不同要素的影响。但因其计算成本高，输入数据复杂，参数校准难度大，大范围应用存在一定的局限性。

鉴于两种方法具有极强的互补性，学者提出了结合统计分析和作物模型的物候模拟原理的研究方案（Tao et al.，2012，2014；Zhang S et al.，2014；Hu et al.，2017）。作物生长模型中驱动物候发展的光温累积单位表征了品种的热量需求、春化和光周期敏感度等特性，用其代替品种参数不仅避免了模型校准的不确定性，而且可以深入分析光期、春化等的影响。基于农业技术转移决策支持系统（Decision Support System for Agrotechnology Transfer，DSSAT）中的重要参数——积温发育单元（accumulated thermal development unit，ATDU），Tao 等（2012，2014）和 Zhang S 等（2014）研究了温度、品种和光周期对三大粮食作物关键物候和生育期的影响。Mo 等（2016）分析了气候和品种对黄土高原冬小麦和春玉米物候的影响。除了 ATDU，Hu 等（2017）利用生育期积温（GDD）对全国水稻、

He 等（2015）基于 APSIM 模型的热时间累积（Accumulation of Thermal Time，ATT）对黄土高原冬小麦物候变化的驱动因素进行了解析。

不论是统计分析、模型模拟还是结合二者，现有研究关注的气象要素主要是常规的平均温度、降水和辐射；研究时段大多从 20 世纪 80 年代开始，截至 2012 年（表 1.1）。与自然植被相比，作物物候对气候变化响应的研究相对滞后，全球变暖及昼夜不对称增温对作物生长发育的影响尚不清楚。此外，由于研究区、数据和方法不同，加上影响因素更为复杂，研究结论相异甚至相悖，驱动物候变化的因子至今仍无定论。

1.2　气候变化对作物单产的影响

作物单产（yield）是反映土地生长能力和农业生产水平的一种指标，是指平均每单位土地面积上收获的农作物产品数量。中国一般以亩为面积计算单位，亦称“亩产”。通常按各种农作物分别进行计算。一般是以农作物收获总量除以该作物播种面积（或收获面积、耕地面积）求得。一般地，中国研究者普遍习惯将单产和产量（production）混同使用，故本书对两者也不会进行严格地区分。

作物单产变化直接影响粮食价格、粮食安全、生态环境和社会稳定，气候变化对粮食单产的影响一直是国际科学界的研究重点。研究目标主要是评估作物生产对气候变化的敏感性，分离不同要素的影响，甄别关键影响因子，重在理出切实有效的适应性措施。粮食生产对气候因子的敏感性分析以斯坦佛大学 David Lobell 教授及其团队的研究为代表。Lobell 和 Field（2007）分析了 1961～2002 年全球 6 种主要作物的产量变化及与温度和降雨的关系，发现温度和降雨变化解释了 30% 以上的产量变异。Lobell 等（2011a）在 *Science* 上发表了关于全球及 5 大粮食主产国 4 种主要商品粮对气候变化敏感性的研究成果，指出 1980～2008 年全球气候变化使玉米和小麦产量分别下降了 3.8% 和 5.5%，温度升高主导了变化趋势，降雨变化降低了产量的稳定性。这项国家尺度的研究再次证实并强调了气候变化的负面影响。研究人员先后在不同地区就不同作物对不同气象因子的响应进行了大量研究，发文数量呈指数增加。随着分析的不断深入，关注的影响因素从温度和降雨发展到了特定生育期的农气指标、极端气候事件、CO_2浓度、气候因子的波动、多种自然灾害以及人为管理的影响（Senapati et al.，2019；Ray et al.，2015；Lobell and Field，2008；Lobell et al.，2011b，2013；Vogel et al.，2019；Lesk et al.，2016；Xiao et al.，2016；Tao et al.，2013）。近年来，空气污染和病虫害等外延因素的影响也得到了重视（Lobell and Burney，2021；Wang et al.，2022）。虽然研究结论有明显的时空和方法依赖性，但是海量研究从各个维度证实了气候变化的消极影响。Liu B 等（2016）和 Zhao 等（2016，2017）就相关研究成果进行了 Meta 分析，结果表明不论是在全球、国家还是站点尺度，4 种主流研究方法得出了相似结论——温度每升高 1℃，全球玉米、小麦和水稻产量分别下

表1.1 近年来中国粮食作物物候代表性研究成果

作物	研究区	站点个数	研究时段	方法	关注因素	驱动因子	参考文献
玉米	中国	112	1981～2009年	ATDU	T_{mean}，C	C	Tao et al.，2014
玉米	中国	114	1981～2010年	多元线性回归	T_{mean}，P，R	R & T_{mean}	Liu et al.，2020
玉米	东北地区	53	1990～2012年	相关分析	T_{mean}	T_{mean}	Li et al.，2014
夏玉米	华北平原	18	1981～2008年	APSIM-Maize	T_{mean}，C，S	C	Xiao et al.，2016
春小麦和玉米	黄土高原	18	1992～2013年	ATDU	T_{mean}，C，S	C	Mo et al.，2016
小麦	中国	108	1981～2007年	ATDU	T_{mean}，DL，C	T_{mean}	Tao et al.，2012
冬小麦	中国	82	1980～2009年	趋势分析	T_{mean}	T_{mean}	Xiao et al.，2015
小麦	中国	48	1981～2010年	一阶差分多元线性回归	T_{mean}，P，R，M	SW-T_{mean}；WW-M	Liu et al.，2018a
小麦	中国	48	1981～2010年	CERES-Wheat	T_{mean}，P，R，M	M	Liu et al.，2018b
春小麦	北方地区	18	1981～2009年	APSIM-Wheat	T_{mean}，C，S	T_{mean}	Xiao et al.，2016
冬小麦	华北平原	36	1981～2009年	CERES-Wheat	T_{mean}，C	T_{mean}	Xiao et al.，2013
冬小麦	华北平原	6	1980～2009年	APSIM-Wheat	T_{mean}，C	T_{mean}	Wang et al.，2013
冬小麦	黄土高原	16	1980～2009年	APSIM-Wheat	T_{mean}，C	T_{mean}	He et al.，2015
水稻	中国	57	1981～2009年	多元线性回归	T_{mean}，C	C	Tao et al.，2013
水稻	中国	160	1981～2009年	ATDU	T_{mean}，DL，C	C	Zhang S et al.，2014
水稻	中国	113	1981～2010年	APSIM-oryza	T_{mean}，C，S	C	Bai et al.，2019
水稻	中国	39	1981～2010年	一阶差分多元线性回归	T_{mean}，P，R	SR-R；ER-P；LR-T_{mean}	Liu et al.，2019
水稻	中国	39	1981～2010年	一阶差分多元线性回归	T_{mean}，P，R，M	M	Chen J et al.，2021
水稻	中国	157	1980～2010年	多元线性回归	T_{mean}，P，M	M	Ye et al.，2019
水稻	中国	287	1991～2012年	ORCHIDEE	T_{mean}，S，M	M	Wang et al.，2017
水稻	中国	82	1981～2012年	GDD	T_{mean}，C，S	ER-S；SR & LR-C	Hu et al.，2017

注：T_{mean}、P、R分别表示平均温度、降雨和辐射；C、S、M分别表示品种、种植日和管理；DL为光周期；SW和WW分别表示春小麦和冬小麦；SR、ER和LR分别表示单季稻、早稻和晚稻。

降7.4%、6.0%和3.2%。

气候变化是不可逆的，其负面影响已成为既定的事实，但是人们通过扩展耕地面积、更新品种、调整播期、重新布局和国际贸易维持了粮食总量的增长，使一些地区的粮食需求基本得到了保障（Asseng et al.，2019；Challinor et al.，2014；Janssens et al.，2020）。但是目前世界上还有8.21亿人口面临着饥饿和营养不良问题，随着人口增长，到2050年粮食产量翻一番才能满足基本需求（Stevanović et al.，2016；Wiebe et al.，2015）。此外，Ray等（2012）发现1961～2008年全球24%～39%耕地上作物产量停滞，中国情况尤为严峻，三大粮食作物产量停滞的面积超过了一半。之后，越来越多的证据表明气候变化导致世界多个地区粮食产量停滞甚至下降（Brisson et al.，2010；Olesen et al.，2011；Deng et al.，2019）。Zhang T等（2014）、Tao等（2015a）和Chen等（2017）参考Ray等（2012）的方法分别对1980～2008/2010年我国水稻、玉米和冬小麦产量变化的时空格局进行了分析。结果表明，过去30年粮食产量的确在增加但超过30%的县增加停滞，佐证了全球尺度的研究。产量停滞并不意味着产量达到了上限，反而展示了巨大的产量提升空间。这也就引出了撰写本书的目的，找到关键限制因子，因地制宜地提出适应或应对的策略，以保障国家粮食安全。

1.3 气候变化对农作物种植分布和面积的影响

作物的单产和当季该种作物的种植面积的乘积就是该生长季内该作物的产量，一般用kg和t表示。作物的种植范围、生长位置和种植面积也是决定作物产量的关键因素，相关研究内容也就涉及农业自然资源区划、农业种植结构调整以及农业种植模式的调整等。中国是受全球气候变化影响最显著的区域之一。最新的统计数据显示，1961～2020年，我国气温平均每10年升高0.3℃，明显高于同期全球平均水平；我国年降水量平均每10年增加5.1mm，呈现出降水带北扩态势。气候变化的水热双增态势导致我国农业气候资源发生显著改变，活动积温每10年增加62.9℃/d，作物生长季每10年延长1.8d。农业气候资源的变化势必导致农作物分布位置和种植面积的变化，例如东北地区玉米和黑龙江水稻可种植面积增加，南方双季稻区可种植北界向北推移，北方冬小麦可种植北界北扩西移等，都证实了气候变化对作物种植面积的影响。

农业气候资源使作物潜在种植地区和面积变化的同时，气候变化也导致我国极端气象灾害事件增多，农业生产不稳定性加剧。2008年，南方大范围低温雨雪冰冻灾害造成约1400万hm^2农作物受灾；2014年，华北和东北干旱影响夏粮生产；2021年北方持续降雨造成多地玉米减产、秋播推迟；2022年，南方夏秋连旱严重影响多种作物的产量。与此同时，气候变暖也导致我国病虫害发生区域向高纬度、高海拔地区扩展，作物发育期提前、生长周期变短，作物产量和品质降低，粮食生产面临的风险加大。因此，在这样的背景下，进一步摸清气候变化对我国农作物种植区和种植面积影响，动态监测面积动态和掌握耕地的气候生产潜力变化至关重要。为此京师粮食安全团队引入地理学的质心概念，发展了三大主粮作物（玉米、小麦和水稻）种植面积和单产质心动态变化研究方法，定量探索我国三大作物自 1950 年以来种植面积和单产时空变化规律及其驱动因素（Luo et al. 2020a）。该研究发现中国水稻种植面积的质心向东北移动了 389. 5km，水稻单产、玉米种植面积和玉米单产在近 65 年内分别移动了 430. 0km、292. 9km 和 363. 5km；而小麦种植面积和单产的质心一直处于随机移动状态。进一步的面板分析结果表明，温度升高在水稻和玉米质心移动中发挥了显著的积极作用，同时降水也有一定的影响，但降水影响的空间一致性较差。相反地，温度对小麦种植面积和单产质心变化有显著的负效应。另外，还发现社会经济因素主导了作物质心的动态变化，主要包括国内农业生产总值、农业机械的功率和有效灌溉面积。当然，驱动我国三大作物种植面积质心变化的机制并非单一因素的作用结果，往往是自然因素和社会因素等诸多因素综合作用的结果。定量分析主要粮食作物的种植地区和种植面积的时空变化规律及其驱动因素，为全国及地区农业生产布局、种植结构调整提供技术支撑，也可以分作物、分灾种编制我国主要大宗粮食作物种植、产量和品质气候区划图，以及主要农业气象灾害风险区划图等。尤其是可以借助气候变化对农作系统影响和评估平台，输入不同时效的气候预测（预估）和未来气候变化情景，结合作物模型模拟和深度学习等技术，开展当年当季当地种植作物、品种的选择和未来长势与产量实时动态的预估等。

当然立足长远发展，我们还可以围绕未来气候变化，研究分析未来不同时期我国农业气象、极端气候事件和农作物分布界线的变化趋势，分析气候变化对全国农作物种植区域、种植制度、种植结构等的可能影响并进行风险预估，为我国未来农业生产合理布局提供决策支持。也可以编制最新的不同行政级别精细化农作物分布图，分析各主要作物分布的变化规律及其对粮食生产的影响，为全国及地区农业生产布局、种植结构调整提供技术支撑。尤其是可以借助农作系统智能化决策支持平台，结合不同时效的气候预测（预估）和未来气候变化情景，利用作物模型模拟以及机理模型和遥感产品耦合等技术，开展当年当季当地种植作物、品种的选择和未来长势与产量实时动态的预估等研究，为我国未来农业生产合理布局提供决策支持。总之，我们要结合历史宝贵经验和未来气候变化的精准预判，为我国农作系统健康可持续的生产发展精准把脉，全力保障我国粮食安全。

1.4 可持续性粮食生产研究

为实现可持续发展，农业必须满足当代和子孙后代的需求，同时确保盈利能力、环境健康以及社会和经济公平。可持续粮食和农业（sustainable food agriculture，SFA）有助于加强粮食安全的四大支柱——供应、获取、利用和稳定，以及可持续性的三个维度——环境、社会和经济。但是，世界粮食和农业生产系统正面临着前所未有的挑战，包括不断增长的人口对粮食的需求日益增加、饥饿和营养不良加剧、气候变化的不利影响、自然资源过度开发、生物多样性丧失以及粮食损失和浪费。这些挑战会削弱世界现在和未来满足粮食需求的能力。换句话说，能够获得充足营养食物的人越来越少。为此，FAO 提出了保证粮食和农业可持续发展的 5 项关键原则：提高资源使用效率对可持续农业至关重要；可持续性需要直接行动来养护、保护和加强自然资源；不能保护和改善农业生计、平等和社会福利的农业是不可持续的；提高人民、社区和生态系统的抗灾能力是可持续农业的关键；可持续粮食和农业需要负责任和有效的治理机制。

农业生产与环境之间存在双向反馈，粮食生产过程中的土地利用变化、农田养分流失、温室气体排放等对资源环境产生了重要影响（Tilman et al.，2011；Reay et al.，2012；Cui et al.，2018；Cassman and Grassini，2020）。粮食系统的 GHG 排放量占全球人为 GHG 排放总量的 20%~35%，其中农业生产贡献了 80%~86%，农业系统已成为最大的人为温室气排放源（Vermeulen et al.，2012；Carlson et al.，2017）。1990~2015 年，农业 GHG 排放量从 4.3Gt 增加到了 5.7Gt，一半以上的增加来源于化肥的使用（Tubiello et al.，2015；Maaz et al.，2021）。

尽管作物生长过程中施肥是不可或缺的，但农田养分流失成为淡水资源最大的污染源。West 等（2014）分析了全球 17 种作物的养分平衡，发现氮肥和磷肥分别超额了 60% 和 48%。超额施肥的空间分布并不均衡，过量一半以上的区域集中在少数几个国家，其中中国、印度和美国贡献了 60% 以上。三大粮食作物过量施肥最为严重，用量平均超过作物需求量的 1.5 倍。农田氮、磷淋洗污染了全球 30% 人口的饮用水，导致了 61% 的湖泊富营养化。除了施肥，灌溉也是农业获得高产稳产的主要手段。农业灌溉消耗了全球 70% 的淡水，是水资源压力最大的部门（Dalin et al.，2015；Rosa et al.，2020），印度、巴基斯坦、中国和美国用量占到了总量的 72%。其中中国消耗了 13% 的灌溉水，但利用效率却不到世界平均水平的 1/5（Fan et al.，2012）。中国被认为是全球粮食安全和生态环境可持续发展的杠杆点（West et al.，2014；Frank et al.，2019），农业生产对环境的影响引起了全世界的注意。

我国土地耕种历史长，土壤养分消耗大但补给不足，大部分耕地土壤肥力下降且 N、P、K 营养不平衡，再加上小农户经营模式对土壤干扰大，农业生产主要依靠大量甚至超额的人为养分输入（Lu et al.，2015；Xu J et al.，2020）。粮食作物的施氮量高达 305 kg N/hm^2，将近全球平均用量的 5 倍，然而氮肥利用效率仅为 25%，远低于世界平均水平（42%）和北美地区（65%）（Zhang et al.，2015；Cui et al.，2018）。此外，73% 的粮食产量来源于灌溉农业，灌溉用水占全国总用水量的 70%，但利用效率低下，每立方米水粮食生产力不足 1 kg（Fan et al.，2012；Dalin et al.，2015）。过量消耗地表水、开采地下水和水资源污染使水资源短缺越来越严重。从 20 世纪 80 年代到 2010 年，灌溉面积减少了

15%，每年灌溉水缺口为 3.0 10^{11} m^3，预计到 2030 年水资源不足将高达 1.30 10^{12} m^3（Xie，2009；Elliott et al.，2014a）。农业生产与资源环境的矛盾极其尖锐，提高农业水肥利用效率，维持农业生态系统可持续发展迫在眉睫。

针对上述问题，研究人员已经开展了一系列研究，也取得了重要成果。Ju 等（2009）基于太湖流域的水稻-小麦和华北平原的冬小麦-夏玉米两个主要的轮作系统的 304 个田间实验研究了减少施肥对作物产量和 N 流失的影响。结果表明，精准施肥在保障当前产量的情况下可以使氮肥用量减少 30%~60%。当前 550~600kg/hm^2 的施氮量对产量无益却使 N 损失翻倍。太湖流域的 N 流失主要是因为旱地作物小麦由于内涝而产生的强反硝化作用，华北平原主要是因为石灰性土壤和降雨集中在夏季造成的氨挥发。Meng 等（2012）基于华北平原 2004~2010 年的田间实验研究了种植模式对水肥用量影响，指出将冬小麦-夏玉米轮作改为春玉米单作，灌溉量和施氮量分别可以减少 63% 和 72%。Hu 等（2013）利用华北平原 2009 年和 2011 年的田间实验研究了不同化肥类型的温室气体排放强度，发现缓释尿素结合硝化抑制剂的配施方案 N_2O 的排放量可减少 55%。Yan 等（2014）实验比对了华北平原不同玉米品种的氮肥吸收率，发现‘先玉 335’的表现优于广泛推广的‘郑单 958’。Guo 等（2016）对黄土高原玉米、Hao 等（2017）对河南小麦的实验结果也表明农民氮肥管理存在巨大的优化潜力。值得一提的是，Chen 等（2011）在 *PNAS* 上发表论文，提出了“测土配方”的施肥方案，即根据作物的生长状况综合各个养分来源精细配施化肥，并在玉米主产区进行了大范围实验，结果表明该方法可以在不增加化肥用量的情况下使玉米产量翻倍。Chen 等（2014）在 *Nature* 上发表了三大粮食作物的配方施肥的实验成果，再一次证实了科学管理对我国粮食生产和资源环境的重要性。研究团队还将“测土配方”的科学理论应用了生产实践，建立了农业科技小院（Science and Technology Backyard，STB）服务平台，让科研人员驻地指导农民生产，从而实现高产和减氮，对我国农业可持续发展起到了重大作用。

此外，Wu 等（2014）、吴良泉等（2015，2016，2019）通过氮肥肥效反应实验，用区域总量控制方法给出了三大粮食作物的区域氮磷钾肥推荐用量及配施方案。Zhang Q 等（2021）用最新的全国农户调查数据系统分析了作物的氮肥总量控制并识别了减氮热点。Liu 等（2021）研究了调整玉米和大豆种植面积的增产减排潜力。Guo 等（2020）评估了 5 种氮肥管理方式对空气质量、氮肥利用效率和粮食产量的影响。

类似地，学者从种植模式、灌溉方式、作物品种和种植布局等方面评估了节水潜力。Sun 等（2011）基于田间实验数据分析了华北平原不同种植模式的水资源利用效率（water use efficiency，WUE），指出春玉米单作优于冬小麦-夏玉米轮作。He 等（2017）利用 Meta 分析得到的 2735 对实验数据分析了不同灌溉方式下的粮食产量、WUE 和 GHG 排放强度，结果表明优化灌溉可以使小麦产量增加 1%~6%，灌溉量减少 40%，WUE 提高 34%，GHG 减少 37%。除了灌溉和施肥，Pittelkow 等（2015）和 Su 等（2021）评估了保护性耕作的节水减氮、增产减排的潜力。Sun 等（2018）分析了黄土高原不同种植模式和耕作方式对作物产量和土壤水的影响。Ren 等（2018）研究了华北平原冬小麦品种和免耕的 WUE 和 GHG 排放强度。

上述研究主要是通过田间实验评估农业可持续管理的潜力，也有不少学者利用作物模型开展研究（Sun et al.，2016；Cardozo et al.，2016；Grassini et al.，2011）。Zhao 等（2015）利用 APSIM 模型模拟了不同施肥和灌溉情景下华北平原冬小麦和夏玉米的产量、资源利用效率和土壤 N 流失情况。Xin 和 Tao（2020）基于 APSIM 模型评估了华北平原 8 种种植模式和 2 种耕作方式的组合在 2 个气候情景下的粮食产量、水肥利用效率以及土壤有机碳、N_2O 释放量和 N 淋溶损失、地下水消耗等环境影响。Zhang L 等（2020）在东北、华北和西北地区各选择了一个站点利用 CERES-Maize 模型优化了玉米种植日、种植密度和品种。不论是田间实验还是模型模拟，均是通过比对实验逐一寻求单个措施的最优，但是实际生产中多种管理方式是交互作用的，特别是施肥和灌溉。此外，先前研究虽然评估了不同生产方案的农业、环境和经济效益，其本质上仍然是单一目标的优化（Xin and Tao，2019；Wang et al.，2019c；Zou et al.，2020）。有研究尝试利用线性规划或帕累托（Pareto）等级排序综合产量和环境标准确定最佳生产方案，但上述方法难以求解 3 个以上目标的优化问题（Wang et al.，2019a；Jiang et al.，2021）。近年来，研究人员尝试耦合过程模型和多目标优化算法优化田间栽培管理（Fan Y et al.，2021；Zhang T et al.，2020；Bostian et al.，2021），但目前主要是在特定区域测试算法的稳健性，鲜有在全国尺度上利用多目标优化算法综合农业、资源和环境标准同时优化多种管理措施的研究。

1.5 气候变化的适应性措施研究

气候变化的负面影响已被证实，其进程也不可逆，而随着人口增长，粮食需求在持续增加，气候变化背景下如何保障粮食安全成为 21 世纪人类面临的重大挑战（Vermeulen et al.，2012；Aryal et al.，2020）。农业生产适应气候变化的手段可分为技术和非技术两类，其中技术适应主要包括调整播期、改良品种、优化种植制度、多元化作物种类、保护性耕作、合理布局、改善灌溉技术、使用高效的化肥和农药等（林而达等，2007；Burke and Emerick，2016；Chen and Gong，2021）。

Hunt 等（2019）利用 APSIM 模型模拟了 1986 ~ 2015 年澳大利亚新型小麦品种在不同种植日下的表现，发现提前播种单产可以提高 0.54t/hm^2，可以补偿 710 万 t 由于降雨减少和温度升高导致的产量损失。Parent 等（2018）研究表明欧洲玉米如果种植适宜开花期的品种，避开高温热害的影响，2050 年玉米产量可以增加 4% ~ 7%。Tanaka 等（2015）利用 M-GAEZ 模型评估了优化灌溉和品种适应未来气候变化的潜力，结果表明种植耐高温小麦品种同时灌溉量增加 10% 大部分国家的产量可以维持。Waha 等（2013）利用非洲 10

个国家 8697 个农户调查数据分析了 6 种主要种植模式对气候变化的脆弱性，发现将单作改为玉米-小麦轮作 SRES A2 情景下肯尼亚和南非的粮食产量至少增加 25%。Pironon 等（2019）指出用野生品种、其他作物或其他大陆的同类作物丰富非洲作物种群多样性可以显著提高农业生态系统的气候适应性，是适应未来气候条件的潜在方案。Su 等（2021）基于 Meta 分析对比了传统耕作和免耕的作物生产力，并利用机器学习预测了免耕应对未来气候变化的潜力，发现保护性耕作对减少热带玉米产量损失有明显作用。Rippke 等（2016）评估了 RCP 8.5 情景下非洲 9 种主要作物的气候适宜性，结果表明大多数作物当前布局是合理的，未来减产风险较低。但是 30% 以上的大豆、玉米和香蕉种植区不再适宜种植，需要转换成小米和高粱等耐热和耐旱的作物。Mueller 等（2012）估计，若全球粮食生产 N、P_2O_5和 K_2O 的用量分别增加 30%、27% 和 54%，灌溉面积增加 25%，粮食产量可增加 28%。Challinor 等（2014）基于 Meta 分析量化了适应性措施的总体效益并预测升温 2℃情景下，田间适应可以使全球粮食产量损失减少 7%~15%。

非技术适应指的是政府、市场等宏观层面的应对，如政策调整、农业补贴和扶持项目、农业保险、国际贸易等（Ali and Erenstein，2017；Raza et al.，2019）。例如，为了维持农业总产，非洲政府推行了农牧一体化，农民可根据当年的气候条件选择收获作物籽粒还是青贮，避免极端气候事件导致颗粒无收（Jones and Thornton，2009）。Diffenbaugh 等（2021）评估了气候变化对美国农业保险的影响，结果表明 1991 ~ 2017 年美国粮食灾害损失累计赔款达 140.5 亿美元，赔付额增加速率超过了 10 万美元/a，风险分散和转移在气候变化应对中发挥着越来越重要的作用。Janssens 等（2020）分析了国际贸易维持粮食安全的潜力，指出通过降低关税和打破贸易壁垒加强粮食流通，到 2050 年全球营养不良的人口可以减少 7.3 亿人（33%）。

非技术适应在顶层设计和调控技术性适应方面，对保障粮食产量起到了重要作用，但田间栽培管理措施与作物生产直接相关，是应对气候变化的首要选择。其中，调整播期、优化灌溉和施肥，丰富作物种类，保护性耕作等措施可以缓解短期气候变异导致的作物歉收，但要适应气候平均态及波动态的长期变化，发展优良品种才是最根本、最有效的手段（Vermeulen et al.，2012；Challinor et al.，2016；Atlin et al.，2017）。世界各地的作物育种专家一直致力于培育高产抗逆的品种来适应多变的气候条件，但一直受困于何时何地现有品种的气候适应性将被打破，需要立即更换品种（Bailey-Serres et al.，2019；Cowling et al.，2019；Cooper et al.，2014）。品种培育是一个复杂的、耗时耗力且耗资的工程。首先，理想品种是多性状的，一个优良性状又是多基因控制的，标定关键基因型相当困难（Cooper et al.，2016；Jiang et al.，2017）。其次，优良品种需要经过多年的环境测试，一个品种从培育到审定再到投入使用至少需要 20 年，整个过程不可逆且需要大量的人力物力投入（Challinor et al.，2016；de Los Campos et al.，2020）。因此，准确预测品种适应的时间和地点以及有望适应气候变化的品种表型性状对缩短育种周期、降低育种成本、精准应对气候变化至关重要。然而截至目前，上述问题至少在中国还没有得到根本解答。

1.6 本章小结

从气候变化影响和适应对策的研究背景和研究进展来看，气候变化背景下如何满足粮食需求是21世纪人类面对的巨大挑战，是当前亟待解决的重大问题，国际科学界对气候变化对农业生产的影响及应对已经开展了较为全面系统的研究，研究现状可归纳为以下四点。

1）气候变化对植物物候的影响是研究热点，对作物单产影响关注最多，对物候和面积动态影响研究较少，尤其是作物物候对气候变暖的响应和适应机制是研究热点。

由于植物物候重要的生态和经济功能及其对气候变化的高敏感性，物候对气候变化的响应成为全球变化研究的热点。研究人员从多个角度解析了物候变化的驱动因子，得出了光温协同调控，昼夜温度不对称影响及气候变暖影响减弱等重大发现。但由于影响物候的因素繁多，各因子间又互相作用，物候对气候变暖的响应机制还不清晰。此外，现有研究多关注自然植被，对作物物候的研究相对匮乏，最新的变暖以及不对称变暖对作物生长发育的影响尚不清楚。较自然植被更复杂，作物物候受气候条件和人为管理的共同影响，甄别导致物候变化的关键因子极具挑战性。但是明确物候时空动态，理清驱动因子和影响机制对预测作物生育期变化及其对产量的影响，培育优良品种以应对气候变化至关重要。

2）气候变化对农业生产的影响研究仍在不断深入，提高影响评估精度和甄别关键影响因子是研究重点。

气候变化对粮食产量的影响一直备受国际科学界的关注，研究人员从多角度、多维度评估了气候变化的影响，在全球尺度上得出了一致的负面结论。但在区域尺度上，气候变暖的影响“利弊共存”“得失不定”。就我国而言，历史气候变化影响评估主要基于824个气象站的观测数据或其衍生数据，其中大部分站点位于城市，农区分布少且不均衡；未来气候变化影响评估多基于全球气候模式数据，分辨率粗（一般为几百千米），难以刻画区域气候特征，评估结果存在较大的不确定性。此外，大量研究表明气候变化背景下粮食产量停滞甚至下降，当前产量和潜在产量之间存在巨大的差距。先前研究通过大田实验、统计分析或模型模拟量化了产量差，但是集中在区域尺度。而且囿于数据的限制研究多基于假设情景进行且忽略了品种等其他因素的作用。因此，直至今日全国尺度上限制作物产量的关键因子仍未进行系统研究，提升单产方法仍未十分明确。

3）粮食生产与资源环境的矛盾日益突出，农业生态系统可持续发展是研究焦点，也是当前研究的难点。

农业系统是当前最大的人为温室气体排放源和水资源压力的主要来源。粮食生产与资源环境协同发展是近几十年国际科学研究的焦点。我国以农立国，土地耕种历史长，资源消耗大，但生态恢复不及时，粮食生产和资源环境的矛盾极其尖锐，引起了全世界的注意。学者对我国农业可持续生产进行了积极而广泛的探索，评估了不同生产方案的增产减排潜力。但是现有研究本质上仍然是单一措施、单一目标的优化，或者采用大区域足迹法通过简单系数转换来优化。通过文献整理发现，目前在全国尺度上尚无真正权衡粮食、资源和环境多重目标进行优化管理措施的研究，且大多数研究缺乏大范围长时间尺度机理过程的考量。

4）气候变化的负面影响已被证实，精准制定适应性措施是研究要点。

未来气候变化已来，其负面影响也已被证实，亟须有效的适应性措施来保障粮食生产。调整播期、合理布局、优化种植模式、丰富作物种类、保护性耕作、改良灌溉和施肥技术是应对中短期气候变异的首要选择，而品种改良是适应长期气候条件变化最根本、最有效的手段。世界各地的育种专家也一直致力于开发优良品种，但是何时何地现有品种将不再适宜种植，需要更换品种却不清楚。品种培育是一个周期长、耗资大的工程，及时准确的品种适应信息对加速育种进程、精准应对气候变化至关重要，然而至今还有很多未解的问题。

第 2 章　研究方法和关键技术

2.1　方法概图和研究区域

气候变化影响评估和适应对策研究方法可以概括为 4 种（图 2.1）：①野外调查或者田间实验方法，该方法只能在小范围区域开展，样点数量有限，一般野外调研和开展实验都需要大量的人力和物力，经济耗损也比较高。在有限站点开展实验得出的结果是否适应于其他地方也还值得仔细斟酌，因此这种方法的宏观指导性较低，普适性和空间泛化性较差。即便如此，这种方法还是探索气候变化对作物生长过程和粮食生产影响机理的常用方法，为后续研究提供了数据和理论支持。我国三大粮食作物分布地区即研究区域，因作物生长属性、耕种模式、当地社会人文等因素影响，三大作物分布既有重叠区，又有各自独特的典型种植区。②统计方法一般是基于大范围行政区的统计年鉴的记录，强烈依赖历史资料的完整性，连续性以及数据质量。但由于参与记录和统计的人员多，素质参差不齐，数据质量仍有待提升。由该方法得出的研究结论虽具有一定的宏观指导意义，但是参数的可解释性不高，尤其对实际田间农业生产指导意义不强。③遥感法相对前两种方法，空间范围可以任意，既可采用格点尺度，又可以扩展到省市、国家、洲甚至全球，但是受到卫星回访周期的影响，大范围的图像时空尺度仍有较大局限，遥感产品的不连续性、产品质

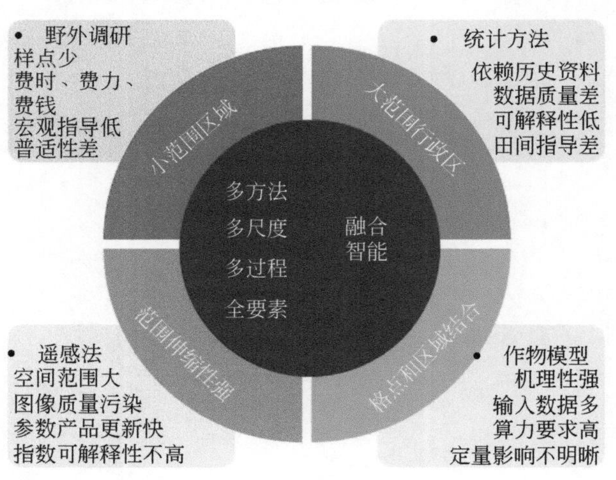

图 2.1　本书涉及的主要技术和方法总结

量也会受到云覆盖和混合像元等干扰，参数产品更新较快，加之指数可解释性不高，仍面临较大的挑战。④机理过程模型是基于站点大量的实验数据开发而来的，能详细精准地刻画作物的生理、生化、生长、发育等过程，机理性强。随着区域作物模型模拟技术的发展，作物模型能实现格点和不同区域尺度的作物生长发育过程的精确模拟。但机理模型输入参数多，对算力要求高，另外环境因子对产量、生长发育过程的定量影响也不是很明晰。

每种方法各有优点和缺点，因此气候变化对粮食生产的影响评估及其适应对策研究目前是多方法、多尺度、多过程结合的全要素分析，加上大数据和人工智能的迅猛发展，多种分析方法、分析技术和分析手段耦合成为该领域发展的必然趋势。

2.1.1 我国水稻分布范围及主要分区

我国稻区分布辽阔，南至海南岛，北至黑龙江黑河地区，东至台湾地区，西达新疆；低至海平面以下的东南沿海潮田，高达海拔 2600m 以上的云贵高原，均有水稻种植。水稻种植面积的 90% 以上分布在秦岭、淮河以南地区，成都平原、长江中下游平原、珠江流域的河谷平原和三角洲地带是我国水稻主产区。此外，云南、贵州的坝子平原，浙江、福建沿海地区的海滨平原，以及台湾西部平原，也是我国水稻的集中产区。以各地自然生态环境、品种类型与栽培制度为基础，结合行政区划，我国稻作区一般可划分为 6 个稻作区（一级区）和 16 个稻作亚区（二级区）。

1）华南双季稻稻作区：位于南岭以南，包括广东、广西、福建、海南岛和台湾。其中包括闽、粤、桂、台平原丘陵双季稻亚区、滇南河谷盆地单季稻稻作亚区和琼雷台地平原双季稻多熟亚区。本区≥10℃积温 5800～9300℃，水稻生产季节 260～365d，年降水量 1300～1500mm。本区稻作面积居全国第二位（台湾地区除外），约占全国稻作总面积的 22%，品种以籼稻为主，山区也有粳稻分布。

2）华中单双季稻稻作区：位于南岭以北和秦岭以南，包括江苏、上海、浙江、安徽的中南部、江西、湖南、湖北、重庆和四川（除甘孜藏族自治州外），以及陕西和河南两省的南部。其下划分为长江中下游平原单双季稻亚区、川陕盆地单季稻两熟亚区和江南丘陵平原双季稻亚区。本区稻作面积约占全国稻作总面积的 59%，其中的江汉平原、洞庭湖平原、鄱阳湖平原、皖中平原、太湖平原和里下河平原等地历来都是我国著名的稻米产区。本区≥10℃积温 4500～6500℃，水稻生产季节 210～260d，年降水量 700～1600mm。早稻品种多为常规籼稻或籼型杂交稻，中稻多为籼型杂交稻，连作晚稻和单季晚稻为籼、粳型杂交稻或常规粳稻。

3）西南单双季稻稻作区：位于云贵高原和青藏高原，包括湖南西部、贵州大部、云南中北部、青海、西藏和四川甘孜藏族自治州。又划分为黔东湘西高原山区单双季稻亚区、滇川高原岭谷单季稻两熟亚区和青藏高寒河谷单季稻亚区。本区稻作面积约占全国稻作总面积的6%。该区≥10℃积温2900～8000℃，水稻垂直分布带差异明显，低海拔地区为籼稻，高海拔地区为粳稻，中间地带为籼粳稻交错分布区。水稻生产季节180～260d，年降水量500～1400mm。

4）华北单季稻稻作区：位于秦岭、淮河以北，长城以南，包括北京、天津、河北、山东和山西等及河南北部、安徽淮河以北、陕西中北部、甘肃兰州以东地区。其下划分为华北北部平原中早熟亚区和黄淮平原丘陵中晚熟亚区。稻作面积约占全国稻作总面积的3%。本区≥10℃积温4000～5000℃，无霜期170～230d，年降水量580～1000mm，降水量年际和季节分配不均，冬、春季干旱，夏、秋季雨量集中。品种以粳稻为主。

5）西北干燥区单季稻稻作区：位于大兴安岭以西，长城、祁连山与青藏高原以北地区，包括新疆、宁夏、甘肃西北部、内蒙古西部和山西大部。其下划分为北疆盆地早熟亚区、南疆盆地中熟亚区和甘、宁、晋、蒙高原早中熟亚区。稻作面积约占全国稻作总面积的1%。本区≥10℃积温2000～4500℃，无霜期100～230d，年降水量50～600mm，大部分地区气候干旱，光能资源丰富。主要种植早熟粳稻。

6）东北早熟单季稻稻作区：位于黑龙江以南和长城以北，包括辽宁、吉林、黑龙江和内蒙古东部。其下划分为黑吉平原河谷特早熟亚区和辽河沿海平原早熟亚区。稻作面积约占全国稻作总面积的9%。本区≥10℃积温2000～3700℃，年降水量350～1100mm。稻作期一般在4月中下旬或5月上旬至10月上旬。品种类型为粳稻。粳稻品质十分优良，近30年（1990～2019年）由于大力发展灌溉系统，稻作面积不断扩大，目前已达到157万hm^2，成为我国粳稻的主产省之一。冷害是本区稻作的主要问题。

2.1.2 我国小麦分布范围及主要分区

综合气象，品种和栽培等学科的科研工作者的区划结果，我国小麦根据播种季节不同以及种植地区的农业气候资源特点，划分为东北春麦、北部春麦、西北春麦、新疆冬春麦、青藏春冬麦、北部冬麦、黄淮冬麦、长江中下游冬麦、西南冬麦以及华南冬麦10个麦区，但在后面的实际研究中，由于播种比较稀少，有些区会进行合并。

1）东北春麦区：主要包括黑龙江、吉林两省全部，辽宁除南部沿海地区以外的大部以及内蒙古东北部。全区小麦面积及总产量均接近全国的8%，分别约占全国春小麦面积和总产量的47%及50%，故为春小麦主要产区，其中以黑龙江为主。土壤以黑钙土为主，土层深厚，土质肥沃。黑龙江东部三江平原及北部黑河地区小麦面积比较集中，建有大批国营农场，其小麦产量占黑龙江全省春小麦总产量的1/2左右。全区属大陆性气候，气温偏低，热量不足，冬、夏季气温相差极大。最冷月平均气温-23～10℃，绝对最低气温-41～27℃，该区为全国气温最低地区。年降水量320～870mm，小麦生育期降水量130～

333mm，但东部多雨，西部干旱。东部的黑龙江三江平原，后期常因雨水偏多而形成湿涝灾害，并影响收获。而西部吉林白城与辽宁朝阳等地区，则又多因春旱、多风而造成干旱和风沙危害。本区小麦品种属春性，对光照反应敏感，生育期短，多在 90d 左右。种植制度一年一熟，4 月中旬播种，7 月 20 日前后成熟。

2）北部春麦区：以大兴安岭以西，长城以北，西至内蒙古的鄂尔多斯和巴彦淖尔，北邻蒙古国。全区以内蒙古为主，并包括河北、陕西两省长城以北地区及山西北部。全区小麦种植面积及总产量分别占全国的 3% 和 1% 左右，其种植面积约为全区粮食作物面积的 20%。小麦平均单产在全国各麦区中为最低，且发展很不平衡；土壤以栗钙土为主。大陆性气候的特点显著，寒冷少雨，土壤贫瘠，自然条件差。最冷月平均气温 -17 ~ 11℃，全年降水量 309 ~ 496mm，多数地区为 300mm 左右，小麦生育期降水量只有 94 ~ 168mm。种植制度以一年一熟为主，个别地区有两年三熟。本区小麦品种属春性，对光照反应敏感，生育期 90 ~ 120d。播种期在 3 月中旬至 4 月中旬，成熟在 7 月上旬前后，最晚可至 8 月底。

3）西北春麦区：以甘肃及宁夏为主，还包括内蒙古西部及青海东部部分地区。麦田面积约占全国的 4%，总产量达 5% 左右。单产在全国范围内仅次于长江中下游冬麦区，而居各春麦区之首。本区地处内陆，海洋季风影响微弱，部分地区属干旱荒漠气候。土壤主要为棕钙土及灰钙土，结构疏松，易风蚀沙化。黄土高原地区沟深坡陡，水土流失严重，地力贫瘠。最冷月平均气温 -9.3 ~ 7.5℃，光能资源丰富，热量条件较好，气温日较差大；晴天多，日照长，辐射强，有利于小麦进行光合作用和干物质积累。但年降水量仅 86 ~ 335mm，小麦生育期降水量 52 ~ 181mm，为中国降水量最少的地区之一，且蒸发量大，小麦生长主要靠黄河河水及祁连山雪水灌溉。全区种植制度为一年一熟。小麦品种属春性，生育期 120 ~ 130d。3 月上旬播种，7 月中旬至 8 月上旬前后成熟。

4）新疆冬春麦区：主要是新疆，全区小麦种植面积约为全国的 4.6%，总产量为全国的 3.8% 左右。其中北疆小麦面积约为全区的 57%，以春麦为主，单产也高于南疆；南疆则以冬小麦为主，面积为春小麦的 3 倍以上。本区为大陆性气候，气候干燥，雨量稀少，但有丰富的冰山雪水资源，且地下水资源也比较丰富。晴天多，日照长，辐射强。其中北疆位于天山和阿尔泰山之间，温度低，最冷月平均气温 -18 ~ 11℃，全年降水量 163 ~ 244mm，小麦生育期降水量冬麦为 107 ~ 190mm，春麦为 83 ~ 106mm。南疆气温较北疆高，最冷月平均气温 -12.2 ~ 5.9℃，全年降水量仅为 13 ~ 61mm，小麦生育期降水量冬小麦为 8 ~ 48mm，春小麦为 7 ~ 39mm，但均有冰山雪水可资灌溉。北疆土壤以棕钙土及灰棕土为主，南疆则主要为棕色荒漠土。种植制度以一年一熟为主，南疆兼有一年两熟。冬小麦品种属强冬性，对光照反应敏感。冬小麦播期为 9 月中旬左右，翌年 7 月底或 8 月初成熟。北疆春小麦于 4 月上旬前后播种，8 月上旬左右成熟；南疆春小麦则于 2 月下旬至 3 月初播种，7 月中旬成熟。

5）青藏春冬麦区：包括西藏、青海大部、甘肃西南部、四川西部和云南省西北部。小麦种植面积及总产量均约为全国的0.5%，其中以春小麦为主，约占全区小麦种植面积的65.3%。西藏常年冬麦面积约占麦田总面积的40%~80%。雅鲁藏布江中游河谷地带以及吕都（今山东菏泽市牡丹区境内）等地区，地势低平，土壤肥沃，灌溉发达，是本区主要小麦产区。农区一般海拔3300~3800m，气候温凉，夏无酷暑，冬无严寒，最冷月平均气温-4.8~0.1℃，冬季气温较低而稳定，持续时间长，冬小麦返青至拔节及抽穗至成熟均历时两个月之久；且日照时间长，气温日较差大，光合作用强度大，净光合效率高，产量也较高。冬小麦播期为9月下旬，春小麦播期为3月下旬至4月上旬，均于8月下旬至9月中旬成熟。全生育期冬麦长达330d左右，有的直至周年才能成熟；春小麦140~170d。全区年降水量42~770mm，平均约450mm。生育期降水量冬小麦为250~590mm，春小麦为224~510mm。种植制度为一年一熟。青藏高原土壤多高山土壤，土层薄，有效养分少。雅鲁藏布江流域两岸的主要农业区，土壤多为石灰性冲积土，柴达木盆地则以灰棕色荒漠土为主。冬小麦品种为强冬性，对光照反应敏感。

6）北部冬麦区：包括河北长城以南，山西中部和东南部，陕西长城以南的北部地区，辽宁辽东半岛以及宁夏南部，甘肃陇东地区和北京、天津两市。全区麦田面积和总产量分别为全国的9%及6%左右，其种植面积约为本区粮食作物种植面积的31%。小麦平均单产低于全国平均水平。土壤有褐土、黄绵土及盐渍土等。其中以褐土为主，腐殖质含量低，但质地适中，通透性和耕性良好，有深厚熟化层，保墒、耐旱。大陆性气候的特点明显，最冷月平均气温-7.7~4.6℃，年降水量440~660mm，集中在夏、秋季，7~9月降水量占全年的44%左右。小麦生育期降水量143~215mm。种植制度以两年三熟为主，其中旱地多为一年一熟，一年两熟制在灌溉地区有所发展。品种类型为冬性或强冬性，对光照反应敏感，生育期260d左右。旱地9月上中旬播种，灌溉地9月20日左右播种；成熟期通常在6月中下旬，少数晚至7月上旬。

7）黄淮冬麦区：包括山东全部、河南大部（信阳地区除外）、河北中南部、江苏及安徽两省淮北地区、陕西关中平原地区、山西西南部以及甘肃天水地区。全区小麦面积及总产量分别占全国麦田面积和总产量的45%及48%左右，其种植面积约为全区粮食作物种植面积的44%，是中国小麦主要产区。土壤类型以石灰性冲积土为主，部分为黄壤与棕壤，气候温和，雨量比较适中。最冷月平均气温-3.4~0.2℃，小麦越冬条件良好，冬季麦苗通常可保持绿色。年降水量580~860mm，小麦生育期降水量152~287mm，种植制度灌溉地区以一年两熟为主，旱地及丘陵地区则多行两年三熟，陕西关中、豫西和晋南旱地部分麦田有一年一熟的。品种类型多为冬性或弱冬性，对光照反应中等至敏感，生育期为230d左右。本区南部以春性品种晚茬麦种植为主。播种适期一般为10月上旬，但部分地区晚茬麦面积大、产量低，全区小麦成熟在5月下旬至6月初。

8）长江中下游冬麦区：以北抵淮河，西至鄂西山地及湘西丘陵区，东至东海海滨，南至南岭，包括江苏、安徽、湖北、湖南各省大部，上海与浙江、江西两省全部以及河南信阳地区。全区小麦面积约为全国麦田总面积的 11.7%，全区小麦产量约为全国小麦总产量的15%，单产高，但省际发展极不平衡。其中产量最高的为江苏，而江西全省以及湖南西南部则为低产区。小麦在全区不是主要作物，湖北、安徽、江苏各省小麦种植面积只为粮食作物种植面积的20%左右，而江西、湖南、浙江各省则只5%左右。全区气候温和，地势低平，最冷月平均气温 1.0 ~ 7.8℃，年降水量 1000 ~ 1800mm，小麦生育期降水量360 ~ 830mm。种植制度以一年两熟制为主，部分地区有三熟制。小麦品种多属弱冬性或春性，光照反应不敏感，生育期为 200d 左右。播种期在 10 月中下旬至 11 月上中旬，次年 5 月下旬成熟。

9）西南冬麦区：包括贵州全境，四川、云南大部，陕西南部，甘肃东南部以及湖北、湖南两省西部。全区小麦种植面积约占全国麦田总面积的 12.6%，全区小麦产量约为全国小麦总产量的 12.2%。其中以四川盆地为主产区，种植面积和产量分别约占全区的53.6%及63%。地形复杂，山地、高原、丘陵和盆地均有。全区气候温和，水热条件较好，但光照不足。最冷月平均气温为 2.6 ~ 6.2℃，雨量除甘肃东南部偏少外，其余地区年降水量 772 ~ 1510mm，小麦生育期降水量 279 ~ 565mm。土壤类型主要有红壤、黄壤两种。种植制度多数地区为稻麦两熟的一年两熟制。小麦品种多属春性或弱冬性，对光照反应不敏感，生育期 180 ~ 200d。播种适期为 10 月下旬至 11 月上旬，成熟期在 5 月上中旬。

10）华南冬麦区：包括福建、广东、广西和台湾全部以及云南南部。小麦种植面积约为全国麦田总面积的 2.1%（缺台湾数据），其产量约为全国小麦总产量的 1.1%。小麦非主要作物，其种植面积只占粮食作物面积的 5% 左右。土壤主要是红壤和黄壤。全区气候暖热，冬季无雪，最冷月平均气温 7.9 ~ 13.4℃，年降水量 1280 ~ 1820mm，小麦生育期降水量为 320 ~ 450mm。水热资源丰富，但季节间雨量分配不均。种植制度主要为一年三熟，部分地区行稻麦两熟或两年三熟。小麦品种属春性，对光照反应迟钝，生育期为 120d 左右。播种适期在 11 月中下旬，成熟期最早为 3 月中下旬，一般为 3 月下旬至 4 月上旬。

2.1.3 我国玉米分布范围及主要分区

玉米是重要的粮食作物，在我国广泛种植，北起黑龙江黑河以北，南至海南岛，东自台湾和沿海各省，西到新疆及青藏高原，覆盖了全国 28 个省（自治区、直辖市）。佟屏亚（1992）根据农业自然资源、地形特征、种植制度和管理条件，将种植范围划分为 6 个农业生态区，包括北方春玉米区、黄淮平原春夏播玉米区、西南山地丘陵玉米区、南方丘陵玉米区、西北灌溉玉米区和青藏高原玉米区。玉米虽然种植范围广，但分布并不均衡，集中在从东北到西南的斜长玉米带和西北地区。综合区域玉米生产的重要性和数据的可得性，本书以四大主产区为研究区（图 2.2），玉米种植面积和产量均超过了全国总量的

90%，各区详细情况如下。

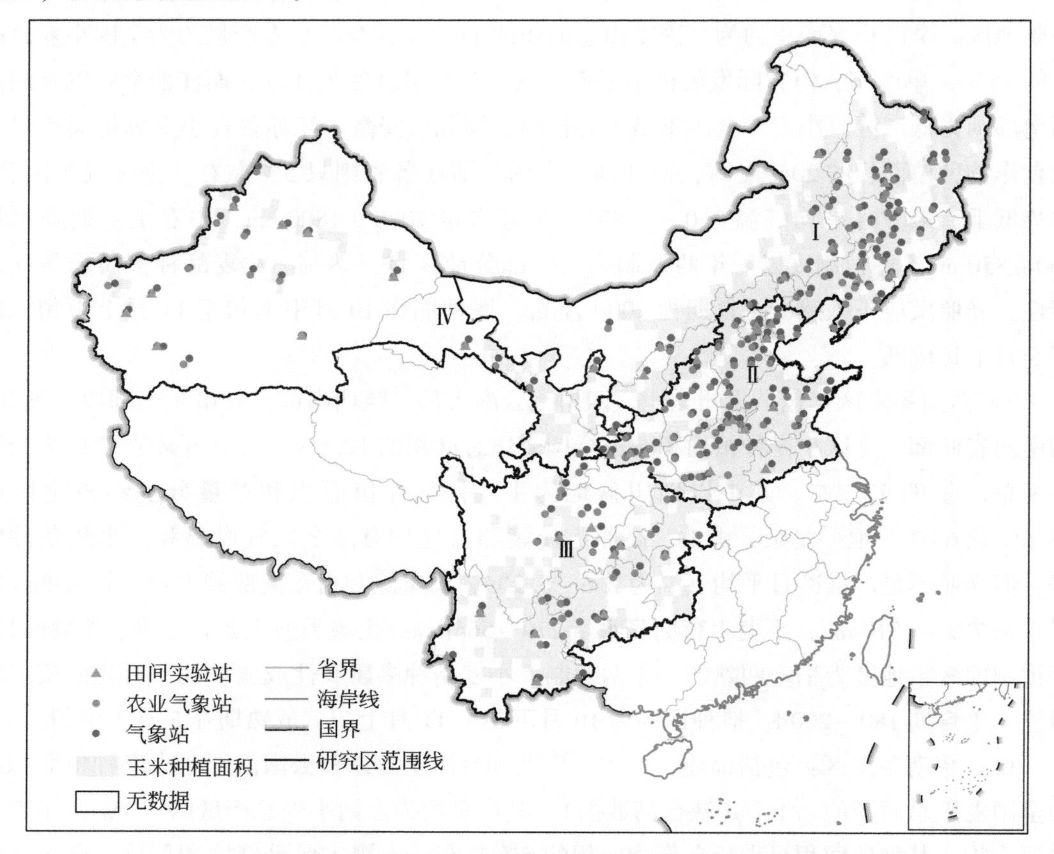

图 2.2 四大玉米主产区及田间实验站、农业气象站和气象站的空间分布

Ⅰ北方春玉米区；Ⅱ黄淮平原春夏播玉米区；Ⅲ西南山地丘陵玉米区；Ⅳ西北灌溉玉米区

1）北方春玉米区（Ⅰ区）：包括黑龙江、吉林、辽宁和内蒙古全部，河北、山西和陕西北部。全区为温暖、湿润、半湿润大陆性季风气候，土壤肥沃土层深厚，以黑土、黑钙土、草甸土和褐土为主。>10℃有效积温为 1500 ~ 3300℃，年降水量为 400 ~ 800mm。主要种植春玉米，一年一熟，种植面积占全国的 42%，贡献了约 36% 的玉米产量。

2）黄淮平原春夏播玉米区（Ⅱ区）：包括河北大部，山西中南部，陕西南部，山东、河南全部，湖北、江苏和安徽北部以及北京和天津两个直辖市。该区为温暖半湿润大陆季风气候，以褐土、潮土、棕壤和黄棕壤为主。>10℃有效积温为 1300 ~ 2100℃，年降水量为 400 ~ 1000mm。北部主要种植春玉米，一年一熟，南部夏玉米与冬小麦轮作，一年两熟，种植面积占全国的 29%，贡献了约 30% 的玉米产量。

3）西南山地丘陵玉米区（Ⅲ区）：包括四川、云南和贵州全部，陕西南部，湖北和湖南西部及重庆。该区为湿润半湿润亚热带气候，以紫色土、红壤、赤红壤和黄壤为主。>10℃有效积温为 3000 ~ 8200℃，年降水量为 600 ~ 1700mm。主要种植春玉米，种植面积

表 2.1　研究区基本信息及分区情况

区域	亚区	代码	种植面积/万 hm^2	灌溉量/mm	施氮量/(kg/hm^2)	>10℃有效积温/℃	降水量/mm	土壤类型	地形
北方春玉米区	北方半湿润玉米区	NC1	958.89	100	187	<2900	>450	DBE，BS^1，MS，Che	山地、平原
	北方温暖湿润玉米区	NC2	241.54	159	225	>2900	>450	BE，CS，MS	平原
	北方灌溉玉米区	NC3	549.81	310	333	1500～3300	<450	ASS，DC，Che，IWS，CS	平原、丘陵、河谷
黄淮平原春夏播种玉米区	黄淮平原春玉米区	NCP1	365.25	143	244	<1900	426～750	CS，FAS，CCS，BE	平原
	黄淮平原夏玉米区	NCP2	636.84	133	245	>1900	600～900	FAS，LCFA	平原
西南山地丘陵玉米区	四川盆地玉米区	SW1	189.46	163	253	4500～6000	900～1200	PS	盆地
	云贵高原玉米区	SW2	227.71	153	236	3000～8200	600～1700	YE，YBE，RE，LRE	山地、高原
	两湖玉米区	SW3	48.54	85	174	3863～7938	800～1700	YE，RE，LRE	丘陵、山地
西北灌溉玉米区	西北引黄灌溉玉米区	NW1	21.81	640	380	2140～4000	400～550	CS，BE，CLS	平原、丘陵、山地
	西北绿洲灌溉玉米区	NW2	198.78	427	327	2000～5300	<200	BS^2，AMS	河谷、戈壁

注：AMS：alpine meadow soils，高山草甸土；ASS：aeolian sandy soils，风沙土；BE：brown earths，棕壤；BS^1：black soils，黑土；BS^2：bog soils，沼泽土；CCS：cumulic clinnamon soils，娄土；Che：chernozems，黑钙土；CLS：cultivated loessial soils，黄绵土；CS：cinnamon soils，褐土；DBE：dark brown earths，暗棕壤；DC：dark castanozems，暗栗钙土；FAS：fluvo-aquic soils，潮土；IWS：irrigating warped soils，灌淤土；LCFA：lime concretion fluvo-aquic soils，砂浆黑土；LRE：lateritic red earths，赤红壤；MS：meadow soils，草甸土；PS：purplish soils，紫色土；RE：red earths，红壤；YBE：yellow-brown earths，黄棕壤；YE：yellow earths，黄壤。

占全国的13%，贡献了约14%的玉米产量。

4）西北灌溉玉米区（Ⅳ区）：包括宁夏、甘肃和新疆。该区为干旱半干旱大陆季风气候，以褐土、黄绵土和高山草甸土为主。>10℃有效积温为2000～5300℃，年降水量为100～550mm。甘肃和宁夏主要种植春玉米，新疆春夏玉米混种，一年一熟，种植面积占全国的6%，贡献了约10%的玉米产量。

表2.1总结了研究区的玉米种植面积、灌溉、施肥、气候、土壤、地形以及农业气象站点的个数等信息。第5章由于需要精细分析玉米水肥优化潜力，将4个农业生态区进一步划分为10个生态亚区（附录A–图S1），各亚区基本情况一并总结在此。需要说明的是，各区域农气–气象站个数在不同的章节会随研究目的和数据可得性而发生变化。

需要特别说明的是，因为数据、资料可获得性、研究目的等的差异，实际上每种作物研究区域在后续章节会有所变化，具体细节请以各章节为准。例如，在气候变化对玉米影响研究中，我们将图2.2中的黄淮平原春夏播玉米区分成两个区，即黄淮平原春玉米区和黄淮平原夏玉米区，春玉米主要分布在黄淮平原的西部地区，夏玉米主要分布在黄淮平原的东部地区。

2.2 数据来源

本研究用到的数据包括基础地理数据、三大作物物候数据和产量数据、田间实验数据、灌溉和施肥数据、土壤属性数据、历史气象数据、未来气候情景数据和三大作物种植面积，来源如下。

1）基础地理数据：全国行政区划及农业气象站、气象站和田间实验站的地理坐标和高程、南海诸岛边界来自国家基础地理信息中心。各种植区内的地形地貌、熟制和农业资源信息来自中国科学院资源环境科学与数据中心（http://www.resdc.cn/）。

2）三大作物物候数据和产量数据：1981～2018年全国农业气象站观测的玉米农作物物候和单产数据来自中国气象数据网。物候数据详细记录了玉米（总共327个站点6106条记录）播种、出苗、三叶、七叶、拔节、抽雄、开花、吐丝、乳熟和成熟的始期、普遍期和末期；小麦（总共在357个观测站点7659条记录）出苗，三叶，分蘖，越冬（冬小麦），返青（冬小麦），起身，拔节，孕穗，抽穗，开花，灌浆，成熟期的始期、普遍期和末期；水稻（总共在249个观测站点9393条记录）出苗，移栽，分蘖，拔节，孕穗，抽穗，乳熟，腊熟，完熟期的始期、普遍期和末期等。产量数据记录了观测田的面积、单产、总产和县均产。该数据集是我国目前时间序列最长、站点最密的作物生长发育和产量观测数据。

3）田间实验数据（表2.2～表2.4）：玉米数据来自2009～2017年田间实验数据在“粮食丰产增效科技创新”专项（2017YFD0300300）支撑下中国农业科学院作物科学研究

所联合 23 家科研单位在全国 33 个生态实验站进行的品种试验，测试了四大主产区最新、最常用和广泛推广品种在不同种植日和种植密度下的表现。数据详细记录了每年每次试验的播期、种植密度和行距等田间管理信息、品种特性、物候日期和产量情况。品种属性数据包括品种类型（如水稻一季稻、双季稻、早稻和晚稻）、品种成熟特征（早、中和晚）以及田间管理数据（播种日期、种植密度、灌溉和施肥等）。其中小麦品种数据来自国家农业气象站 1981 ~ 2009 年在 141 个站点开展的 229 次田间品种栽培试验；水稻品种数据主要来自农业气象观测站 2001 ~ 2012 年的田间实验，包括 6 个品种、3 种熟制，总共有 237 个田间实验记录。

表 2. 2　CERES-Maize 模型校准和验证的玉米品种数据总结

区域	熟性	代码	杂交品种	年份	
				基准期	验证期
Ⅰ	早熟	E1	JD27	2013，2014	2015，2016，2017
		E2	XX1	2014	2015，2016
	中熟	M1	XY987	2015	2016，2017
		M2	XY335	2009，2010，2011	2012，2013，2014，2015，2016
	晚熟	L1	JK968	2014	2015，2016
		L2	ZD958	2009，2010，2011，2012	2013，2014，2015，2016
Ⅱ	早熟	E1	DK516	2014	2015，2016
		E2	NH101	2013	2014，2015
	中熟	M1	XY987	2014	2015，2016
		M2	XY335	2013	2014，2015
	晚熟	L1	JK968	2014	2015，2016
		L2	ZD958	2009，2010	2011，2012
Ⅲ	早熟	E1	CD30	2011，2012	2013，2014，2015
		E2	ZD958	2013	2014，2015
	中熟	M1	YD30	2012	2013，2014
		M2	YR8	2011，2012	2013，2014
	晚熟	L1	JD13	2011，2012	2013，2014
		L2	GD8	2011，2013	2014，2015

注：Ⅰ区指华北春玉米，主要包括东北三省和内蒙古；Ⅱ区是黄淮海夏玉米种植区，包括北京、天津、河北、山西、山东、河南，以及陕西、湖北、安徽、江苏等的北部地区；Ⅲ区指西南山区玉米种植地区，包括四川、重庆、贵州和云南等部分区域，以及陕西和湖北的西南地区和湖南的西部地区。

表 2.3　CERES-Rice 模型校准和验证的水稻品种数据总结

区域	熟性	代码	栽培品种	年份	
				基准期	验证期
Ⅰ	早熟	E1	NC4	1994，1995，1996，1997，1998，1999，2001，2002	2003，2004，2005，2006，2007，2008，2009
		E2	YC4	1994，1995，1996，1997，1998，1999，2000	2001，2002，2004，2006，2007，2008，2009
	中熟	M1	HF1	2000，2001，2002	2003，2004，2005
		M2	BYL	2000，2001，2002，2003，2004	2005，2007，2008，2009
	晚熟	L1	XYL	2002，2003，2004	2005，2006，2008
		L2	YL4	1995，1996，1997，1998，1999，2000，2001，2002	2003，2004，2005，2006，2007，2008，2009
Ⅱ	早熟	E1	YM18	1997，1998，1999，2000，2001	2002，2003，2005，2006
		E2	BN64	1995，1996，1997，1998，1999，2000	2001，2002，2003，2004，2005，2006
	中熟	M1	XN88	2000，2001，2002，2003，2004	2005，2006，2007，2008，2009
		M2	WM6	1999，2000，2001，2002，2003	2005，2006，2007，2008
	晚熟	L1	7578	1992，1993，1994，1995，1996	1997，1998，1999，2000
		L2	JD8	2001，2002，2003，2004	2005，2006，2007，2008
Ⅲ	早熟	E1	BM	2000，2001，2002，2003，2004	2005，2006，2007，2008，2009
		E2	MY12	2004，2005，2006	2007，2008，2009
	中熟	M1	FY2	1998，1999，2000，2001，2002	2004，2005，2007，2008
		M2	MY2	2000，2001，2002，2004	2006，2007，2008，2009
	晚熟	L1	AB	1998，1999，2000，2001，2002，2003	2004，2005，2006，2007，2008，2009
		L2	GN10	1996，1997，1999，2000	2001，2002，2006
Ⅳ	早熟	E1	XC8	2002，2003，2004，2005	2006，2007，2008
		E2	JC2	1994，1995，1996，1997	1998，1999，2000
	中熟	M1	8511	1999，2000，2001，2002	2003，2004，2005，2006
		M2	XC6	1995，1996，1997，1998，1999，2000，2001，2002	2003，2004，2005，2006，2007，2008，2009
	晚熟	L1	86-24	1999，2000，2001，2002，2003，2004	2005，2006，2007，2008，2009
		L2	XC16	1998，1999，2000，2001	2002，2003，2004

续表

实验区	水稻类型	熟性	代码	栽培品种	年份	
					基准期	验证期
Ⅳ	单季稻	早熟	E1	YX203	2010，2011	2012
			E2	QY6	2010，2011	2012
		中熟	M1	YX4106	2010，2011	2012
			M2	IIY58	2001，2002，2003，2004	2005，2006，2007
		晚熟	L1	JY8	2010，2011	2012
			L2	IIY5845	2010，2011	2012
Ⅴ	早稻	早熟	EE	JY77	2001，2002，2003，2004，2005	2006，2007，2008，2009
	晚稻		LE	JYG99	2003，2004，2005，2006	2007，2008，2009
	早稻	中熟	EM	JY63	2001，2002，2003，2004，2005	2006，2007，2008，2009
	晚稻		LM	898	2002，2003，2004，2005	2006，2007，2009
	早稻	晚熟	EL	IIY17	2001，2002，2003，2004，2005	2006，2007，2008，2009
	晚稻		LL	NG45	2002，2003，2004，2005，2006，2007	2008，2009，2010，2011，2012
Ⅵ	早稻	早熟	EE	ZY	2010，2011	2012
	晚稻		LE	TNZ	2010，2011	2012
	早稻	中熟	EM	TY615	2010，2011	2012
	晚稻		LM	BY938	2010，2011	2012
	早稻	晚熟	EL	TY009	2010，2011	2012
	晚稻		LL	ZY128	2010，2011	2012

注：Ⅰ区指东北一季稻种植区；Ⅱ区指长江中下游一季稻种植区，包括湖北、安徽以及江苏三省分布在长江以北的水稻种植区；Ⅲ区指四川盆地的单季稻种植区；Ⅳ指云贵高原一季稻区；Ⅴ区指长江中下游双季稻种植区，也是我国主要水稻产区；Ⅵ是华南双季稻种植区，包括广西、广东和福建沿海地区以及海南省。

表 2.4　CERES-Wheat 模型校准和验证的小麦品种数据总结

区域	熟性	代码	栽培品种	年份	
				基准期	验证期
Ⅰ	早熟	E1	NC4	1994，1995，1996，1997，1998，1999，2001，2002	2003，2004，2005，2006，2007，2008，2009
		E2	YC4	1994，1995，1996，1997，1998，1999，2000	2001，2002，2004，2006，2007，2008，2009
	中熟	M1	HF1	2000，2001，2002	2003，2004，2005
		M2	BYL	2000，2001，2002，2003，2004	2005，2007，2008，2009
	晚熟	L1	XYL	2002，2003，2004	2005，2006，2008
		L2	YL4	1995，1996，1997，1998，1999，2000，2001，2002	2003，2004，2005，2006，2007，2008，2009

续表

区域	熟性	代码	栽培品种	年份	
				基准期	验证期
Ⅱ	早熟	E1	YM18	1997，1998，1999，2000，2001	2002，2003，2005，2006
		E2	BN64	1995，1996，1997，1998，1999，2000	2001，2002，2003，2004，2005，2006
	中熟	M1	XN88	2000，2001，2002，2003，2004	2005，2006，2007，2008，2009
		M2	WM6	1999，2000，2001，2002，2003	2005，2006，2007，2008
	晚熟	L1	7578	1992，1993，1994，1995，1996	1997，1998，1999，2000
		L2	JD8	2001，2002，2003，2004	2005，2006，2007，2008
Ⅲ	早熟	E1	BM	2000，2001，2002，2003，2004	2005，2006，2007，2008，2009
		E2	MY12	2004，2005，2006	2007，2008，2009
	中熟	M1	FY2	1998，1999，2000，2001，2002	2004，2005，2007，2008
		M2	MY2	2000，2001，2002，2004	2006，2007，2008，2009
	晚熟	L1	AB	1998，1999，2000，2001，2002，2003	2004，2005，2006，2007，2008，2009
		L2	GN10	1996，1997，1999，2000	2001，2002，2006
Ⅳ	早熟	E1	XC8	2002，2003，2004，2005	2006，2007，2008
		E2	JC2	1994，1995，1996，1997	1998，1999，2000
	中熟	M1	8511	1999，2000，2001，2002	2003，2004，2005，2006
		M2	XC6	1995，1996，1997，1998，1999，2000，2001，2002	2003，2004，2005，2006，2007，2008，2009
	晚熟	L1	86-24	1999，2000，2001，2002，2003，2004	2005，2006，2007，2008，2009
		L2	XC16	1998，1999，2000，2001	2002，2003，2004

注：Ⅰ区指华北春小麦种植区，主要包括东北三省、内蒙古和宁夏；Ⅱ区是黄淮海冬小麦种植区，包括北京、天津、河北、山西、山东、河南、陕西、湖北、安徽、江苏小麦主产区；Ⅲ区指西南春小麦种植地区，包括四川、重庆、贵州和云南；Ⅳ区指西北春小麦种植区，包括甘肃和新疆两省（自治区）。

4）灌溉和施肥数据：全国154个站点的施肥数据及黄淮平原和西北玉米区的灌溉数据来源于农业气象观测站。北方和西南玉米区的灌溉数据来源于各省的行业用水定额，其中农业用水定额表记录了每个灌区每种作物不同灌溉方式或灌溉保证率下的用水量。其中小麦和水稻品种试验中水肥记录和上面第三点田间实验相同。

5）土壤属性数据：5cm、15cm、30cm、60cm、100cm和300cm深度的土壤质地、容重、pH，阳离子交换量和水文特性等土壤属性来自全球高分辨率土壤剖面数据库（http://dx.doi.org/10.7910/DVN/1PEEY0）。该数据是由Han等（2015）综合最新1km分辨率的SoilGrids（Hengl et al.，2014）和ISRIC-AfSIS（Hengl et al.，2015）土壤数据为DSSAT模型定制的10km网格化的土壤属性数据，被广泛用于驱动作物模型进行全球及区域尺度的作物产量模拟（Müller et al.，2017；Xie et al.，2018）。

6）历史气象数据：1981～2018年2459个气象站观测数据来自中国气象数据网，高密度的气象观测为精准分析三大作物对气候变化的响应和适应提供了有力支撑。用到的气象要素包括日均温（℃）、最高温（℃）、最低温（℃）、降水量（mm）和日照时数（h），逐日太阳辐射（MJ/m^2）根据 A-P 方程计算得到（Agnström，1924；Prescott，1940）。

7）未来气候情景数据：RCP 4.5 和 RCP 8.5 排放路径下 2021～2060 年（基准年为 1986～2005 年）的气候情景数据是先由 Hadley 气候中心发布的全球气候模式 HadCM3 预测而来，然后再用区域气候模式 PRECIS（Providing Regional Climates for Impacts Studies）动力降尺度产生的。为了精准分析未来气候变化对三大作物生产的影响，中国农业科学院的气象学专家利用高密度气象观测对预测数据进行了二次订正，生成了中国陆地区域 0.5°×0.5°的气候情景数据。气象要素包括日最高温（℃）、最低温（℃）、降水量（℃）、太阳辐射（W/m^2）、风速（m/s）和平均相对湿度（%）。

8）三大作物种植面积：种植面积均来自 ChinaCropPhen1km 数据集。该数据集是 Luo 等（2020b）基于 GLASS LAI 数据结合物候形态法和阈值法提取的 2000～2015 年中国三大粮食作物（玉米、水稻和小麦）1 km 格点的关键物候期和种植面积，是目前最精细的作物种植面积数据。本书提取了 2000～2015 年种植了 8 年以上的格点作为稳定的三大作物的种植面积。

2.3 研究方法与技术路线

为了精准分析气候变化对三大粮食作物生产的影响并给出科学的应对策略，本书不仅收集了高质量的数据，而且结合统计分析、作物模型、遗传化算法和机器学习改进了常规的气候变化影响研究方法，对每个科学问题制定了针对性的研究方案。本节对研究方法进行概述，以便整体把握研究思路，具体过程在对应章节会再进行详细介绍。这里以玉米研究为例展示本书中涉及的详细技术和方法，如图 2.3 所示。

（1）气候变化对三大作物物候的影响及主导因素解析

首先将物候日期转换成年积日（day of year，DOY）并用 2 倍标准差剔除异常值，选取有 15 年以上数据且 3 个关键物候（播种、抽穗和成熟）记录完整的站点，通过线性回归分析物候和生育期的时空变化特征；其次利用偏相关分析研究物候和生育期对不同温度变量的敏感性；最后基于 DSSAT 模型中驱动物候发展的 ATDU 剥离气候要素和人为管理的影响。

（2）气候变化对三大作物产量的影响及关键因子探析

同样地，首先利用 2 倍标准差剔除异常值，选择有 15 年以上产量纪录的站点，利用截距模型、线性模型、二次模型和三次模型拟合产量变化趋势，根据回归模型的系数和形态分析近 38 年（1980～2019 年）产量变化的时空模式；其次从田间实验数据中挑选种植了三年以上的品种，精细校准 DSSAT-CERES 系列模型，获得每个农业生态区 3 个熟期 6

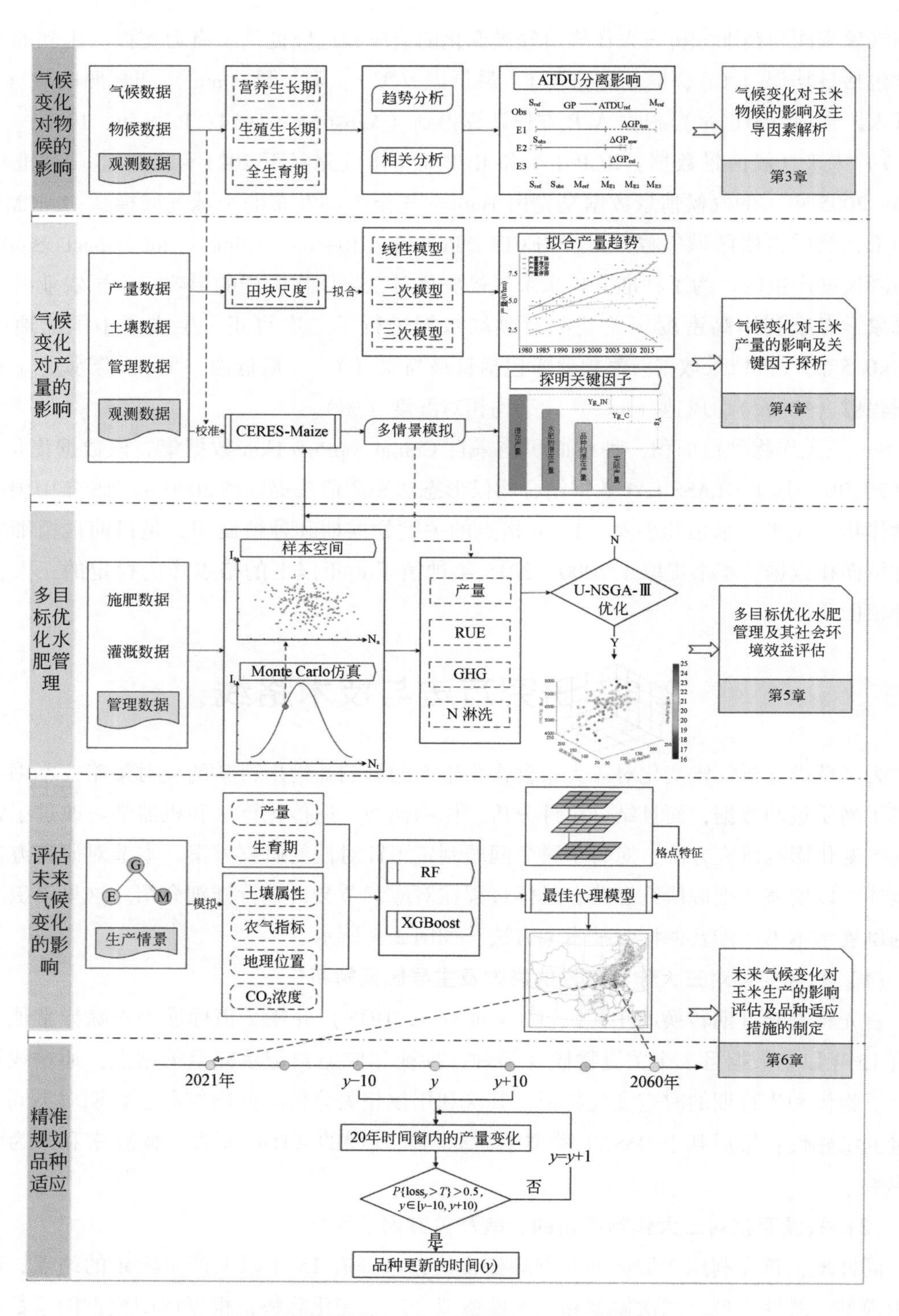

图 2.3　研究框架与技术路线（以玉米为例）

个代表性品种的遗传参数；最后基于本地化的模型开展多情景模拟定量潜在产量和产量差，并分离品种和水肥管理对产量差的相对贡献。

(3) 多目标优化水肥管理及其社会环境效益评估

注意本书多目标优化只总结出玉米的结果，由于内容太多，小麦和水稻没有呈现出来。具体方法如下：首先基于 Java 编程耦合 DSSAT 模型和第三代非支配排序遗传算法（non-dominated sorting genetic algorithms，NSGA-Ⅲ）构建“作物模型-多目标优化”系统；其次基于全国近百个站点的实际灌溉和施肥数据驱动上面校准的 CERES 模型模拟得到 1981～2018 年的实际水肥管理下的作物产量、N 淋溶和 N_2O 排放量；再次设置每个优化站点的约束条件，综合产量、资源和环境三维标准开展多目标优化，寻求最佳水肥管理方案；最后与实际生产情况比对评估产量、水肥施用、N 淋溶和温室气体排放的优化潜力，识别减排热点，计算灌溉和施肥的区域总量控制和不同价格水平上的社会经济收益。

(4) 未来气候变化对作物生产的影响评估及品种适应措施的制定

首先利用 CERES 模型模拟每个区域不同 G（genotype，基因型） E（environment，环境） M（management，管理）生产情景下的三大作物的生育期和产量，计算生育期内的农气指标，结合土壤属性、地理位置信息、CO_2浓度训练机器学习模型，构建区域最佳混合模型；其次提取未来气候情景下格点尺度的训练特征，输入混合模型在区域尺度上评估气候变化对不同作物品种的影响；最后利用交叉阈值分析预测 RCP 4.5 和 RCP 8.5 情景下，高、中、低 3 个风险水平上品种适应的平均、最早和最晚时间及有望适应未来气候变化的品种性状。

2.4 传统统计方法

气候变化对作物生长过程（本书主要涉及物候和单产）影响的评价方法包括传统统计方法、作物过程模型模拟法、机器/深度学习以及多种方法耦合。其中，统计方法的研究基础是大数定律和统计假设检验，包括相关分析法、统计模型分析法（如回归分析法）等多种方法（Lobell et al.，2010；Shi et al.，2013）。在观测数据充分的前提下，统计方法能够方便快捷地评估气候变化和极端气候对农作物生产的影响，该方法也是过去十多年前较为常用方法。利用该方法开展研究时主要采用的思路是：在构建“气象因子-农作物产量”统计模型时引入各类均态气象变量和极端气候表征指标，根据模型中相应统计量来评估该变量对农作物产量的影响程度。下面以极端温度为例介绍常用的统计方法，有关农业干旱的表征指标更多，我们在本章节就不一一赘述。

2.4.1 极端温度表征指标

极端温度表征指标通常需要具备较明确的生物学意义，也即通常所说的低温冷害指标或高温热害指标（简称冷/热害指标）。冷/热害指标主要包括三类：生长季或者生长发育敏感期的温度距平指标、热量累积指标和综合类指标（王品等，2014）。第一类指标的构建方式比较简单，其主要思路是根据某时段温度条件偏离多年平均状况的程度，来表征该时段温度条件的极端程度。这类指标目前多适用于热量条件常年不足、水稻生长发育期内频繁遭受极端低温影响的水稻种植区（如我国东北水稻种植区）。国际上早在 1975 年就已经采用温度距平指标来表征低温强度（Thompson，1975）。国内丁士晟于 1980 年采用5～9 月的平均温度距平指标作为东北地区的低温冷害指标；2012 年刘晓菲等（2012）用水稻生长季内平均温度的距平指标来研究黑龙江水稻遭受的延迟型低温冷害。第二类指标国内外多采用超过某温度阈值的累积状况来刻画。该类指标比较充分地考虑了农作物生长发育期内的热量累积状况，能够比较准确地量化农作物遭受的极端温度胁迫强度，应用较为广泛。早在 1983 年潘铁夫等就用全年内超过 10℃的积温作为低温冷害年的监测指标；国际上，Lobell 等（2011a）采用日平均温度超过 30℃部分的累积（GDD30）表征非洲地区农作物遭受的极端高温胁迫强度。此外，一些学者还根据农作物各个生长发育期内需热程度的不同构建了较为复杂的热量指标，以研究局部地区的极端温度状况。第三类指标通常由主导指标和辅助指标共同构成。我国气象局发布的《水稻、玉米冷害等级》和《主要农作物高温危害温度指标》均采用这类指标。该类指标一般以极端温度发生的临界阈值为主导指标、以持续天数为辅助指标来划分冷热害等级，在监测和预警技术中效果较好，应用也很广泛；但该类指标通常采用定性描述方式（如轻、中、重等级）来评估极端温度胁迫程度，致使其在定量研究方面存在一定限制。

2.4.2 极端温度-产量关系的定量模型

通常来说，统计模型的构建就是利用历史记录建立气象因子和农作物产量之间的函数关系，函数关系有多种。其中最常用的函数关系是线性模型和二次模型。二次模型的构建是在模型中加入某些变量的二次方项，这主要是由于作物生长发育过程中存在一定的最适条件，高于或低于这个最适条件时作物产量都会受到一定程度的抑制。在某些地区，若气候因子变化的范围都超过或低于该最适条件，那么一次项变量就可以表达其与产量之间的关系（史文娇等，2012）。需要注意的是，近几十年来农作物产量的显著增长很大程度上是由于科学技术进步和管理方式改善，用这样的产量数据与天气气候数据进行统计分析很难找出两者之间真正的关系。因此，在将产量数据代入统计模型运算时需要进行去除技术趋势的处理。去趋势的方法有很多种，如滑动平均法、一阶差分法，使用时需结合先验知识及产量数据特征来选择合适的去趋势方法。为了解决技术趋势的问题，也可在统计模型中加入代表年份序列的一次项（或者二次项）来提高统计模型的解释能力。在变量选择方面，并不是代入的气候变量越多，方程的拟合效果就会越好，越能表达产量与天气气候之间的关系；过多的变量只会使回归方程拟合过度，无法厘清变量之间的关系；相反，过少的变量又会遗漏重要信息，导致研究结论有所偏差。因此，需要在对农作物生理过程和种植区内天气气候状况有足够了解之后，选择合适的变量代入统计模型，才可能分析出气象因子和农作物产量之间的关系。

10 多年前，国内外极端温度影响研究中主要采用的是多元线性回归模型。例如，Lobell 等（2011b）在研究极端高温对非洲地区玉米产量的影响时，在多元线性回归模型中引入了 GDD 指标，并利用 GDD8，30 和 GDD30+分别表示生长季内的平均温度状况和极端高温胁迫强度。Butler 等（2013）在研究极端高温对美国地区玉米产量的影响时，也采用了相类似的研究方法。Liu 等（2014），在研究极端温度对华北平原冬小麦的影响时，同样采用多元线性回归模型，并在模型中引入了极端指标（HDD）来表征极端温度胁迫强度，从而开展极端温度的影响评估。此外，Zhang T 等（2014）在研究极端低温对东北三省水稻产量影响时，在多元线性回归模型中引入的指标包括水稻生长季（5～9 月）平均温度的距平指标和水稻敏感发育期（7～8 月）极端低温的积温指标。总结来看，目前该类研究的主要思路是：在统计模型中，将温度指标区分为正常温度条件表征指标和极端温度条件表征指标，通过评估模型系数来研究极端温度对农作物产量的影响。需要注意的，回归分析法多适用于极端温度影响规律表现显著的地区，在影响规律不显著的地区难以开展定量评估。

除此之外，一些学者还尝试了其他模型构建方式。例如，Teixeira 等（2013）在研究未来气候变化情景下极端高温对全球农作物产量的影响时，将温度条件对产量的影响系数设定在-1～0，当温度低于高温热害发生的临界温度时，影响系数计为 0；当高于临界温度但低于限制温度时，影响系数随着高温强度的上升呈线性增加；当超过限制温度后，影响系数计为-1。需要注意的是，统计模型通常是基于历史气候状况构建的，难以外推到历史极端事件之外的情形，因此该方法应用到未来气候变化情景的研究中存在较大的不确定性。

2.5 作物模型模拟方法

作物机理模型是指能定量和动态地描述作物生长、发育和产量形成过程及其对环境反应的农业数学模型或计算机模型。作物机理模型可以将植物生理学、土壤学、农艺及气象学等知识整合起来，用数学公式刻画作物生理生态过程（如呼吸作用、光合作用、有机质分配、蒸散发、水分和养分吸收等）以及各种物理化学过程（如土壤化学转换、叶片气体的扩散和能量流动等）；能够动态追踪在特定环境条件下作物的生长发育过程，从而反映作物对环境条件和管理因素的响应特征，是 IPCC 评估报告中用来研究气候变化对农业生产影响的重要工具。由于作物模型的构建基础是作物生长发育的机理，因此其不仅能动态追踪当前气候对作物生长发育及其产量形成过程的影响，还能模拟未来气候变化情景下作物产量形成状况，因此用作物模型进行影响评估的适用性和泛化性能更强。目前国内外利用作物模型模拟法研究的基本思路是：选择合适的作物机理模型，在模型校准和验证的基础上实现模型的本地化，设计不同的气候情景来驱动作物模型，从而模拟出不同情景下的农作物产量，在此基础上通过各情景下模拟产量的对比来剥离气候变化或极端气候造成的产量损失。

20 世纪 60 年代以来，作物机理模型研究取得了较快发展，荷兰和美国在该研究领域内起步较早，且一直拥有较高的学术地位。其中，荷兰 Wageningen 研究组开发的模型主要包括 LINTUL、SUCROS、MACROS、ORYZA、WOFOST 和 INTERCOM 模型；美国 DSSAT 开发的农作物模型有 CERES 系列作物生长模型、GROPGRO 豆类作物（大豆和花生等）模型系列、GROPGRO 非豆类作物（番茄等）模型系列、SUBSTOR-potato（马铃薯）模型和 CROPSIM-cassava（木薯）模型等（Jones et al.，2003）。此外，澳大利亚、中国、日本等国家的农业决策支持系统也在一些种植区内表现出较好的应用效果。国内影响力较高、开发较早且广泛应用的作物模型主要是 Gao 等（1992）推出的作物计算机模拟优化决策系统 CCSODS，以及 Tao 等（2009a，2009b）开发的 MCWLA 模型，尤其是后者在大尺度区域内气候变化对作物产量的影响中取得了较好效果。

2.5.1 DSSAT 模型结构

DSSAT 最初是 1989 年由国际农业技术转移基准网（International Benchmark Sites Network for Agrotechnoloy Transfer，IBSNAT）项目支持，美国农业部组织佛罗里达大学、佐治亚大学、夏威夷大学、密歇根大学、国际肥料发展中心等国际科研单位联合研发的农业技术转移决策支持系统（Jones et al.，2003）。DSSAT 是一个作物模型软件包，集成了 CERES、CROPGRO、FORAGE 等系列作物模型，并对输入输出变量的格式进行了标准化，不仅方便了模型运行和维护，而且促进作物模型在农业中的应用，推动了农业生态系统模拟研究。从最初的 v2.1 到 2019 年发布的 v4.7.5，已经进行了 7 次更新迭代，最新版本包含 42 种以上作物的生长模型，涵盖了谷类（玉米、小麦、水稻、大麦、高粱和小米）、根茎类（土豆、木薯、芋头等）、豆类（大豆、花生、干豆等）、油料作物和蔬菜水果等作物。目前已被全球 174 个国家用于气候变化影响评估、产量预测、环境影响评价、精细农业等方面的研究，是目前应用范围最广的作物模型之一（Hoogenboom et al.，2019）。DSSAT 中的作物生长模型是基于田间实验开发的，综合考虑了天气、土壤、品种和田间栽培管理的影响，主要用于田块尺度的模拟。Elliott 等（2014b）提出了一个并行模拟框架（pSIMS），搭建的 pDSSAT 可进行大尺度高分辨率的气候变化影响评估。

DSSAT 是基于 Fortran 语言编写的一个模块化的应用程序，既可以在 Windows 系统上以用户界面的形式操作，又可以在 Linux、Unix 和 iOS 平台上用命令行运行。Windows 平台的模型主要由数据库、作物系统模型、辅助软件、分析工具和用户界面五部分组成，模型结构如图 2.4 所示。

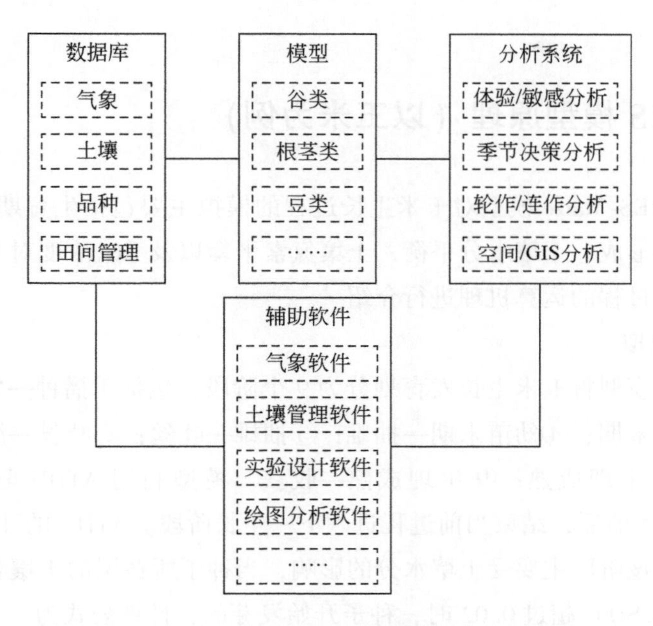

图 2.4　DSSAT 模型结构

数据库：输入、编辑和存储气象、土壤、田间管理和作物品种等数据。

作物系统模型（cropping system model，CSM）：该模型是 DSSAT 的核心，可以动态模拟自然要素（气候、土壤、CO_2浓度等）、田间管理措施（播期、种植密度、灌溉和施肥等）和品种遗传特性对作物物候发育、叶片发展、茎蘖消长、器官建成、叶片衰老、干物质累积、光合产物运移及根茎生长等过程的影响及土壤水分平衡（有效降水、径流、蒸发、蒸腾、土壤渗漏等）和养分平衡（土壤氮矿化、硝化、反硝化、固氮、淋溶及植物 N 素的吸收与利用等）。CSM 由一个主驱动程序、一个土地单元模块和一些构成土地单元的子模块构成。主程序控制每个模块的调用、初始化、整合输出等过程。土地单元模块用来管理特定田块的所有模拟过程，提供了主程序与其他组件交互的接口，包括天气、土壤、田间管理、土壤–植物–大气交互、轮作、作物等子模块。作物模块中模拟粮食作物的是 CERES 系列模型，包括 CERES-Maize、CERES-Wheat 和 CERES-Rice。对于水稻，DSSAT v4.7.5 还集成了 ORYZA-Rice 模型。

辅助软件：功能是帮助用户创建运行文件，主要包括输入管理信息的实验设计软件（XBuild）、可视化模拟结果的绘图分析软件（GBuild）、输入和编辑土壤数据的土壤管理软件（SBuild）、创建和标准化气象输入的天气管理器（WeatherMan）、组织田间观测数据的实测数据管理软件（ATCreate）。

分析系统：支持对土壤、气象、管理或作物遗传参数的变化进行敏感性分析；对影响作物生长发育的播种、灌溉、施肥和品种等管理方式进行决策评估；轮作、连作、免耕等种植模式对作物生产力和土壤的影响分析；对气象、土壤和管理信息的空间变异性进行分析。

2.5.2 CERES 模型原理（以玉米为例）

本书应用 CERES-Maize 模型对玉米生长过程的模拟主要包括生育期发展、叶片生长、干物质累积、产量形成、土壤水分平衡、土壤氮素平衡以及 CO_2 浓度对光合和呼吸作用的影响，下面将对各过程的运算机理进行介绍。

（1）生育期模拟

CERES-Maize 模型将玉米生长发育划分为 9 个阶段，包括①播种—发芽；②发芽—出苗；③出苗—幼苗末期；④幼苗末期—抽雄；⑤抽雄—吐丝；⑥吐丝—灌浆开始；⑦灌浆期；⑧灌浆结束—生理成熟；⑨生理成熟—收获。模型利用 ATDU 驱动物候发展，当 ATDU 达到一定的阈值后，结束当前进程进入下一生长阶段。ATDU 的计算见 3.1.2 节。

播种—发芽：该阶段主要受土壤水分的影响，当种子所在层的土壤含水量与下层土壤含水量的加权（SWSD）超过 0.02 时，种子开始发芽的，计算公式为

$$\mathrm{SWSD}=(\mathrm{SW}_{\mathrm{L0}}-\mathrm{LL}_{\mathrm{L0}})\times 0.65+(\mathrm{SW}_{\mathrm{L1}}-\mathrm{LL}_{\mathrm{L1}})\times 0.35 \tag{2-1}$$

式中，$\mathrm{SW}_{\mathrm{L0}}$（$\mathrm{SW}_{\mathrm{L1}}$）和 $\mathrm{LL}_{\mathrm{L0}}$（$\mathrm{LL}_{\mathrm{L1}}$）分别为种子所在土层（下一层）的土壤含水量和凋萎系数。

发芽—出苗：玉米出苗的条件是 ATDU>T_φ，T_φ 主要与播种深度（PLDP）有关，计算公式为

$$T_\varphi=15+6\times \mathrm{PLDP} \tag{2-2}$$

出苗—幼苗末期：幼苗期结束的条件是 ATDU>$P1$。$P1$ 为品种遗传参数，表示特定品种完成该阶段所需要的积温。

幼苗末期—抽雄：该阶段与昼夜的相对长度即光周期有关，作物必须经历一定时间的光周期才开花。模型引入了花期诱导因子 RATEIN，当 RATEIN 累积值到 1 时，进入抽雄期。

$$\mathrm{RATEIN}=\begin{cases}1/4,\mathrm{DL}<\mathrm{P2O}\\ [4+P2\times(\mathrm{DL}-\mathrm{P2O})]^{-1},\mathrm{DL}>\mathrm{P2O}\end{cases} \tag{2-3}$$

式中，$P2$ 为品种参数，为光周期敏感系数；DL 为光周期长度；P2O 为临界日长，默认值为 12.5h。

抽雄—生理成熟：阶段⑤~⑧主要由温度控制，当 ATDU>$P5$ 时，玉米籽粒成熟，$P5$ 为特定品种从吐丝到生理成熟所需要的积温。在这个过程中若连续两天 $T_{\max}$ 低于 TSEN，

作物会终止灌浆，TSEN 为冻害阈值，默认为6℃。模型中生理成熟即收获，故两个日期相同。

(2) 叶片生长模拟

模型通过计算每天叶面积的增长和衰亡之差模拟叶面积动态，计算公式为

$$\text{LAI}=(\text{PLA}+\text{PLAG}-\text{SENLA})\times\text{PLTPOP}\times 0.0001 \tag{2-4}$$

式中，LAI 为叶面积指数；PLA 为单株叶面积；PLAG 为叶面积增长量；SENLA 为叶面积衰亡量；PLTPOP 为种植密度；常数 0.0001 是将 cm^2 转换为 m^2。其中，单株叶面积增长量与单茎叶面积增长速率和单株茎蘖数有关，单株叶面积衰亡量主要由单茎叶面积衰亡和茎蘖数下降决定，计算公式如下：

$$\text{PLAG}=\text{PLAGMS}\times\text{TI} \tag{2-5}$$

$$\text{SENLA}=[\text{SLSC}\times(\text{LN}-4)-\text{SLSC}\times(\text{LN}-5)]\times\text{TI} \tag{2-6}$$

$$\text{LN}=\text{TLNO}-[\text{TLNO}\times\text{DTT}\times 0.005\times(1-\text{RTSW})] \tag{2-7}$$

式中，PLAGMS 为叶面积增长速率；TI 为单株茎蘖数；SLSC 为主茎累积叶面积；LN 为主茎叶片数；TLNO 为总叶片数，RTSW 为每日的积温与热叶间距的比值。

(3) 干物质累积模拟

干物质累积主要是通过生物量的合成和分配实现的，总生物量为平均生长速率和生育期长度的函数，可表示为

$$B_T=g\times d \tag{2-8}$$

式中，B_T为总生物量；g 为平均生长速率；d 为生育期长度。作物最终产量是 B_T分配到籽粒中的部分，分配系数受环境条件的影响，最佳生长条件下分配系数为 0.5，当环境胁迫导致植物生长停滞时取值可为 0。

作物的生物量取决于冠层截获的太阳辐射和辐射利用效率，理想环境条件下日潜在生物量的计算公式为

$$\text{PCARB}=\text{RUE}\times\text{IPAR} \tag{2-9}$$

$$\text{IPAR}=\text{PAR}\times[1-\exp(-k\times\text{LAI})] \tag{2-10}$$

式中，PCARB 为日潜在生物量；RUE 为辐射利用效率；IPAR 为截获的有效太阳辐射；PAR 为冠层光合有效辐射；LAI 为叶面积指数；k 为冠层消光系数。

由于作物生长过程中经常受温度、水分和养分等环境条件的胁迫，实际干物质累积往往小于 PCARB，需要用胁迫系数进行订正，订正系数服从最差因素定律，即由最严重的胁迫决定，可表达为

$$\text{CARBO}=\text{PCARB}\times\min(\text{PRFT},\text{SWFAC},\text{NSTRES},1) \tag{2-11}$$

$$T_{avg}=0.75\times T_{max}+0.25\times T_{min} \tag{2-13}$$

式中，CARBO 为实际干物质量；PRFT 为温度胁迫系数；SWFAC 为土壤水胁迫系数；NSTRES 为氮素胁迫系数。PRFT、SWFAC、NSTRES 取值范围均为 0～1。各胁迫系数的计

算公式如下：

$$PRFT = 1 - 0.0025 \times (T_{avg} - 26)^2 \tag{2-12}$$

$$T_{avg} = 0.75 \times T_{max} + 0.25 \times T_{min} \tag{2-13}$$

式中，T_{max}和T_{min}分别为日最高温度和日最低温度。

$$SWFAC = \frac{TRWUP}{10 \times EP} \tag{2-14}$$

式中，TRWUP 为作物根部吸水量；EP 为潜在蒸散量。

$$NSTRES = NFAC \times 1.2 + 0.2 \tag{2-15}$$

$$NFAC = 1 - [(TCNP - TANC)/(TCNP - TMNC)] \tag{2-16}$$

式中，TCNP 为作物含氮量临界值；TANC 为地上部分的含氮量；TMNC 为最小含氮量。

（4）产量形成模拟

从灌浆期开始，生物量分配给籽粒，每日籽粒增加量的计算公式如下：

$$GROGRN = RGFILL \times GPP \times G3 \times 0.001 \times (0.45 + 0.55 \times SWFAC) \tag{2-17}$$

$$RGFILL = \sum_{i=1}^{8} 1.4 - 0.003 \times (TEMPM - 27.5)^2 \tag{2-18}$$

式中，GROGRN 为每日籽粒增重总量；GPP 为每株籽粒数；$G3$ 为品种参数，表示籽粒最大灌浆速率；SWFAC 为水分胁迫系数；RGFILL 为籽粒相对灌浆速，每日进行 8 次求和；TEMPM 为小时温度。

（5）土壤水平衡模拟

模型基于农田水分循环过程模拟土壤水分动态，考虑了降水、灌溉、土壤蒸发、作物蒸腾、地表径流和下渗对土壤水的影响（图 2.5）。每日土壤剖面的水分变化可以表述为

$$\Delta SW = P + I - E_s - E_p - R - D \tag{2-19}$$

式中，ΔSW 表示土壤含水量的变化量；P 为降水量；I 为灌溉量；E_s 为土壤蒸发量；E_p 为作物蒸腾量；R 为地表径流量；D 为土壤底层排水量。

A. 土壤蒸发和作物蒸腾

土壤蒸发量和作物蒸腾量根据潜在蒸散量计算。第一步，首先基于 Pnestly-Taylory 方法（Priestley and Taylor，1972）利用太阳辐射、温度、地表反射率计算平均蒸发速率（E_{eq}），然后计算潜在蒸散量（E_o），计算公式如下：

$$E_{eq} = Rad \times (2.04 \times 10^{-4} \times Albedo) \times (T_d + 29) \tag{2-20}$$

$$Albedo = 0.23 + (0.23 - SALB) \times e^{-k \times LAI} \tag{2-21}$$

$$T_d = 0.6 \times T_{max} + 0.4 \times T_{min} \tag{2-22}$$

$$E_o = \begin{cases} E_{eq} \times 1.1, & 5 < T_{max} < 35 \\ E_{eq} \times [(T_{max} - 35) \times 0.05 + 1.1], & T_{max} \geqslant 35 \\ E_{eq} \times 0.01 e^{0.18 \times (T_{max} + 20)}, & T_{max} \leqslant 5 \end{cases} \tag{2-23}$$

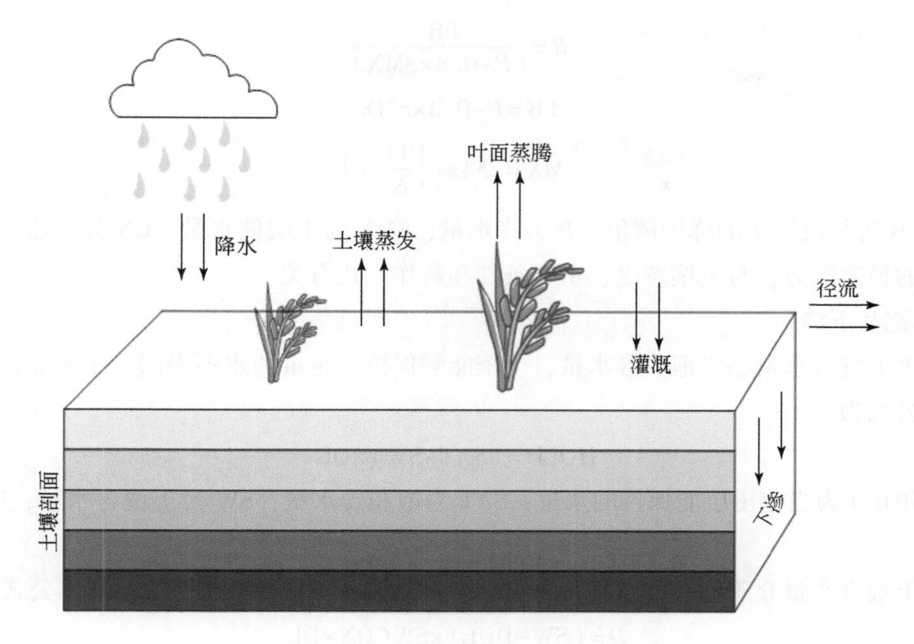

图 2.5　DSSAT 模型中土壤水循环过程

式中，Rad 为太阳辐射；Albedo 为反射率；T_d为平均温度；SALB 为土壤表面反射率；k 为消光系数。

第二步，基于潜在蒸发量和叶面积指数计算土壤潜在蒸发量（E_{os}）：

$$E_{os}=\begin{cases}E_o\times(1-0.43\times \mathrm{LAI}), & \mathrm{LAI}\leqslant 1.0\\ \dfrac{E_o}{1.1}\times e^{-0.4\times \mathrm{LAI}}, & \mathrm{LAI}>1.0\end{cases} \tag{2-24}$$

第三步，计算土壤实际蒸发量。模型中土壤蒸发过程分为两个阶段，第一阶段土壤水分充足，蒸发主要由气象条件决定，一直持续到累积蒸发量 SUMES 达到蒸发上限 U 进入第二阶段，之后蒸发量随土壤含水量下降而减少。两个阶段根据土壤水分状况不断交替进行。土壤实际蒸发量（E_s）的计算公式如下：

$$E_s=\begin{cases}E_{os}, & \mathrm{SUMES}\leqslant \mathrm{U}\\ E_{os}-0.4\times(\mathrm{SUMES}-\mathrm{U}), & \mathrm{SUMES}>\mathrm{U}\end{cases} \tag{2-25}$$

作物潜在蒸腾（E_p）与潜在蒸散和作物叶面积指数有关，计算公式为

$$E_p=\begin{cases}E_o\times(1-e^{-\mathrm{LAI}}), & \mathrm{LAI}\leqslant 3.0\\ E_o, & \mathrm{LAI}>3.0\end{cases} \tag{2-26}$$

B. 地表径流

地表径流（R）根据美国土壤保护协会提供的通用土壤流失方程（SCS）曲线计算，公式为

$$R=\frac{PB^2}{(P+0.8\times SMX)} \tag{2-27}$$

$$PB=P-0.2\times SMX \tag{2-28}$$

$$SMX=254\times\left(\frac{100}{CN}-1\right) \tag{2-29}$$

式中，PB 为径流发生的降雨阈值；P 为降水量；SMX 为土壤储水量；CN 为径流系数，表示土壤的径流潜力，与土壤坡度、水文条件和耕作方式有关。

C. 饱和下渗

如果土壤含水量小于饱和含水量，土壤能够保持一定量的水不渗漏。土壤能保持的水量计算公式为

$$HOLD=(SAT-SW)\times DL \tag{2-30}$$

式中，HOLD 为当前土层能保持的水量；SAT 为饱和含水量；SW 为土壤含水量；DL 为土层厚度。

当土壤含水量介于饱和含水量和排水上限之间时，土壤水开始下渗，计算公式为

$$D=(SW-DUL)\times SWCON\times DL \tag{2-31}$$

式中，D 为下渗量；DUL 为土壤排水上限，取决于土壤类型；SWCON 为土壤排水速率经验常数，取值范围为 0～1，默认值为 0.5。

（6）土壤氮平衡模拟

模型将土壤有机质分为新鲜有机质和稳定的土壤腐殖质，模拟过程包括两部分有机质的矿化、固定、硝化和反硝化，以及硝态氮的淋溶和氮素根系吸收，运算机理如下。

A. 有机氮的矿化

新鲜有机质（FOM）主要由前茬作物的根、茎、叶残留以及微生物和它们迅速分解的产物组成，FOM 氮矿化量的表达式为

$$GRNOM=DECR\times FOM \tag{2-32}$$

$$DECR=RDECR\times TFAC\times MF\times CNRF \tag{2-33}$$

式中，GRNOM 为新鲜有机质的矿化氮；DECR 为氮矿化速率；RDECR 为最大矿化速率，有机质成分不同、碳氮比不同，最大矿化速率也不同；TFAC、MF 和 CNRF 分别为土壤温度、湿度和 C/N 限制因子。

稳定有机质的（HUM）氮矿化量的表达式为

$$RHMIN=NHUM\times DMINR\times TFAC\times MF \tag{2-34}$$

式中，RHMIN 为稳定有机质氮矿化量；NHUM 为稳定有机质的含氮量；DMINR 为最大分解速率。新鲜有机质和稳定腐殖质矿化氮有 80% 进入矿化氮库，剩下的 20% 进入腐殖质库，总的氮矿化量为

$$NNOM=0.8\times GRNOM\times RHMIN-RNAC \tag{2-35}$$

式中，NNOM 为有机氮的矿化量；RNAC 为生物固定的氮。

B. 硝化和反硝化作用

土壤氮素硝化是指 NH_4^+-N 转化为 NO_3^--N 的过程，硝化速率受土壤温度、湿度、pH 以及铵态氮含量的影响，影响大小仍然服从最差因素，表达式为

$$\mathrm{RNTRF}=\min(\mathrm{TF},\mathrm{WF},\mathrm{pHF},\mathrm{NH_4F})\times 40.0\times\frac{\mathrm{SNH4}}{\mathrm{SNH4}+90} \quad (2\text{-}36)$$

式中，RNTRF 为硝化速率；TF、WF、pHF 和 NH_4F 分别为上述环境因素的胁迫系数；SNH4 为 NH_4^+-N 的含量。

土壤反硝化是指水分充足即厌氧条件下 NO_3^--N 还原为 N_2 的过程，反硝化速率的表达式为

$$\mathrm{DNRATE}=6.0\times10^{-5}\times\mathrm{CW}\times\mathrm{NO_3^-}\times\mathrm{BD}\times\mathrm{TF}\times\mathrm{EF}\times\mathrm{DL} \quad (2\text{-}37)$$

式中，DNRATE 为反硝化速率；CW 为土壤可利用的碳含量；NO_3^- 为各土层硝态氮含量；BD 为容重；TF 和 EF 分别为影响反硝化速率的土壤温度和湿度限制因子；DL 为土层厚度。

C. 土壤氮淋溶

模型假设铵态氮转换成硝态氮后开始在土壤中随水流运移，这里主要阐述向下淋溶过程。特定土层硝态氮淋溶的比例等于向下水流与该土层含水量的比值，可表达为

$$\mathrm{NLeach}=\frac{\mathrm{SNO_3}\times\mathrm{FLUX}}{\mathrm{SW}\times\mathrm{DL}+\mathrm{FLUX}} \quad (2\text{-}38)$$

式中，NLeach 为土壤氮素淋溶量；SNO_3 为 NO_3^--N 的含量；FLUX 为土壤向下水流；SW 为土壤含水量；DL 为土层厚度。

D. 根系吸收氮

作物的不同器官对氮素的需求和吸收比率不同，植株总氮素吸收包括地上部分和根系两部分，可以表达为

$$\mathrm{NDEM}=\mathrm{TNDEM}+\mathrm{RNDEM} \quad (2\text{-}39)$$

$$\mathrm{TNDEM}=\mathrm{STOVWT}\times(\mathrm{TCNP}-\mathrm{TANC})+\mathrm{DNC} \quad (2\text{-}40)$$

$$\mathrm{RNDEM}=\mathrm{RTWT}\times(\mathrm{RCNP}-\mathrm{RANC})+\mathrm{PGRORT}\times\mathrm{RCNP} \quad (2\text{-}41)$$

式中，NDEM 为植株总的氮需求量；TNDEM 和 RNDEM 分别为地上部分和根部的氮需求量；STOVWT 和 RTWT 分别为地上器官和根的质量；TCNP 和 TANC 分别为地上部分最大和实际含氮量；DNC 为地上潜在增长茎秆的氮需求量；RCNP 和 RANC 分别是根部最大和实际含氮量；PGRORT 为根的增重量。

（7）CO_2 浓度影响模拟

CERES 模型采用“系数订正法”模拟 CO_2 浓度对作物光合和蒸腾作用的影响，即假定某种作物在一定 CO_2 浓度水平上的光合/蒸腾速率等于它在参比浓度下（一般为 330ppm）的速率乘以订正系数。光合作用的订正系数（R_p）通常是通过人工控制实验得

到的，即保持其他环境条件（温度、土壤、辐射、水肥管理等）不变，测定不同CO_2浓度下作物光合速率并与参比浓度下的值比较，确定该作物在某一浓度水平下的光合作用订正系数。美国国家环境保护局（US EPA）总结了相关实验，归纳出了不同作物在不同CO_2浓度水平上的光合作用订正系数，玉米的相关参数如表 2.2 所示，未在列表中的采用内插法得到（Chen et al.，2018）。

蒸腾作用订正系数（R_t）的计算公式如下：

$$R_t = \frac{\lambda E_c}{\lambda E} = \frac{\delta + \gamma \times (1 + R_c / R_a)}{\delta + \gamma \times (1 + R_c / R_a)} \tag{2-42}$$

$$R_c = \frac{\gamma_1 + \gamma_b}{\text{LAI}} \tag{2-43}$$

式中，λE为根据 Penman-Monteith 方程计算的蒸散量；λE_c为特定CO_2浓度下的蒸散量；δ为“饱和水汽压-温度”曲线的斜率；γ为湿度常数；R_a为群体的边界层传导力；R_c为群体的水汽传导力；γ_b为叶片边界阻力；LAI 为叶面积指数，可用模型计算得到；γ_1为叶片气孔阻抗，s/m，一般用精密仪器测定。表 2.5 列出了 US EPA 测定的两个CO_2浓度水平下的气孔阻抗值。由于在其他环境条件不变的情况下，叶片气孔阻抗与CO_2浓度呈线性关系（Ahmed et al.，2019），因此可推导出其他CO_2浓度水平下的蒸腾作用订正系数。

表 2.5　不同CO_2浓度下光合作用订正系数和叶片气孔阻抗测定值

CO_2浓度/ppm①	220	330	405	440	460	530	550	555	660	770	880	990
R_p	0.81	1.00	1.02	1.03	1.04	1.05	1.06	1.06	1.10	1.13	1.16	1.18
γ_1/(s/m)	—	55.80	—	—	—	—	—	87.40	—	—	—	—

2.5.3　CERES-Maize 模型输入和输出

DSSAT 系列模型的基本输入包括气象数据、土壤属性数据、田间管理数据、品种遗传信息和观测数据，所有数据以文本的形式组织。

气象数据：气象文件的后缀为 WTH，运行需要的最小输入要素包括日期、最高温、最低温、降水量和辐射，支持多种国际单位。日期覆盖模拟时段即可，但不可以间断，气象要素只需保留一位小数。数据的标准化、单位转换、错误修改可以通过自带的辅助软件 WeatherMan 实现。

土壤属性数据：土壤文件的后缀为 .SOL，必须提供的土壤属性包括土壤类型、颜色、

① 1ppm = 10^{-6}。

坡度、肥力、径流曲线、渗透性和反照率、不同深度的黏粒、粉粒和砂粒含量、有机碳含量、pH、阳离子交换能力及总氮，其他参数如蒸发上限、凋萎含水量、田间持水量、饱和含水量等在模型中利用 SBuild 通过 Saxton 等（1986）提出的方法计算得到。

田间管理数据：田间管理文件的后缀为 . MZX，输入信息包括田块的经纬度、海拔、面积，作物的种植日、播种方式、播种深度、种植密度、行距、行向、耕作方式、施肥和灌溉（日期和量）及品种信息等。

品种遗传信息：品种遗传信息包括三类，分别存放在物种文件、生态型文件和基因型文件中。物种文件的后缀为 . SEP，主要用来区分作物类型，设定了与温度、光合作用、呼吸作用、水分和营养胁迫、种子萌发、出叶率、根系生长及植物初始氮含量等生理参数。生态型文件的后缀为 . ECO，记录了作物的关键温度阈值、光周期敏感性，光能利用效率等对自然环境的响应参数。品种基因性文件的后缀为 . CUL，包含了控制作物物候发展、植株形态和产量形成的关键参数。物种参数一般固定不变，生态型和基因型参数是影响作物生长模拟最重要的参数，详细介绍见 2. 5. 4 节。

观测数据：观测数据文件有两个；一个是汇总数据文件 . MZA，记录关键物候期、产量、收获时生物量、粒重、穗粒数等可获得的关键生长发育参数；另一个是时间序列数据文件 . MZT，记录生物量、叶面积指数（LAI）、株高、土壤含水量、土壤氮素等随作物生长变化的信息。

模型的输出分为季节性输出和逐日输出两类。季节性输出主要包含在总结文件（SUMMARY. OUT）和综述文件（OVERVIEW. OUT）中，总结文件记录了作物达到各生育阶段的日期、生物量和产量等生长参数、季节性的土壤水分平衡、土壤碳氮组成等信息；综述文件概括了模型的输入状况、作物生长关键时期的生物量、养分吸收和水氮胁迫等信息。逐日的输出包括：每日生物量、叶面积指数等生长动态（PlantGro. OUT）；土壤蒸发量、潜在蒸发量、各土层土壤含水量、蒸腾量等土壤水平衡（SoilWatBal. OUT）；各层土壤硝态氮、铵态氮的动态以及氮素径流与淋失等土壤氮平衡（SoilNiBal. OUT）；植物各个器官 N 含量（根、茎、叶中氮的含量）以及氮素吸收量等植物氮状况（PlantN. OUT）；模拟值和观测值（Evaluate. OUT）和错误提示（WARNING. OUT 和 Error. OUT）。

2. 5. 4 CERES-Maize 模型参数

CERES-Maize 模型中控制玉米生长发育和产量形成的主要是 17 个品种参数（表2. 6），其中生态型参数 11 个，基因型参数 6 个。生态型参数包括生物学基温（TBASE）、营养生长期最佳温度（TOPT）、生殖生长期最佳温度（ROPT）、临界日长（P2O）、光周期不敏感品种完成感光期的最少天数（DJTI）、种子每萌发所需积温（GDDE）、从吐丝到有效灌浆期积温（DSGFT）、辐射利用效率（RUE）、冠层消光系数（KCAN）、叶片生长的临界温度（TSEN）、冻害阈值（CDAY）。

表 2.6　CERES-Maize 模型参数及其先验值

类型	参数	含义	单位	取值
基因型参数	P_1	完成非感光幼苗期>8℃积温	℃	100～450
	P_2	光周期敏感系数	—	0～4
	P_5	吐丝至生理成熟>8℃积温	℃	600～1500
	G_2	单株最大穗粒数	粒	500～1500
	G_3	最大灌浆速率	mg/(粒·d)	5～30
	PHINT	完成一片叶生长所需积温（热叶间距）	℃	20～75
生态型参数	TBASE	生物学基温	℃	8
	TOPT	营养生长期最佳温度	℃	34
	ROPT	生殖生长期最佳温度	℃	34
	P2O	临界日长	h	12.5
	DJTI	光周期不敏感品种完成感光期的最少天数	d	4
	GDDE	种子每萌发 1cm 所需积温	℃	6
	DSGFT	从吐丝到有效灌浆期积温	℃	170
	RUE	辐射利用效率	G/MJ	2.0～5.5
	KCAN	冠层消光系数	—	0.85
	TSEN	叶片生长的临界温度	℃	6
	CDAY	冻害阈值	d	15

基因型参数包括完成非感光幼苗期>8℃积温（P_1）、光周期敏感系数（P_2）、吐丝至生理成熟>8℃的积温（P_5）、单株最大穗粒数（G_2）、最大灌浆速率（G_3）和完成一片叶生长所需积温（叶热间距）（PHINT）。在模型本地化过程中，生态型参数大多为默认值，只是 RUE 模型初始值在中国偏低，会小幅调整，着重校准 6 个基因型参数。

DSSAT 模型内嵌了 GenCalc（Genotype Cofficient Calculator）和 GLUE（Generalized Likelihood Uncertainty Estimation）两个参数估计程序。GenCalc 的原理是“试错法”，即在参数取值范围内每次对某个或某些参数±x%，迭代调试寻找误差最小的参数值，该方法的优点是可以对参数进行微调，逼近最优值且运算速度较快，缺点是每次运行需要人工设置优化次数、迭代次数和步长。

GLUE 是一种基于贝叶斯理论的最大似然参数估计方法，基于品种的先验区间对参数组合进行大样本蒙特卡罗（Monte Carlo）采样，运行模型获得相应的模拟结果，以模拟值与实测值的偏差为标准，计算高斯最大似然函数值和权重，得到每组参数的似然值，最后根据参数后验分布及统计方程得到最优参数组合。GLUE 的优点是用户只需设定优化参数和运行次数（每次估算至少运行 6000 次），输出简洁，方便查看结果，缺点是大样本估计

耗时长，且难以实现参数微调。似然值和权重的计算公式为

$$L(\theta_i \mid M) = \prod_{j=1}^{O} \frac{1}{\sqrt{2\pi \sigma_M^2}} \exp\left(-\frac{(M_j - S(\theta_i))^2}{2\sigma_M^2}\right), (i = 1,2,3,\cdots,N) \tag{2-44}$$

$$L_{\text{combined}}(\theta_i) = \prod_{k=1}^{K} L_{k(\theta_i \mid M_k)} \tag{2-45}$$

$$p(\theta_i) = \frac{L(\theta_i \mid M)}{\sum_{i=1}^{N} L(\theta_i \mid M)} \tag{2-46}$$

式中，θ_i为第 i 个参数集；$S(\theta_i)$ 为参数集θ_i中，模型的第 j 个输出；M 为观测值；M_j为第 j 个观测值；σ_M^2为实测结果的方差；$L(\theta_i \mid M)$ 为参数集θ_i在观测值 M 条件下的似然函数；$L_{\text{combined}}(\theta_i)$ 为模型多个输出结果的组合方程；$p(\theta_i)$ 为每个参数集似然值的权重。参数后验分布和统计量的计算公式如下：

$$\mu_{\text{post}}(\theta) = \sum_{i=1}^{N} p(\theta_i) \cdot \theta_i \tag{2-47}$$

$$\sigma_{\text{post}}^2(\theta) = \sum_{i=1}^{N} p(\theta_i) \cdot (\theta_i - \mu_{\text{post}})^2 \tag{2-48}$$

式中，$\mu_{\text{post}}(\theta)$ 和$\sigma_{\text{post}}^2(\theta)$ 分别为参数后验分布的均值和方差。

在模型校准时，本书结合了两种方法，首先通过 GLUE 在参数先验区间内寻找物候和产量误差在 30% 以内的参数组合，其次利用 GenCalc 逐个反复调试参数值，直到模拟值与实测值趋于一致，误差最小为止。

2.6 机器/深度学习方法

机器学习起源于神经心理学对递归神经网络节点之间相关性的研究，是实现人工智能的一种数据分析技术，其从数据中学习经验，自动分析建模，发现模式并做出预测和决策（Goldberg and Holland，1988；王珏和石纯一，2003；Angra，2017；陈嘉博，2017）。机器学习是一门多领域交叉学科，涉及统计学、算法复杂度理论、逼近论、计算机科学和概率论等多门学科。当涉及大量数据和变量的复杂问题且没有预定的方程模型时，可考虑使用机器学习方法。

2.6.1 机器学习的发展历程

机器学习的历史可大致分为四个时期（陈凯等，2007；胡林等，2019）：①20 世纪 50 年代中叶到 60 年代中叶的起步期。人们认为只要赋予机器逻辑推理能力，机器将具有智能。以 Samuel 下棋程序、图灵测试和感知机等代表性成果为代表奠定了机器学习的基本

规则；②20世纪60年代中叶到70年代中叶的停滞期，人们在发现机器仅具有逻辑推理能力是不足以处理现实问题的，大量的知识学习必不可少。因此本阶段主要采用了逻辑结构或图结构描述机器学习的内部概念，代表成果有温斯顿的结构学习系统和海斯罗思的基本逻辑归纳学习系统；③20世纪70年代中叶到80年代中叶的复兴期，主要研究方向从学习单个概念扩展至多个概念，并与实际应用相结合。标志性成果有决策树算法的提出和第一届机器学习国际研讨会的召开；④自20世纪90年代以来的发展期，代表性事件为1997年，超级电脑“深蓝”在国际象棋比赛中首次击败了世界排名第一的棋手；代表性成果包括深度学习和支持向量机等，现实任务应用包括人脸识别、自动驾驶和精准农业等。在目前的发展期，机器学习的主要研究方向包括：面向特定任务分析和开发学习系统、模拟研究人类学习及计算机行为和探讨潜在的理论和算法发展空间。

机器学习的算法始终在发展变化，但其核心思想始终围绕着算法能力和计算复杂性展开。按照是否需要人工标记的标签数据，可将机器学习分为有监督、半监督和无监督三大类（Singh et al.，2016；何清等，2014；陈凯等，2007）。有监督算法需要人工标记的标签数据，主要用来通过一系列变量来预测一个结果，其本质是训练机器学习的泛化能力，常见算法有回归算法、决策树算法、贝叶斯算法等。无监督算法不需要人工标记的标签数据，其需要从数据中发掘隐藏的结构，从而获得样本的结构特征，在一定意义上更近似于人类的学习方式，常被用来探索发现视频、图片或文字等观测对象的相似之处，常见算法包括聚类算法、关联算法。半监督算法的部分数据是被人工标记的标签数据，往往需要通过学习已标记数据去推断未标记数据，即不仅学习已知数据之间的结构关系，也输出分类模型进行对未知数据的预测。半监督算法的训练成本较低，在实际应用中更加普遍。主要包括半监督的支持向量机和聚类算法等。需要注意的是，机器学习使用数学的方法从数据推算问题世界的模型，一般没有对问题世界的物理解释，只是从输入输出关系上反映问题世界的实际，实则是一个“黑箱”过程。

机器学习算法整体而言仍处于初级发展的阶段，存在着许多尚待解决的问题，如面向特定任务开发学习系统、研究人类学习过程和理论发展独立于应用领域之外的潜在的学习算法；而随着大数据和云计算时代的到来，机器学习势必将得到进一步发展，具有更广阔的应用前景。

近年来，随着可获得的数据越来越多，质量越来越高，机器学习算法正在快速地被应用在图像处理、自然语言处理等领域中，其通过计算机学习海量数据的规律和模式，挖掘潜在有用信息，广泛应用于分类、回归、聚类等问题。目前机器学习已经成功应用在了遥感、农业、大气、陆面海洋模式等相关研究中。

在农业估产和农业灾害领域，机器学习算法已取得一些进展。王鹏新等（2019）使用随机森林回归基于条件植被温度指数（VTCI）和LAI构建了玉米估产模型，对河北中部的53个县的玉米单产进行模拟，模拟结果与实际单产的平均相对误差为9.85%，均方根误差（RMSE）为 824.77kg/hm^2，模型精度较高。在农作物病虫害识别与预测中，支持向量回归、马尔可夫链、神经网络和深度回归等方法也被广泛使用。Mohanty 等基于 PlantVillage 项目的公开数据集提供的 54 306 幅病虫害作物叶片与健康作物叶片图像，采用 AlexNet 和 GoogleNet 两种深度学习架构识别病虫害，准确性可达 99.4%，他们认为对作物-病虫害的准确标注信息是精确识别的关键因素。

虽然机器学习已在其他领域得到了众多应用，但在地学领域中的应用还处于初级阶段。最新发表在 *Nature* 期刊上有关深度学习在地球系统科学中的机遇与挑战的综述研究表示可解释性、物理一致性、数据的复杂与确定性、缺少标记样本和计算需求是地学领域深度学习应用需要面临的五大挑战，以干旱为例，地学中并没有类似于图像识别中被标记成“狗”“猫”现成的大量训练样本。除此以外，研究提出将以理论驱动的物理模型与以数据驱动的机器学习模型进行集成的思路，从而充分发挥物理模型的一致性和机器学习的多功能性的优点。这种集成主要可以通过改善参数化、用机器学习“替代”物理模型中子模块、模型与观测的不匹配分析，约束子模型、代理模型或仿真等角度实现。作者表示未来过程模型与机器学习将进一步结合，数据驱动的机器学习不会替代物理模型，但是会起到补充和丰富的作用，最终实现混合建模。综上所述，将模拟作物生理生态过程的作物模型和机器学习进行混合建模，探索其在气候变化和极端气候影响评估上的应用潜力是未来各专业领域的新方向和新突破口。下面以 XGBoost 为例解释该方法的原理，其他方法如随机森林（random forest，RF）和长短期记忆（long short-term memory，LSTM）模型就不在此赘述。

2.6.2 XGBoost 计算方法

梯度提升决策树（XGBoost）由 Chen et al. 在 2015 年提出的一种基于梯度提升决策树（gradient boosting decision tree，GBDT）的集成学习算法。其中，集成的意思即是将多个学习模型组合以获得更好的效果，使得组合后的模型具有更强的泛化能力。XGBoost 支持多种基分类器（又名为弱分类器），包括线性模型和决策树等。其中，决策树是一种由特征与概率决定的树形结构的预测模型，其可被用于数据的分类与回归。当使用决策树作为基分类器时，GBDT 只使用一阶导数信息来优化损失函数，而 XGBoost 则使用二阶泰勒展开对损失函数进行优化，同时得到了一阶导数和二阶导数信息，更好地拟合了损失函数，减少可能存在的误差，进一步优化了性能。此外，XGBoost 能自动利用 CPU 的多线程并行计算，提高了运行速率。需要注意的是，XGBoost 模型的并行计算并不是决策树的并行，其需要完成一次迭代过程，增加一棵决策树后，再进行下一次迭代。XGBoost 的并行是在特征粒度尺度上的，其在训练开始前就先对数据进行了排序，然后保存为一个块结构，后续迭代过程将反复调用该结构，从而减少计算量。其运行原理和公式详细介绍如下。

机器学习模型训练的过程是追求最小化目标函数求解对应参数的过程。对任一种机器学习模型，目标函数通常都包括损失函数和正则项两部分。

$$\mathrm{obj}(\theta)=L(\theta)+\Omega(\theta) \tag{2-49}$$

式中，θ 为模型参数，$\mathrm{obj}(\theta)$、$L(\theta)$ 和 $\Omega(\theta)$ 分别为目标函数、损失函数和正则项。通常 $L(\theta)$ 越小，代表拟合效果越好，预测能力越强，常见的损失函数包括线性回归中的误差平方和函数与逻辑斯谛（logistic）回归中的 logistic 损失函数等。但如果只使用 $L(\theta)$ 来衡量一个模型，极有可能发生过拟合现象，即对训练数据集中已知数据的预测精度相当高，但对测试数据集中的未知数据预测精度很差。而加入的正则项 $\Omega(\theta)$ 可以被用来衡量模型的复杂程度，其随着机器学习模型的复杂度增强而增大；优化正则项可以避免模型过于复杂而导致鲁棒性降低。假设 XGBoost 的模型中集成了 k 个基分类决策树，则由基分类决策树产生的函数模型为

$$y_i=\sum_{k-1}^{K}f_k(x_i),f_k\in F \tag{2-50}$$

式中，x_i和y_i分别为训练数据集中的决策因子和因变量；F 为所有基分类器空间；f_k为 F 中的某一基分类器；k 为基分类器的个数，此时目标函数式可以写为：

$$\mathrm{obj}=\sum_{i=1}^{N}L(y_i,\hat{y}_i)+\sum_{k=1}^{K}\Omega(f_k) \tag{2-51}$$

式中，$\hat{y}_i$为 XGBoost 模型对训练数据集的模拟结果；N 为训练数据集中样本总个数，其余参数同上。

由上面两个公式可知 XGBoost 模型目标函数是所有树模型的集合，但又无法一次获得。解决方法是根据前 $t-1$ 次迭代的模型训练得到第 t 棵树（此时，$t=K$），依次类推。如果将第 t 次的预测结果表述为$\hat{y}_l^{(t)}$，那么每次迭代的结果对应可表示为

$$\hat{y}_l^{(0)}=0$$
$$\hat{y}_l^{(1)}=f_1(x_i)=\hat{y}_l^{(0)}+f_1(x_i)$$
$$\hat{y}_l^{(2)}=f_1(x_i)+f_2(x_i)=\hat{y}_l^{(1)}+f_2(x_i)$$
$$\cdots$$
$$\hat{y}_l^{(t)}=\sum_{k-1}^{t}f_k(x_i)=\hat{y}_l^{(t-1)}+f_t(x_i)$$

相应地，第 t 次迭代的目标函数对应表达式为

$$\begin{aligned}\mathrm{obj}^{(t)}&=\sum_{i=1}^{n}L(y_i,\hat{y}_l^{(t)})+\sum_{i=1}^{t}\Omega(f_i)\\&=\sum_{i=1}^{n}L(y_i,\hat{y}_l^{(t-1)}+f_t(x_i))+\Omega(f_t)+\mathrm{constant}\end{aligned} \tag{2-52}$$

式（2-52）中，损失函数部分进行二次泰勒展开的形式为

$$\sum_{i=1}^{n}L(y_i,\hat{y}_l^{(t-1)}+f_t(x_i))=\sum_{i=1}^{n}\left[L(y_i,\hat{y}_l^{(t-1)})+g_i\times f_t(x_i)+\frac{1}{2}\times h_i\times f_t^2(x_i)\right] \tag{2-53}$$

式中，g_i和h_i为损失函数的二阶导数。

对于式（2-52）中的正则项，首先我们定义一个决策树：

$$f_t(x)=W_{q(x)}, W\in R^M, q:R^d\to\{1,2,\cdots,M\} \tag{2-54}$$

式中，M 为决策树上的叶子结点数量；q 为决定每个输入样本最终属于哪个叶子节点；W 为用来记录各叶子结点得分的向量。那么，XGBoost 中的正则化定义为

$$\Omega(f_t)=\gamma\times M+\frac{1}{2}\times\lambda\times\sum_{j=1}^{M}W_j^2 \tag{2-55}$$

式中，γ 和 λ 为 XGBoost 控制模型复杂度的参数，它们的值越大，模型越保守。

综合以上各式，第 t 次迭代时，需要的最小化的目标为

$$\begin{aligned}&\sum_{i=1}^{n}\left[g_i\times W_{q(x)}+\frac{1}{2}\times h_i\times W_{q(x_i)}^2\right]+\gamma\times M+\frac{1}{2}\times\lambda\times\sum_{j=1}^{M}W_j^2\\&=\sum_{j=1}^{M}\left[\left(\sum_{i\in I_j}g_i\right)\times W_j+\frac{1}{2}\times\left(\sum_{i\in I_j}h_i+\lambda\right)\times W_j^2\right]+\gamma\times M\\&=\sum_{j=1}^{M}\left[G_j\times W_j^2+\frac{1}{2}\times(H_j+\lambda)\times W_j^2\right]+\gamma\times M\end{aligned} \tag{2-56}$$

由于W_j和其他项是相互独立的，因此最小值问题就转化为对一元二次函数求极值的问题。不难得到，W_j的最优解为

$$W_j^*=\frac{G_j}{H_j+\lambda} \tag{2-57}$$

最优解对应的目标函数值为

$$\mathrm{Obj}^*=-\frac{1}{2}\times\sum_{j=1}^{M}\frac{G_j}{H_j+\lambda}+\gamma\times M \tag{2-58}$$

除由运行原理带来的运算速率和准确度的改善之外，与机器学习中的其他集成算法相比，XGBoost 还具有如下优势：①XGBoost 算法能自动学习缺失值对应的分裂方向；②以基分类器为决策树时，与随机森林算法相似，支持列抽样以避免过拟合现象，同时也降低了复杂度；③通过为叶子节点分配了学习速率，降低了每棵树的权重及影响，使得后续计算具有更大的学习空间；④引入了可并行的近似直方图算法，解决了耗时问题，提高了运算效率。

2.6.3 其他方法

相比于传统的统计模型，机器学习和深度学习方法能捕捉输入数据和产量的非线性复杂关系并且不受多重共线性影响，对估产研究的发展起到了重大作用（Sakamoto，2020；Zhang et al.，2021）。Kang 等（2020）发现更先进的机器学习和深度学习方法如 LSTM 模型和 XGBoost 相比线性回归模型如最小绝对收缩和选择操作模型（least absolute shrinkage and selection operator，LASSO）方法能实现更精确的县级玉米估产。深度学习能够采用一系列非线性变换从海量数据中自动地提取多尺度、多层次特征并提取出抽象的高层次语义信息，具有强大的分层特征表达能力（LeCun et al.，2015）。例如，LSTM 模型在美国玉米估产中比 RF 表现得更好（Jiang et al.，2020）。Tian 等（2021）比较了 LSTM 模型和机器学习方法如支持向量机在关中平原小麦估产中的表现，同样发现 LSTM 模型能实现更高的精度。

尽管已有大量学者致力于从数据和算法两方面提高作物估产精度，仍存在一定的局限：①仅基于特定年份的土地利用图或作物空间分布图，而不是逐年作物面积空间信息进行估产，这会导致掩膜作物分布后得到的用于估产的指标存在偏差，进而给产量估计带来不确定性；②以往基于机器学习和深度学习方法的研究仅聚焦在国家或更小的尺度，而对全球主要粮仓的作物产量制图鲜有涉足（Li et al.，2021；Tian et al.，2021；刘峻明 et al.，2019）。因此，机器学习和深度学习算法在大空间范围估计格网产量的潜力仍待进一步深入挖掘。现有的大尺度作物产量制图方法包括 Lobell 等（2015）提出的可扩展的作物产量地图（scalable crop yield mapper，SCYM）以及 You 等（2014）提出的作物空间分配模型（SPAM）方法。两种方法均存在一定的局限性：前者应用到新的区域需要复杂的高质量的输入数据以本地化作物模型（Azzari et al.，2017），而后者仅生成了 3 年（2000 年、2005 年和 2010 年）的全球格点作物产量数据，难以分析产量的时空动态。综上，亟须建立一种具有普适性的方法框架，既能够快速地实现作物制图，又能在此基础上精确地估计格网产量（Luo et al.，2022）。

此外，全球格网产量数据集对开展大尺度农业系统建模和气候影响评估具有重要意义。虽然有不少学者使用不同方法填补了数据空白，但产品的时空分辨率有待进一步提高（Monfreda et al.，2008；Yu et al.，2020；Fischer et al.，2012；Iizumi and Sakai，2020；Müller et al.，2019）。这些数据存在时间覆盖范围短（几年）或空间分辨率低（长时间数据如 GDHY 为几十公里）的局限性（表 2.7）。同时，这些产品将通过降尺度生成的粗糙作物面积图作为底图，而未使用多源遥感数据结合作物生长特点来较为精准地识别作物空间分布，会导致产量估计值存在误差，从而为气候变化影响评估引入一定的不确定性。因此，亟须基于准确的作物种植空间分布获取全球更高时空分辨率的格网产量数据，为气候变化影响和适应性评估提供坚实的数据基础。

表 2.7　现有全球格网作物单产数据基本信息

产品名称	时间分辨率	空间分辨率	方法	参考文献
M3Crops	2000 年	10km	基于统计数据降尺度	Monfreda et al.，2008
SPAM	2000 年，2005 年，2010 年	10km	基于交叉信息熵原理的空间分配模型	Yu et al.，2020
GAEZ	2000 年，2010 年	10km	基于统计数据降尺度	Fischer et al.，2012

续表

产品名称	时间分辨率	空间分辨率	方法	参考文献
GDHY	1982 ~ 2016 年	0.5°	半机理模型	Iizumiand Sakai，2020
GGCMI	1901 ~ 2012 年	0.5°	作物模型	Müller et al.，2019
Ray2012	1995 年，2000 年，2005 年	10km	基于统计数据降尺度	Ray et al.，2012

第3章 气候变化对三大作物物候的影响

物候是作物重要的植物属性，不仅反映作物的生长发育状况，其变化也直接影响产量形成、地表水热循环和农业生态系统的生物多样性，具有重要的生态和经济意义(Challinor et al., 2016; Zhao et al., 2017)。大量事实证明，全球变暖改变了植物生长季，对植物生产力，生态系统的结构、功能及其对气候的反馈产生了重要影响 (Wu et al., 2018; Piao et al., 2019; Fu et al., 2019)，但是当前研究大多关注自然植被，对作物物候的研究相对匮乏。最新的研究发现气候变化对植被物候的影响在减弱，昼夜温度对北半球植被物候发展具有相反的作用，然而这些重要发现目前仅限于植被，作物物候如何响应最近的变暖及不对称变暖尚不清楚。基于此，本书收集了全国最新的三大作物物候观测数据和高密度气象台站数据，结合统计分析和物候发展原理解析作物物候对气候变化的响应和适应，旨在回答以下3个问题：①1981～2018年我国三大作物关键物候和生育期如何变化？②昼夜温度是否具有不对称影响？③气候变暖和人为管理如何影响三大作物的物候？

3.1 材料与方法

我们还是以玉米为例，水稻和小麦雷同。用到的数据包括1981～2018年全国272个农业气象站的玉米物候观测数据和2459台站的气象观测数据，数据来源见2.2节。研究筛选了有15年以上完整物候记录的农业气象站并与最近的气象站进行了匹配，最终的156个研究站点在玉米主产区内均匀分布（图3.1）。由于本章主要解析气候变化对物候的影响，根据实际种植情况将黄淮平原玉米区（Ⅱ区）分成了北部的春玉米区（Ⅱ-1区）和南部的夏玉米区（Ⅱ-2区），每个区域的站点个数及种植情况见表3.1。

表3.1 每个区域的基本情况及计算ATDU的参数值

区域	站点数/个	玉米类型	种植日	T_{base}/℃	T_{opt}/℃	T_{high}/℃
Ⅰ	46	春玉米	4月20日～5月17日	8	30	34
Ⅱ-1	10	春玉米	4月20日～5月7日	8	30	34
Ⅱ-2	52	夏玉米	5月18日～6月15日	8	30	34
Ⅲ	27	春玉米	3月10日～5月30日	8	30	34
Ⅳ	12	春玉米	4月7日～4月28日	8	30	34
	9	夏玉米	6月5日～7月7日	8	30	34

注：T_{base}为玉米生长发育的基准温度；T_{opt}为玉米生长发育的最适温度；T_{high}为玉米生长发育的高温阈值上限。

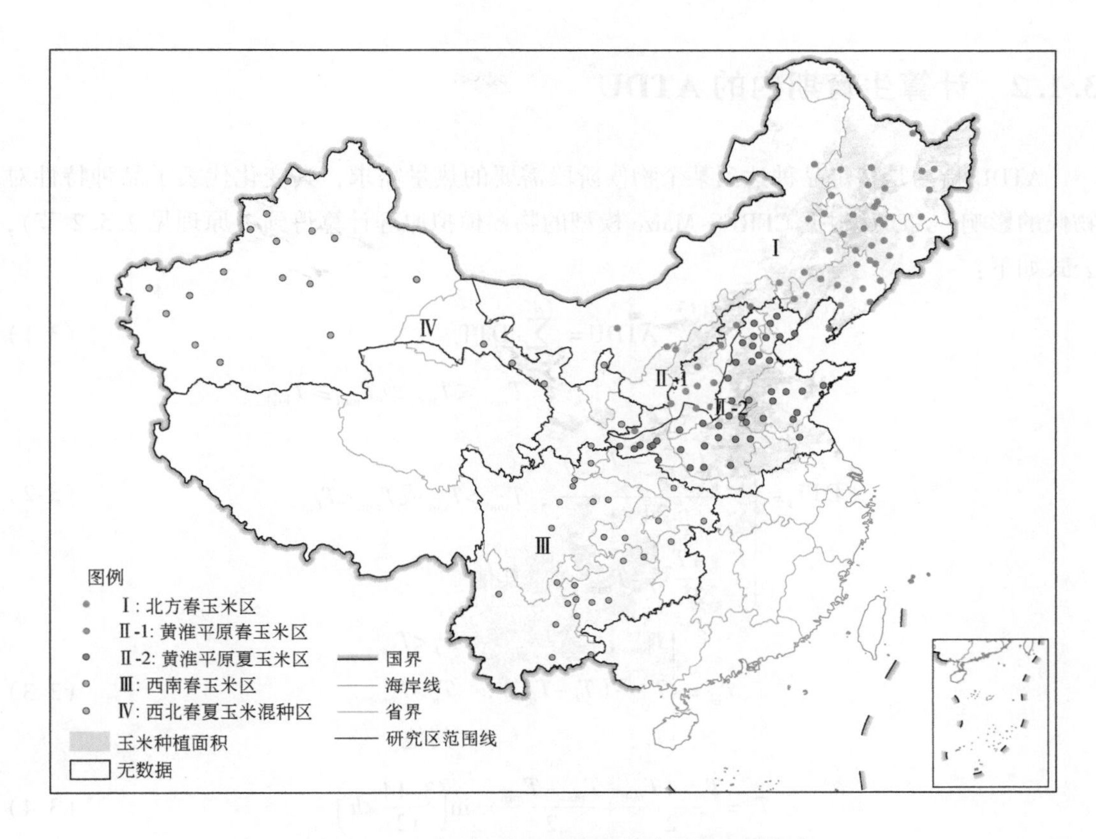

图 3.1　五个农业生态区及农业气象站的空间分布

3.1.1　物候和生育期的变化及其与温度的关系

首先将每条物候观测的“播种—抽穗”划分为营养生长期（vegetative growing period，VGP），“抽穗—成熟”划分为生殖生长期（reproductive growing period，RGP），“播种—成熟”即为全生育期（growing period，GP）；其次利用线性回归分析 3 个关键物候（播种、抽穗、成熟）、生育期（VGP、RGP 和 GP）和生育期内的平均温度（T_{mean}）、最高温度（T_{max}）和最低温度（T_{min}）的变化趋势；最后通过偏相关分析探究生育期长度与温度变量的关系。在趋势分析之前，本研究利用分段线性回归诊断了上述变量的变化是否存在拐点。与 Jeong 等（2011）对北半球植被的研究结果完全一致，物候期、生育期和温度变化在 2000 年前后出现了转折（附录 B-图 S1），因此本书将研究时段分成了 1981 ~ 1999 年和 2000 ~ 2018 年，重点对比两个时段的差异。利用双尾 T 检验对统计显著性进行检验，统计分析均通过 R 4.0.3 实现。

3.1.2 计算生育期内的 ATDU

ATDU 指的是特定品种达到某个物候阶段需要的热量需求，其变化代表了品种特性对物候的影响。ATDU 根据 CERES-Maize 模型的物候模拟原理计算得到（原理见 2.5.2 节），公式如下：

$$\text{ATDU}=\sum_{i=1}^{d}\text{DTT}_i \tag{3-1}$$

$$\text{DTT}_i=\begin{cases}0, & T_{\max}\leqslant T_{\text{base}}\text{或}T_{\min}\geqslant T_{\text{high}}\\ \dfrac{\sum_{h=1}^{24}(T_{\text{he}}-T_{\text{base}})}{24}, & T_{\max}>T_{\text{opt}}\text{或}T_{\min}<T_{\text{base}}\\ \dfrac{T_{\max}+T_{\min}}{2}-T_{\text{base}}, & \text{其他}\end{cases} \tag{3-2}$$

$$T_{\text{he}}=\begin{cases}T_{\text{base}}, & T_h<T_{\text{base}}\\ T_{\text{opt}}-(T_h-T_{\text{opt}}), & T_h>T_{\text{base}}\\ T_h, & \text{其他}\end{cases} \tag{3-3}$$

$$T_h=\frac{T_{\max}+T_{\min}}{2}+\frac{T_{\max}-T_{\min}}{2}\times\sin\left(\frac{3.14}{12}\times h\right) \tag{3-4}$$

式中，$T_{\min}$和$T_{\max}$分别为日最低温和日最高温；T_{base}为生物学基温；T_{high}为高温阈值上限；T_{opt}为玉米生长的最佳温度上限；T_{he}为一天中第 h 小时的有效温度。各参数取值与 CERES-Maize 模型保持一致（表 3.1）。

3.1.3 分离气候、品种和种植日的影响

首先将研究时段前 3 年（1981 ~ 1983 年）的 ATDU 和种植日分别定义为参考品种（ATDU_{ref}）和参考种植日（种植$_{\text{ref}}$），然后计算以下三种情景玉米抽穗和成熟日期：（E_1）固定的品种（ATDU_{ref}）和种植日（种植$_{\text{ref}}$）；（E_2）固定的品种（ATDU_{ref}）和观测的种植日（种植$_{\text{obs}}$）；（E_3）观测的品种（ATDU_{obs}）和固定的种植日（种植$_{\text{ref}}$）（图 3.2）。情景 E_1 物候的趋势为气候变化的影响，E_2-E_1的趋势为种植日的影响，E_3-E_1 的趋势即为品种的影响。

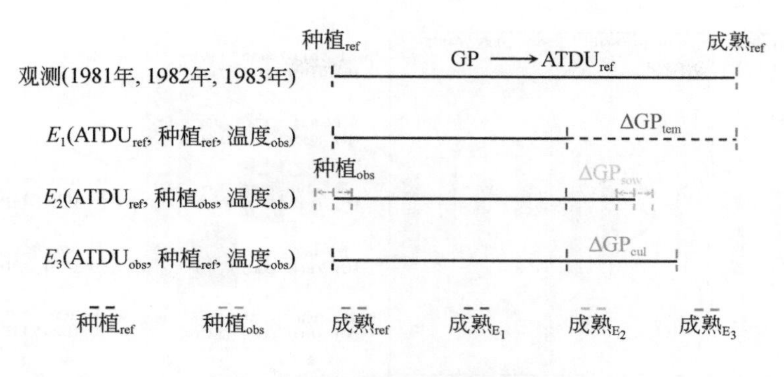

图 3.2 分离不同要素影响的示意图

3.2 主要发现

3.2.1 近 40 年玉米物候的时空变化特征

春玉米在我国北方、华北、西南和西北均有分布，主要在 3～5 月（DOY 70～152）播种，6～8 月抽穗（DOY 158～221），7～9 月（DOY 197～272）成熟。夏玉米主要种植在黄淮平原南部和新疆，主要在 4～6 月（DOY 111～189）播种，7～8 月（DOY 194～235）抽穗，集中在 9 月（DOY 245～284）成熟（附录 B-图 S2）。1981～2018 年玉米种植日在 27% 的站点显著推迟［图 3.3（a）］，平均推迟了（0.6±5.3）d/10a。从 1981～1999 年到 2000～2018 年，春玉米种植日变化出现了反转，纬度较高的区域（Ⅰ区和Ⅳ区）播种日期从推迟变成了提前，且变化幅度在增大；纬度较低的区域（Ⅱ-1 区和Ⅲ区）从提前变成了推迟，而变化幅度在减小［图 3.3（b）］。夏玉米的播种日期在这两个时段均推迟，且推迟幅度均减小［图 3.3（c）］。

玉米的抽穗日期在 28% 的站点显著提前［图 3.3（d）］，平均提前了（0.9±3.6）d/10a。春玉米尤为明显，几乎所有区域两个时段抽穗期都在提前［图 3.3（e）］。夏玉米抽穗期前 19 年推迟而后 19 年提前［图 3.3（f）］。与抽穗期相反，玉米的成熟日期在 43% 的站点显著推迟［图 3.3（g）］，平均推迟了（1.2±3.7）d/10a［图 3.3（h）］，夏玉米的推迟幅度［（2.22±1.23）d/10a］将近春玉米［（0.71±1.29）d/10a］的 3 倍，但从 1981～1999 年到 2000～2018 年几乎所有区域的变化幅度都在减弱［图 3.3（i）］。

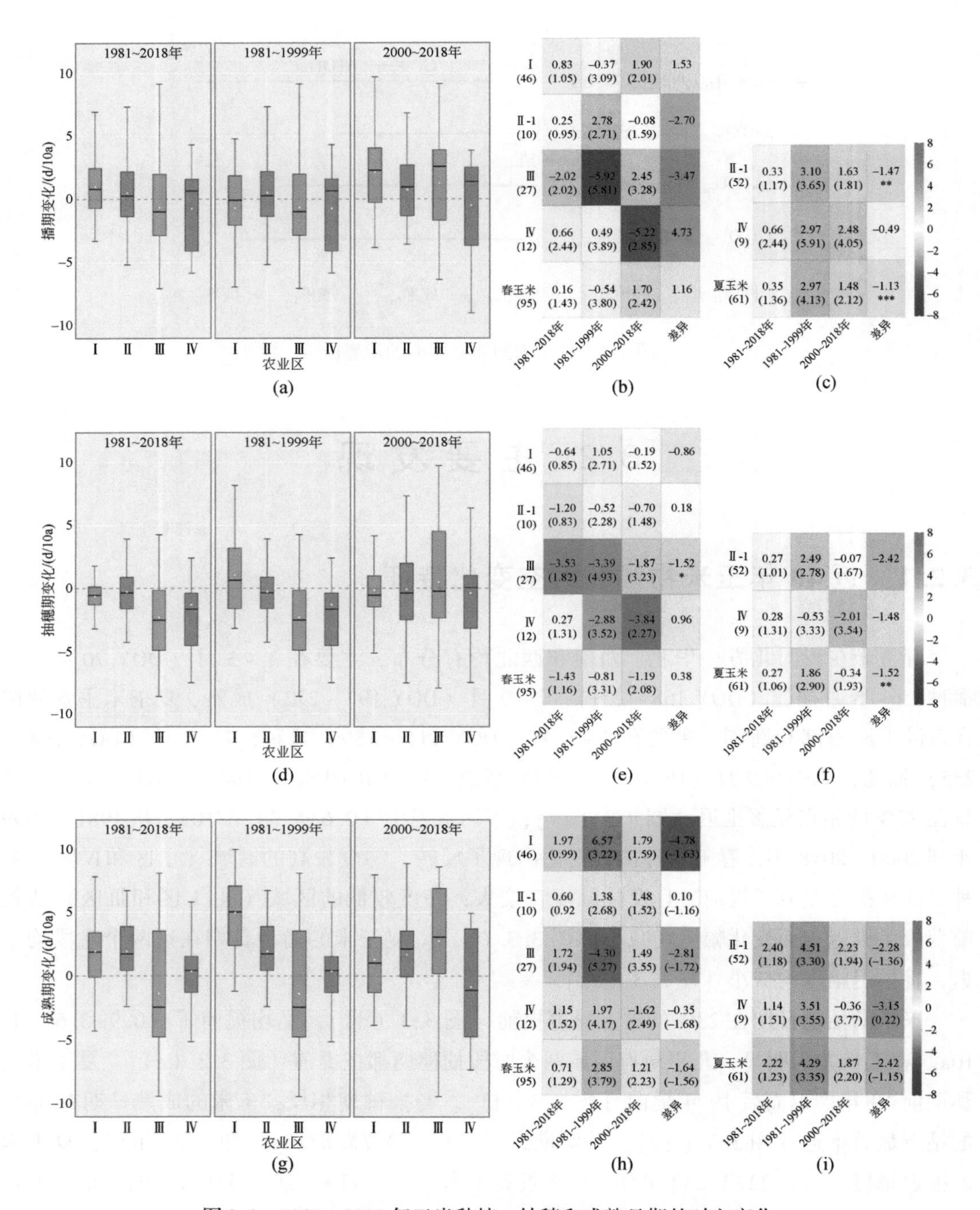

图 3.3　1981 ~ 2018 年玉米种植、抽穗和成熟日期的时空变化

(a) ~ (c) 种植日，(d) ~ (f) 抽穗日期，(g) ~ (i) 成熟日期；(a)、(d)、(g) 中"+"表示显著性 $p<0.05$；热力图中 (b)、(e)、(h) 为春玉米，(c)、(f)、(i) 为夏玉米，括号中的数值为变化趋势的标准差，差异为两个时段的绝对值之差。*、**、*** 分别指在 0.1、0.05、0.01 水平显著，下同

3.2.2 近 40 年小麦物候的时空变化特征

1981～2018 年小麦的播期整体推迟，但抽穗期和成熟期整体提前。小麦的播期在 32% 的站点显著推迟。2000～2018 年全区域冬小麦播种期推迟了（1.16±2.29）d/10a，而在 1981～1999 年有 4 个农业区呈提前趋势。春小麦播期总体表现为在 1981～2018 年推迟，在 1981～1999 年提前，在 2000～2018 年表现出不同的提前或推迟趋势。

1981～2018 年，小麦抽穗期在 59% 的站点显著提前。1981～2018 年几乎所有农业区的冬、春小麦抽穗期都呈提前趋势，而在 2000～2018 年超过一半农业区的小麦抽穗期推迟。在 1981～2018 年，39% 的站点小麦成熟期显著提前。冬小麦成熟期在 1981～1999 年提前或推迟，而在 2000～2018 年普遍推迟；春小麦成熟期在 1981～1999 年普遍提前，在 2000～2018 年提前或推迟。总体而言，与 1981～1999 年相比，2000～2018 年春小麦的播种期和成熟期趋势有所下降，而 5 个农业区中有 3 个农业区的抽穗期趋势下降［图 3.4（c）、（f）、（i）］；对于冬小麦，2000～2018 年 6 个农业区中有 4 个农业区播种期、抽穗期和成熟期趋势下降［图 3.4（b）、（e）、（h）］。

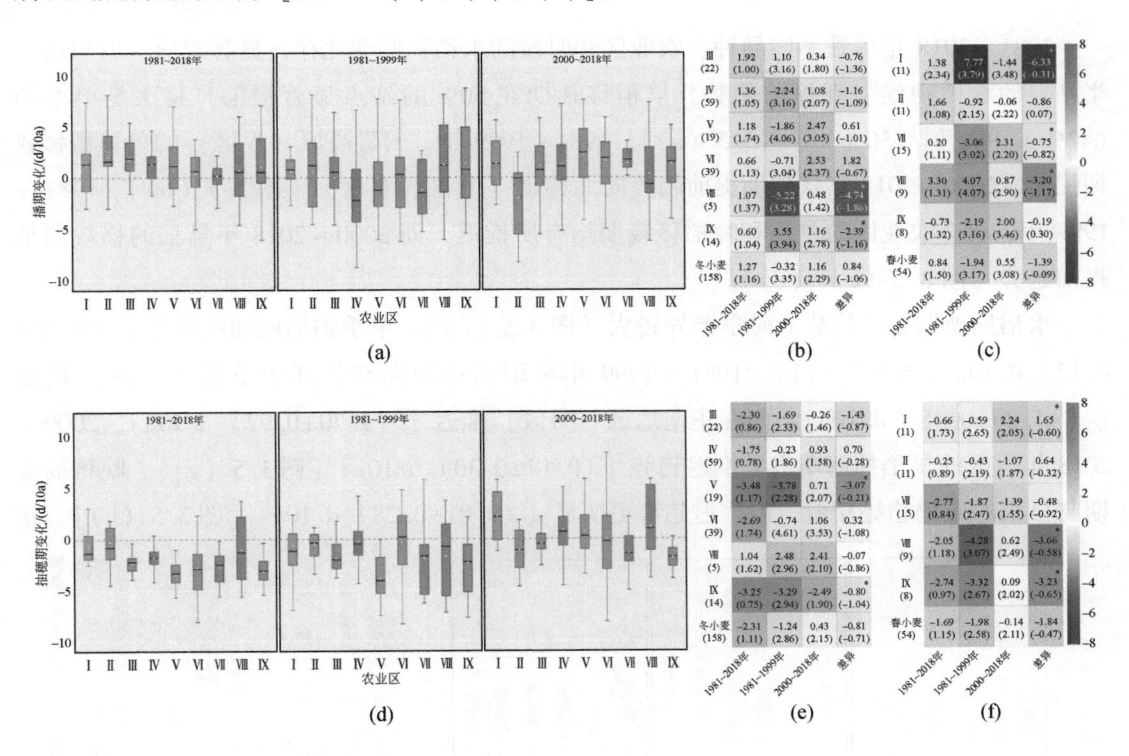

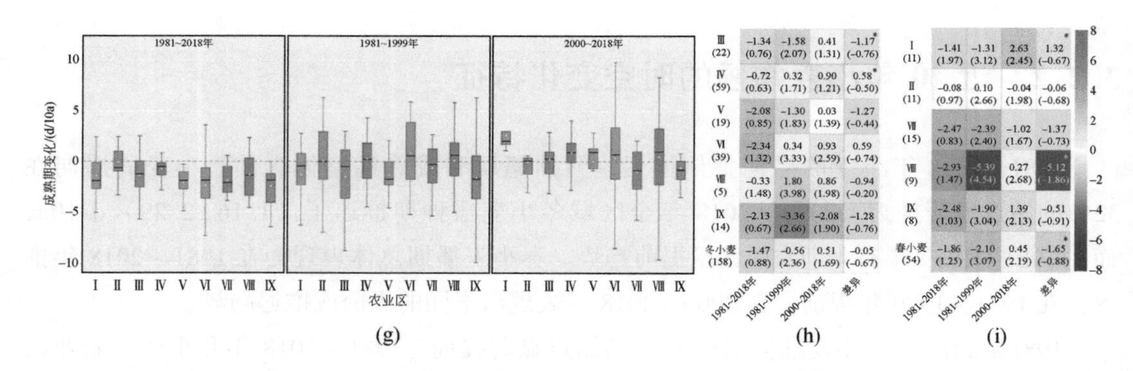

图 3.4 1981～2018 年小麦种植、抽穗和成熟日期的时空变化

(a)～(c) 种植日，(d)～(f) 抽穗日期，(g)～(i) 成熟日期；(a)、(d)、(g) 中“+”表示显著性 $p<0.05$；热力图中 (b)、(e)、(h) 为冬小麦，(c)、(f)、(i) 为春小麦，括号中的数值为变化趋势的标准差，差异为两个时段的绝对值之差

3.2.3 近 40 年水稻物候的时空变化特征

1981～2018 年尽管不同品种、农业区和时段的水稻物候变化存在显著差异，但超过一半站点的水稻物候呈现提前趋势。早稻移栽期在 50% 的站点显著提前，其次是单季稻（43%）和晚稻（30%）[图 3.5（a）]。1981～1999 年，云贵高原（Ⅳ区）的单季稻移栽期提前，2000～2018 年移栽期提前趋势向北移动（Ⅱ区和Ⅲ区）[图 3.5（b）]。1981～1999 年，所有农业区的早稻和晚稻移栽期均有所推迟，而 2000～2018 年早稻的移栽期呈提前趋势 [图 3.5（c）、（d）]。

水稻抽穗期变化趋势的时空差异较大 [图 3.5（e）]。单季稻抽穗期约推迟了（0.18±0.13）d/10a [图 3.5（f）]。1981～1999 年早稻的抽穗期在长江中下游（Ⅴ区）提前 [（−1.20±0.45）d/10a]，而在华南地区（Ⅵ区）推迟 [（1.70±0.97）d/10a]。2000～2018 年两区的早稻抽穗期仍呈推迟趋势 [（0.14±0.30）d/10a] [图 3.5（g）]。晚稻抽穗期与早稻的变化趋势相似，但推迟趋势更明显 [（0.81±0.28）d/10a] [图 3.5（h）]。在

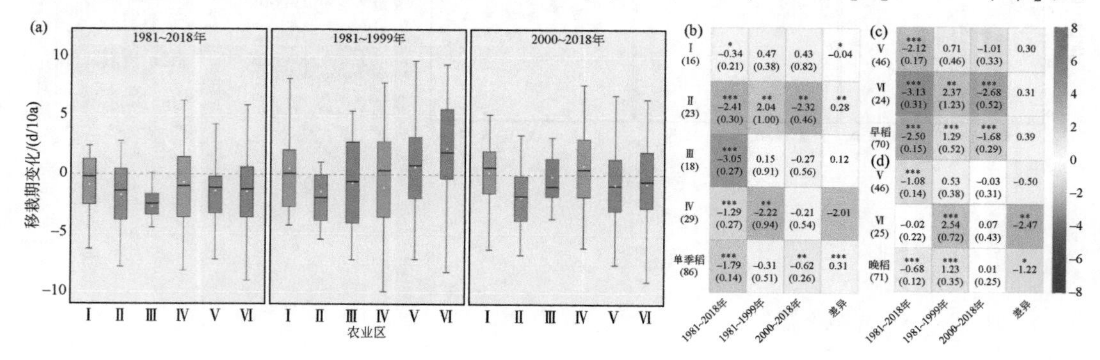

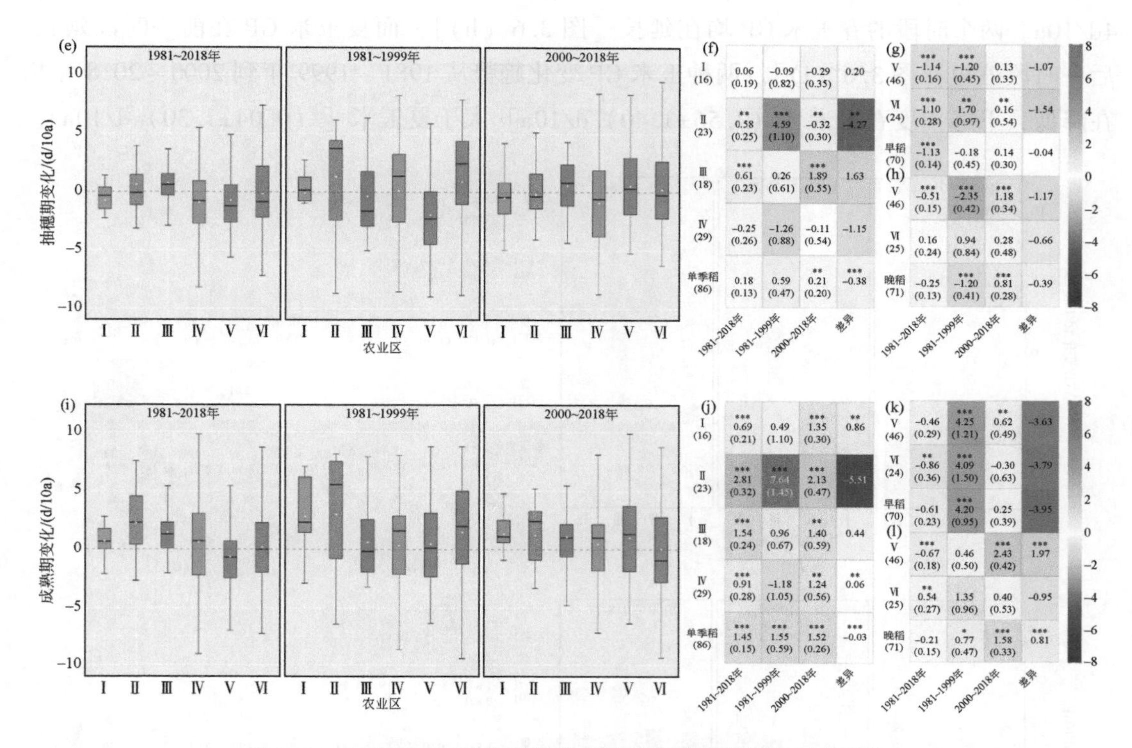

图3.5 1981～2018年水稻移栽、抽穗和成熟日期的时空变化

(a)～(c) 移栽日期，(d)～(f) 抽穗日期，(g)～(i) 成熟日期；(a)、(d)、(g) 中"+"表示显著性 $p<0.05$；热力图中 (b)、(f)、(j) 为单季稻，(c)、(g)、(k) 为早稻，(d)、(h)、(l) 为晚稻，括号中的数值为变化趋势的标准差，差异为两个时段的绝对值之差

两个时段内，3种水稻的成熟期一致推迟［图3.5 (i)］，尤其是早稻（平均为2.23d/10a），其次是单季稻（平均为1.54/10a）和晚稻（平均为1.18d/10a）。

3.2.4 玉米生育期变化及其与温度的关系

由于播期推迟和抽穗期提前，玉米VGP在39%的站点显著缩短［图3.6 (a)］。春玉米VGP在1981～1999年延长了（0.34±3.49）d/10a，而在2000～2018年缩短了（2.44±2.3）d/10a［图3.6 (b)］。夏玉米VGP两个时段均在缩短，平均缩短了（1.42±0.94）d/10a［图3.6 (c)］。RGP在60%的站点显著延长［图3.6 (d)］。两个时段大部分区域春玉米RGP都在延长［（3.65±2.67）d/10a和（2.41±1.71）d/10a］，除了西北玉米区［（−2±1.03）d/10a］［图3.6 (e)］。夏玉米RGP两个时段所有区域都在延长，平均延长了（1.94±0.78）d/10a［图3.6 (f)］。从1981～1999到年2000～2018年，春、夏玉米RGP延长幅度分别下降了（1.24±0.96）d/10a和（0.23±0.19）d/10a。GP在55%的站点显著延长［图3.6 (g)］，特别是北方春玉米和西北夏玉米，前19年延长幅度超过了

4d/10a。两个时段的春玉米 GP 均在延长［图 3.6（h）］，而夏玉米 GP 在前一时段延长，后一时段缩短［图 3.6（i）］。两种玉米 GP 变化趋势从 1981～1999 年到 2000～2018 年均在降低，下降幅度春玉米［（3.56±1.40）d/10a］大于夏玉米［（0.04±1.30）d/10a］。

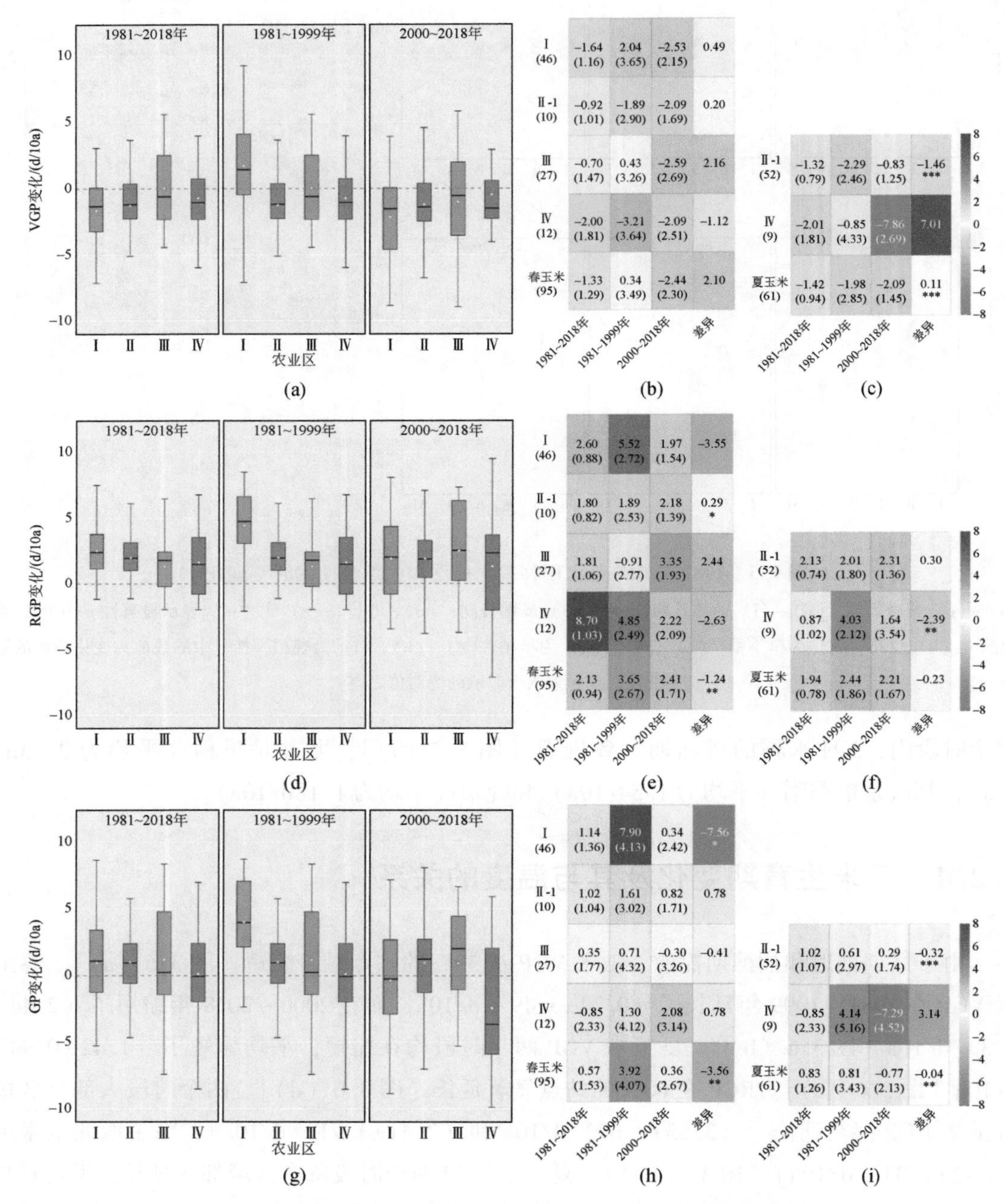

图 3.6　1981～2018 年玉米 VGP、RGP 和 GP 的时空变化

（a）～（c）VGP，（d）～（f）RGP，（g）～（i）GP；（a）、（d）、（g）中“+”表示显著性 $p<0.05$；热力图中（b）、（e）、（h）为春玉米，（c）、（f）、（i）为夏玉米，括号中的数值为变化趋势的标准差，差异为两个时段的绝对值之差

过去 38 年玉米生育期夜间温度（T_{min}）升高幅度明显高于白天温度（T_{max}）和平均均温（T_{mean}）（附录 B-图 S3）。T_{min}与 GP 在 90% 的站点显著相关，接着是 T_{max}（72%）和 T_{mean}（10%）（图 3.7）。分离三种温度的影响后发现，T_{mean}对玉米 GP 的影响并不显著，T_{min}和 T_{max}上升对 GP 产生了显著的负面影响，特别是春玉米，偏相关系数超过了 0.68。黄淮平原玉米 GP 对气候变暖最为敏感，接着是北方地区、西南地区和西北地区。夏玉米 GP 与 T_{min}和 T_{max}的偏相关系数相对较低，相比之下西北夏玉米对气候变化更敏感。从 1981 ~ 1999 年到 2000 ~ 2018 年，两种玉米 GP 与温度的偏相关系数都在下降。与 GP 变化特征相反，夏玉米偏相关系数的下降更明显，说明除了温度还有其他因素在发挥作用。VGP 和 RGP 对不同温度变量的敏感性与 GP 一致（附录 B-图 S4 ~ 图 S5）。关键生育期的变化趋势及其与温度相关性的下降说明玉米生长发育对气候变暖的响应在减弱。

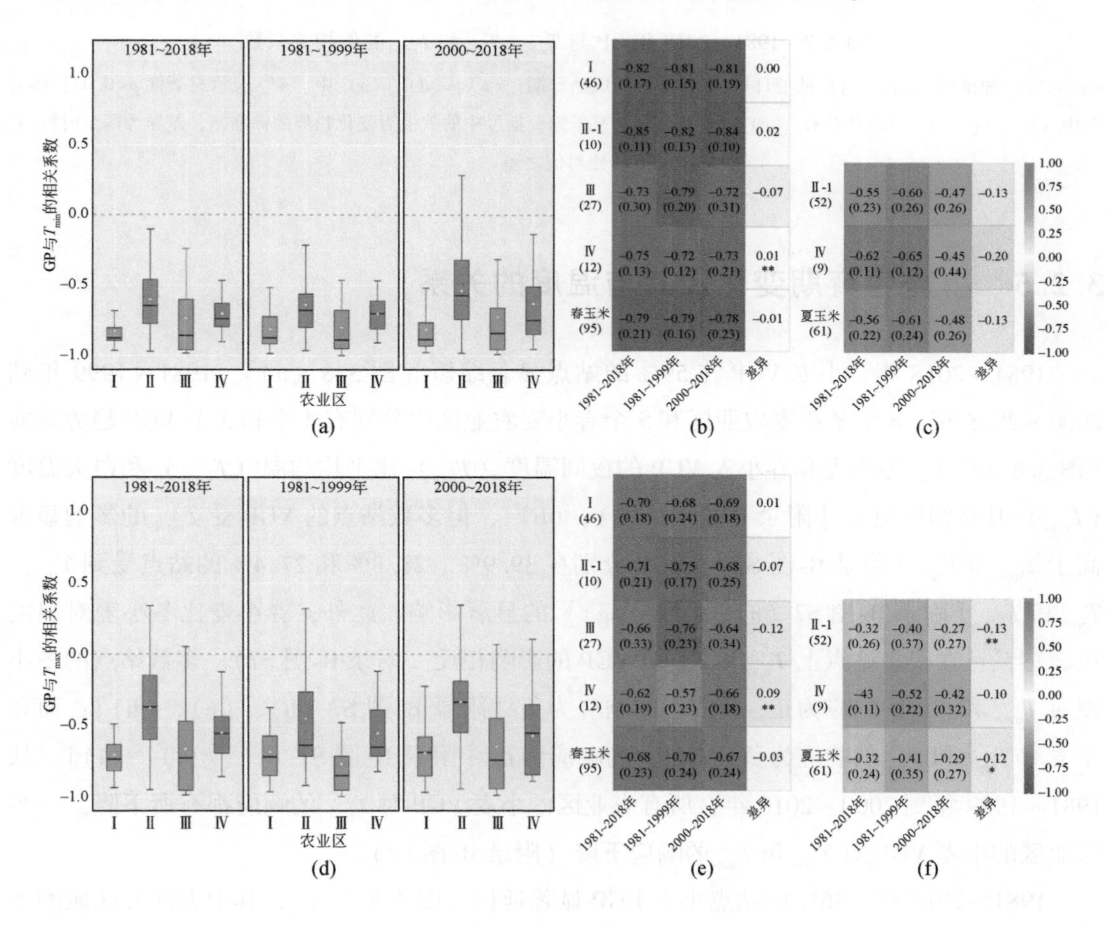

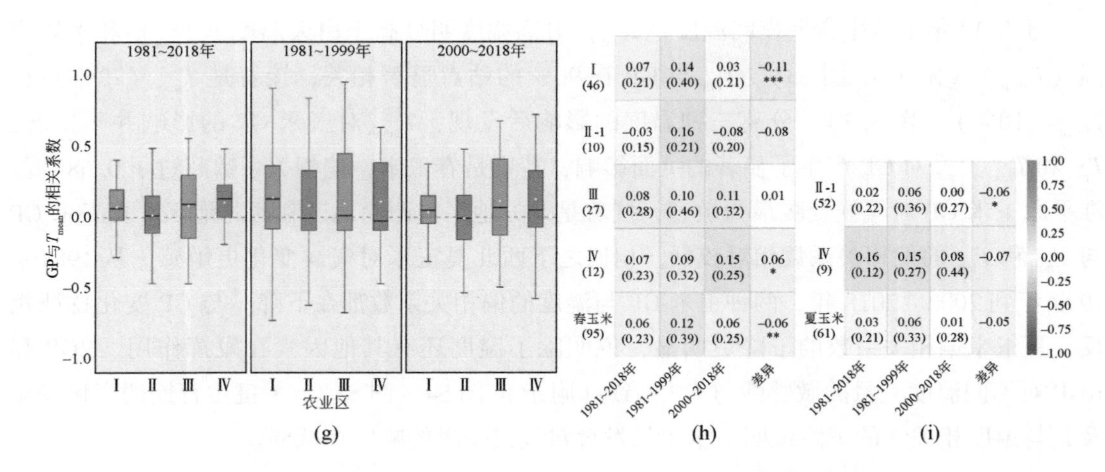

图 3.7　1981 ~ 2018 年 GP 与 T_{min}、T_{max} 和 T_{mean} 的偏相关系数

(a) ~ (c) 种植日，(d) ~ (f) 抽穗日期，(g) ~ (i) 成熟日期；(a)、(d)、(g) 中 "+" 表示显著性 $p<0.05$；热力图中 (b)、(e)、(h) 为春玉米，(c)、(f)、(i) 为夏玉米，括号中的数值为变化趋势的标准差，差异为两个时段的绝对值之差

3.2.5　小麦生育期变化及其与温度的关系

1981 ~ 2018 年，小麦 VGP 在 59% 的站点显著缩短 [图 3.8 (a)]。1981 ~ 1999 年到 2000 ~ 2018 年，6 个冬小麦农业区和 5 个春小麦农业区中分别有 4 个和 3 个 VGP 趋势减弱 [图 3.8 (c)]。冬小麦和春小麦 VGP 的夜间温度 (T_{min}) 比平均均温 (T_{mean}) 和白天温度 (T_{max}) 升高幅度更大 [附录 B-图 S6 (a)、(b)]，但多数站点的 VGP 受 T_{mean} 的影响显著高于 T_{max} 和 T_{min} (附录 B-图 S7)。VGP 分别在 39.9%、28.8% 和 27.4% 的站点受到 T_{mean}、T_{max} 和 T_{min} [附录 B-图 S7 (a)、(d)、(g)] 的显著影响。此外，春小麦比冬小麦对温度更敏感，且在很多站点上 T_{max} 和 T_{min} 对 VGP 的影响相反 (附录 B-图 S7)。多数站点的冬小麦对 T_{mean} 和 T_{max} 的响应为正，对 T_{min} 的响应为负 [附录 B-图 S7 (b)、(e)、(h)]；而春小麦对 T_{mean} 和 T_{max} 的响应为负，对 T_{min} 的响应为正 [附录 B-图 S7 (c)、(f)、(i)]。从 1981 ~ 1999 年到 2000 ~ 2018 年，所有农业区的小麦 VGP 对 T_{mean} 的响应都有所下降，一半农业区的小麦 VGP 对 T_{max} 和 T_{min} 的响应下降 (附录 B-图 S7)。

1981 ~ 2018 年，36% 的站点小麦 RGP 显著延长 [图 3.8 (d)]，其中大部分区域的冬小麦 (除青藏地区)、西北地区 (Ⅶ区) 和新疆 (Ⅸ区) 的春小麦 RGP 延长趋势明显 [图 3.8 (e)、(f)]。从 1981 ~ 1999 年到 2000 ~ 2018 年，各区域 RGP 变化趋势差异较大。例如，在北方地区 (Ⅱ区和Ⅲ区) 小麦 RGP 进一步延长；黄淮海平原、长江中下游地区和西南地区 (Ⅳ区、Ⅴ区和Ⅵ区) 冬小麦 RGP 变化趋势由正变负，而东北和西北 (Ⅰ区

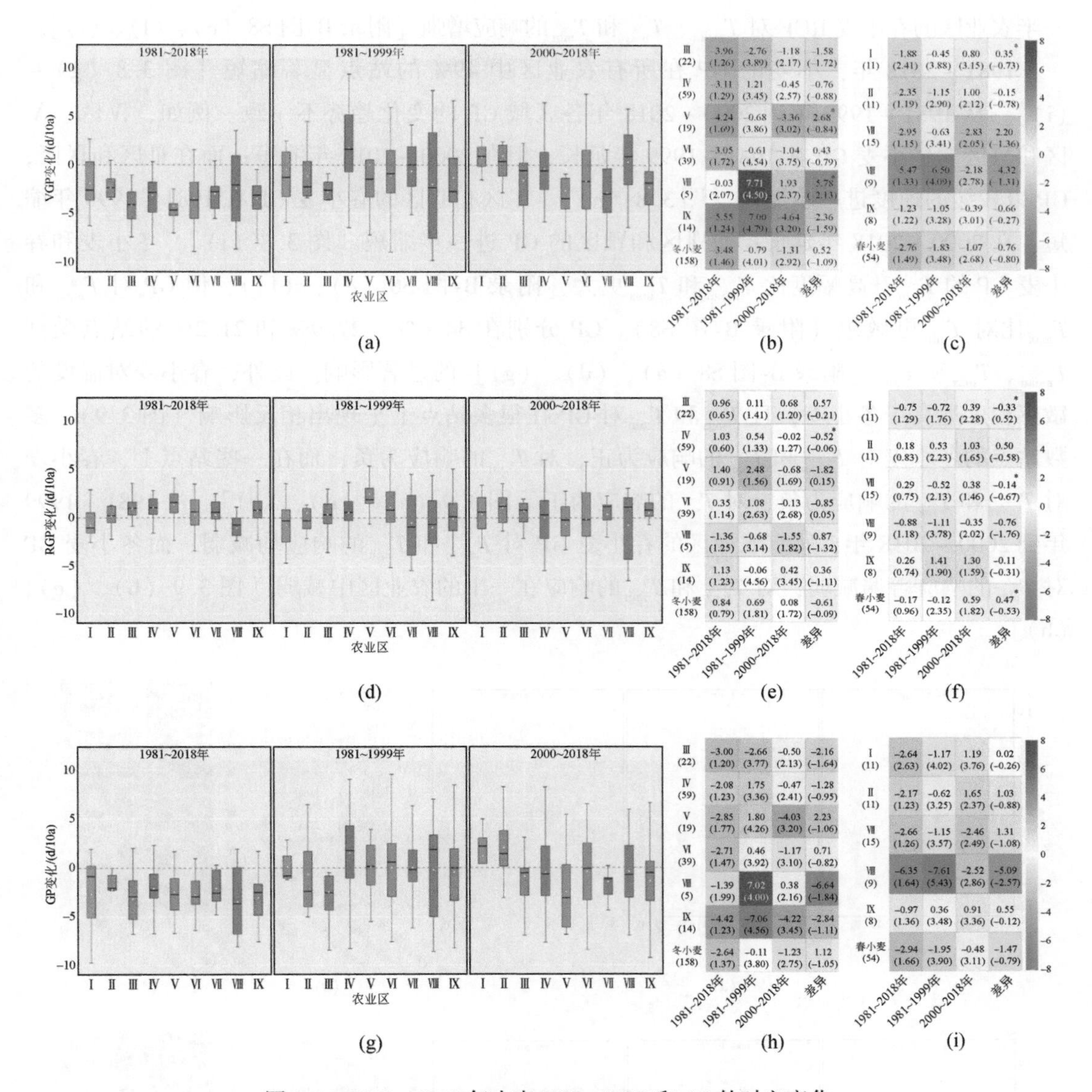

图 3.8　1981 ~ 2018 年小麦 VGP、RGP 和 GP 的时空变化

(a) ~ (c) 种植日，(d) ~ (f) 抽穗日期，(g) ~ (i) 成熟日期；(a)、(d)、(g) 中“+”表示显著性 $p<0.05$；热力图中 (b)、(e)、(h) 为冬小麦，(c)、(f)、(i) 为春小麦，括号中的数值为变化趋势的标准差，差异为两个时段的绝对值之差

和Ⅶ区）的春小麦 RGP 则从负变为正 [图 3.8 (e)、(f)]。冬小麦和春小麦 RGP 的 T_{min} 升高幅度比 T_{mean} 和 T_{max} 更大，而 RGP 对 T_{mean} 和 T_{max} 比对 T_{min} 更敏感（附录 B-图 S8）。RGP 分别在 62%、43.3% 和 25% 的站点受到 T_{mean}、T_{max} 和 T_{min} [附录 B-图 S8 (a)、(d)、(g)] 的显著影响。此外，从 1981 ~ 1999 年到 2000 ~ 2018 年，大部分农业区的冬小麦 RGP 对 T_{mean} 和 T_{max} 的响应呈增强趋势，而对 T_{min} 的响应呈减弱趋势 [附录 B-图 S8 (b)、(c)]；

一半农业区的春小麦 RGP 对 T_{mean}、T_{max}和 T_{min}的响应增强［附录 B-图 S8（c）、(f)、(i)］。

1981～2018 年，小麦的 GP 在所有农业区中 49% 的站点显著缩短［图 3.8（g）～(i)］。从 1981～1999 年到 2000～2018 年各区域 GP 的变化趋势不一致。例如，Ⅳ区、Ⅴ区和Ⅵ区的冬小麦 GP 在 1981～1999 年延长，但在 2000～2018 年缩短；而在Ⅲ区和Ⅸ区，GP 以较缓的速度进一步缩短［图 3.8（h）］。Ⅰ区和Ⅱ区的春小麦 GP 在 1981～1999 年缩短，在 2000～2018 年延长；而Ⅶ区和Ⅷ区的 GP 进一步缩短［图 3.8（i）］。冬小麦和春小麦 GP 的 T_{min}升高幅度比 T_{mean}和 T_{max}更大［附录 B-图 S6（e）、（f］)，但 GP 对 T_{mean}和 T_{max}比对 T_{min}更敏感（附录 B-图 S8）。GP 分别在 34.6%、27.9% 和 21.2% 的站点受到 T_{mean}、T_{max}和 T_{min}［附录 B-图 S8（a）、（d）、（g）］的显著影响。此外，春小麦对温度的敏感程度远高于冬小麦，且 T_{max}和 T_{min}对 GP 在很多站点上呈现出相反影响（图 3.9）。多数站点的冬小麦对 T_{mean}和 T_{max}的响应为正，对 T_{min}的响应为负；而在一些站点上，春小麦对 T_{mean}和 T_{max}的响应为负，对 T_{min}的响应为正［图 3.9（a）、(d)、(g)］。从 1981～1999 年到 2000～2018 年，所有农业区的春小麦 GP 对 T_{mean}和 T_{min}的响应均减弱；而冬小麦 GP 对 T_{max}的响应普遍减弱，对 T_{mean}和 T_{min}的响应在一半的农业区中减弱［图 3.9（b）、(e)、(h)］。

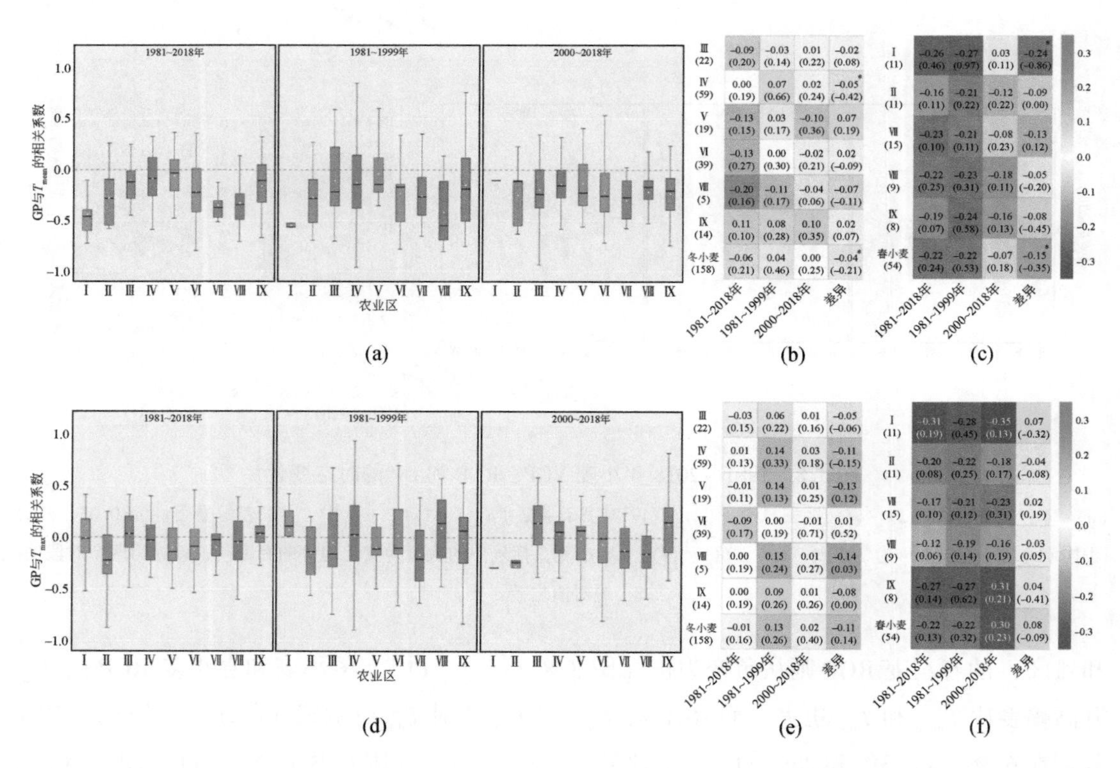

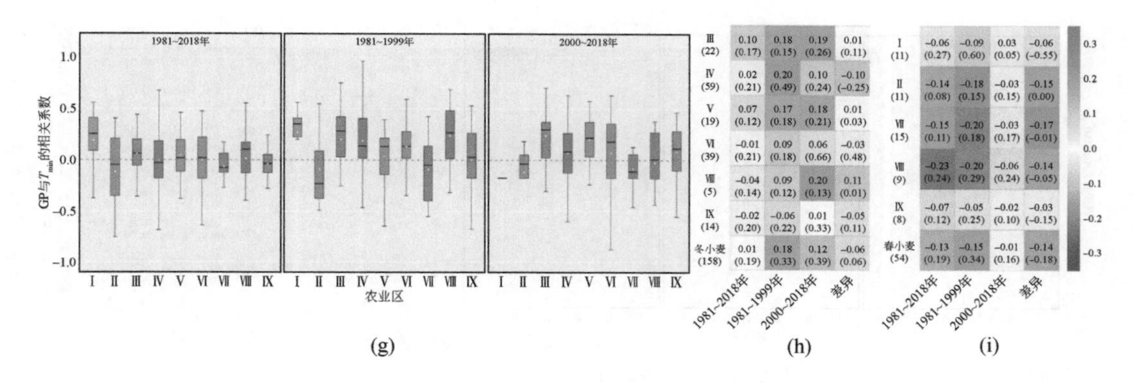

图 3.9　1981～2018 年 GP 与 T_{mean}、T_{max} 和 T_{min} 的偏相关系数

(a)～(c) 种植日，(d)～(f) 抽穗日期，(g)～(i) 成熟日期；(a)、(d)、(g) 中"+"表示显著性 $p<0.05$；热力图中 (b)、(e)、(h) 为冬小麦，(c)、(f)、(i) 为春小麦，括号中的数值为变化趋势的标准差，差异为两个时段的绝对值之差

3.2.6　水稻生育期变化及其与温度的关系

根据水稻品种和研究时期的不同，大多数站点的水稻生育期呈延长趋势。从 1981～1999 年到 2000～2018 年，水稻 GP 总体缩短（图 3.10）。单季稻、早稻和晚稻 GP 分别在 56%、46% 和 24% 的站点显著延长［图 3.10（a）］。在两个时段，所有农业区的单季稻 GP 均有所延长［图 3.10（b）］，特别是长江中下游地区（Ⅱ区，4d/10a）。早稻 GP 的变化与单季稻相似，但变化幅度较小［图 3.10（c）］。相比之下，晚稻 GP 在 1981～1999 年缩短，而在 2000～2018 年延长［图 3.10（d）］。水稻 VGP 在超过 30% 的站点显著延长［图 3.10（e）］。在两个时段，中国南方 3 个农业区的单季稻 VGP 均呈延长趋势［图 3.10（f）］。从 1981～1999 年到 2000～2018 年，早稻和晚稻的 GP 变化完全逆转［图 3.10（g）、（h）］，均从缩短趋势转变为延长。单季稻 RGP 在 43% 的站点上显著延长，其次是早稻（26%）和晚稻（12%）［图 3.10（i）］。在这两个时段，几乎所有农业区的水稻

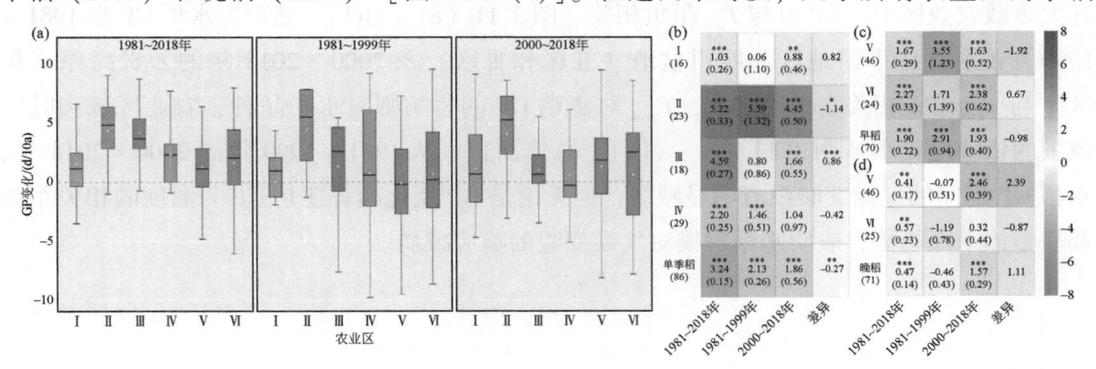

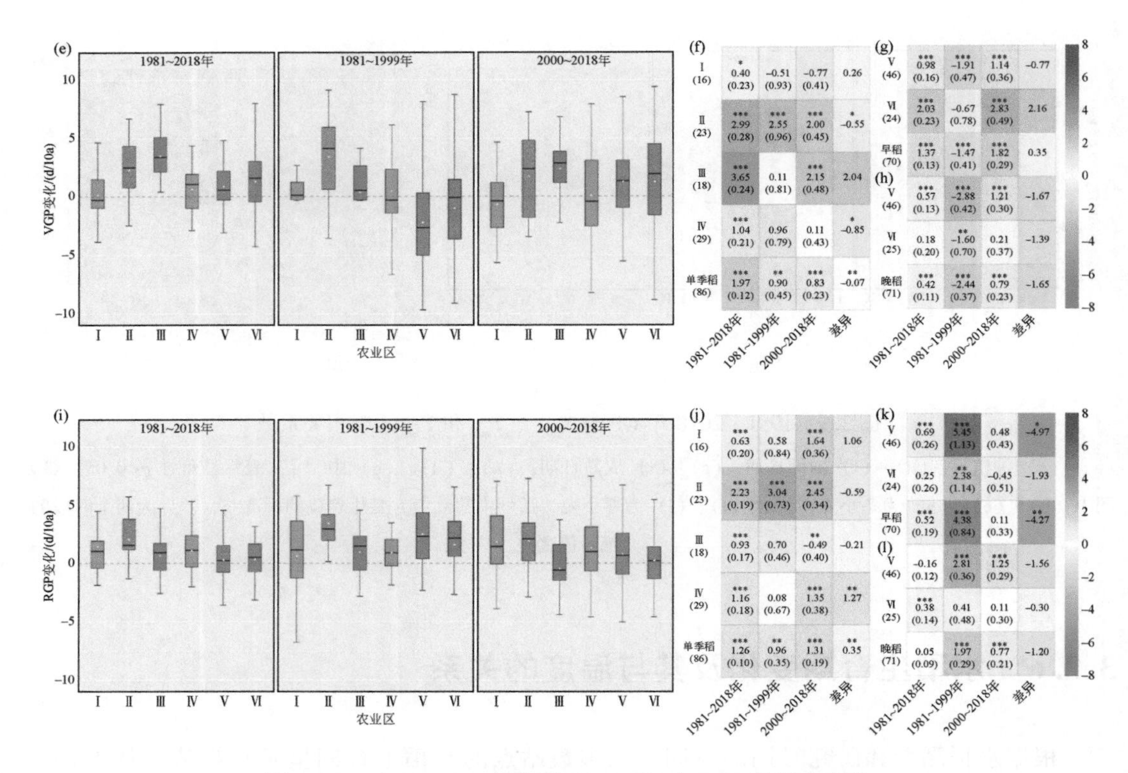

图 3.10　1981 ~ 2018 年水稻 GP、VGP 和 RGP 的时空变化

(a) ~ (c) 移栽日期，(d) ~ (f) 抽穗日期，(g) ~ (i) 成熟日期；(a)、(d)、(g) 中 "+" 表示显著性 $p<0.05$；热力图中 (b)、(f)、(j) 为单季稻，(c)、(g)、(k) 为早稻，(d)、(h)、(l) 为晚稻，括号中的数值为变化趋势的标准差，差异为两个时段的绝对值之差

RGP 都延长［图 3.10 (j) ~ (l)］。

在近 40 年气候变暖加剧的背景下，单季稻生育期内 T_{max} 增幅大于 T_{mean} 和 T_{min}，而早稻和晚稻生育期内 T_{min} 增幅较大（附录 B-图 S9）。对于所有水稻品种，T_{min} 对水稻 GP 的影响普遍大于 T_{max} 和 T_{mean}（图 3.11）。水稻 GP 在 89% 的站点上与 T_{min} 呈负相关［图 3.11 (a)］，其中单季稻 GP 与 T_{min} 的相关系数最高，其次是早稻和晚稻［图 3.11 (b) ~ (d)］。在大多数农业区中，GP 也与 T_{max} 呈负相关［图 3.11 (e) ~ (h)］。然而，水稻 GP 在 1981 ~ 1999 年的长江中下游地区和四川盆地（Ⅱ区和Ⅲ区）及 2000 ~ 2018 年的云贵高原（Ⅳ区）与 T_{max} 呈正相关。相比之下，T_{mean} 对水稻 GP 的影响则对水稻品种、农业区域和时间范围的依赖性较小［图 3.11 (i) ~ (l)］。总体而言，从 1981 ~ 1999 年到 2000 ~ 2018 年，水稻 GP 期间的气候变暖没有明显减缓，但无论是 GP 变化趋势还是 GP 与温度的相关系数都呈整体下降趋势，表明水稻物候对气候变暖的响应减弱。

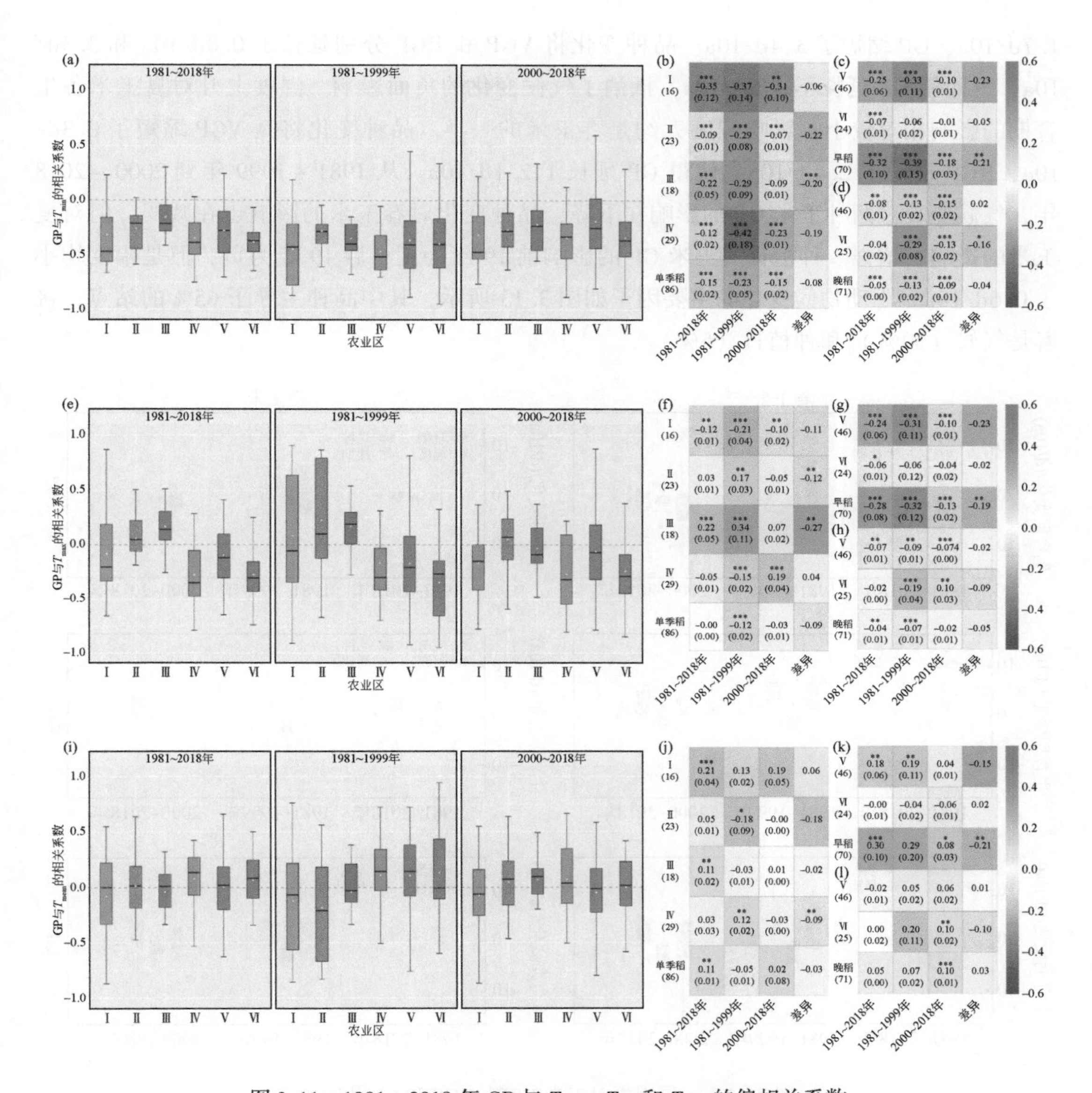

图 3.11　1981 ~ 2018 年 GP 与 T_{min}、T_{max} 和 T_{mean} 的偏相关系数

(a) ~ (c) 移栽日期，(d) ~ (f) 抽穗日期，(g) ~ (i) 成熟日期；(a)、(d)、(g) 中 “+” 表示显著性 $p<0.05$；热力图中 (b)、(f)、(j) 为单季稻，(c)、(g)、(k) 为早稻，(d)、(h)、(l) 为晚稻，括号中的数值为变化趋势的标准差，差异为两个时段的绝对值之差

3.2.7　气候、品种和种植日对玉米生育期的影响

如图 3.12 所示，气候变暖缩短了 VGP、RGP 和 GP，品种变化延长了生育期持续时间，种植日的影响相对较小。1981 ~ 2018 年温度升高导致春玉米 VGP 和 RGP 缩短了

1.7d/10a，GP 缩短了 3.4d/10a。品种变化将 VGP 和 RGP 分别延长了 0.8d/10a 和 3.3d/10a，进而使 GP 延长了 4.5d/10a，抵消了气候变化的负面影响。温度上升对夏玉米各生育期的影响相对较小，影响程度大约是春玉米的一半。品种变化将其 VGP 缩短了 0.3d/10a，RGP 延长了 2.4d/10a，使得 GP 延长了 2.1d/10a。从 1981～1999 年到 2000～2018 年，气候变暖对两种玉米 GP 的影响在下降，品种变化对春玉米的影响也在减弱，但对夏玉米的影响在增强。种植日对玉米 GP 的影响前 19 年为正，后 19 年为负，但是幅度均小于 0.6d/10a。驱动物候变化的主要因子如图 3.13 所示，其中品种主导了 65% 的站点，接着是气候（30%）和种植日（5%）。

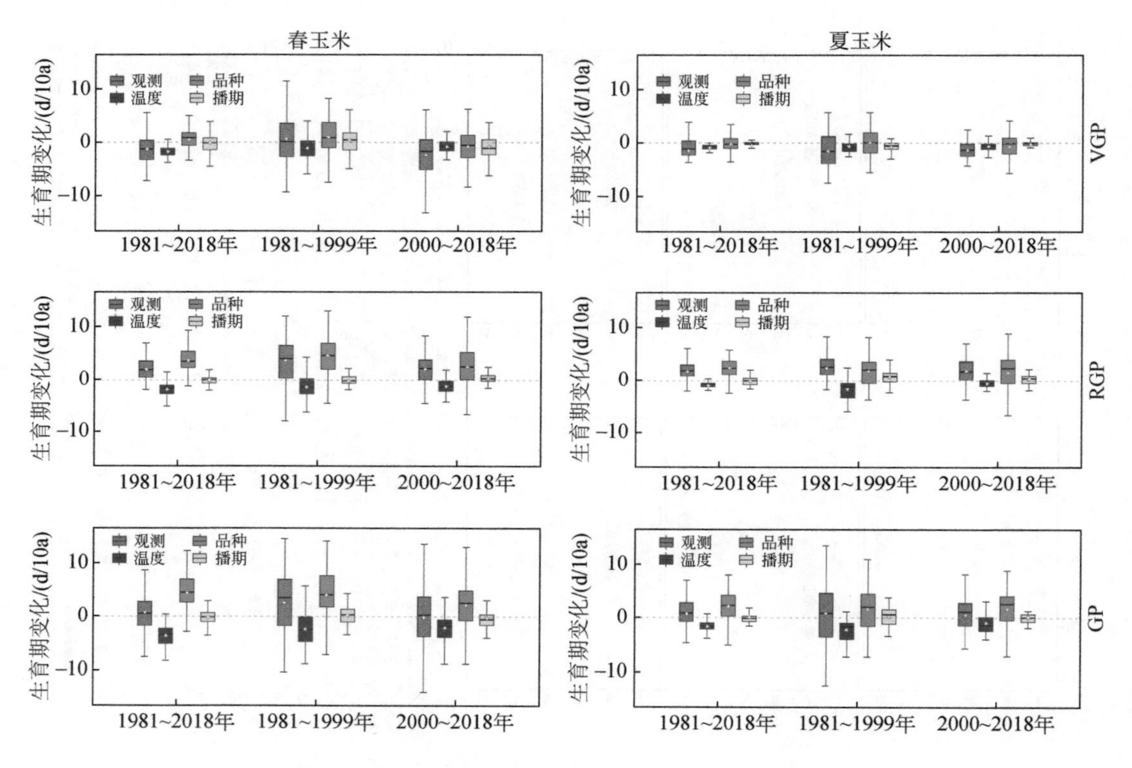

图 3.12　不同因素对玉米 VGP、RGP 和 GP 的影响

箱形图的上下须分别为 75th 和 25th 分位数，加粗横线为中位数，白点为平均值

3.2.8　气候、品种和种植日对小麦生育期的影响

总体而言，过去 40 年里气候变暖缩短了小麦的 VGP、RGP 和 GP，品种变化延长了生育期，播期变化以及施肥和灌溉等其他因素对生育期的影响较弱，但随生育期和研究期的不同而有差异。1981～2018 年，气候变暖分别使冬小麦和春小麦的 VGP 缩短了 5.5d/10a 和 3.0d/10a，使冬小麦 RGP 延长了 1.1d/10a，使春小麦 RGP 缩短了 1.5d/10a。品种变化

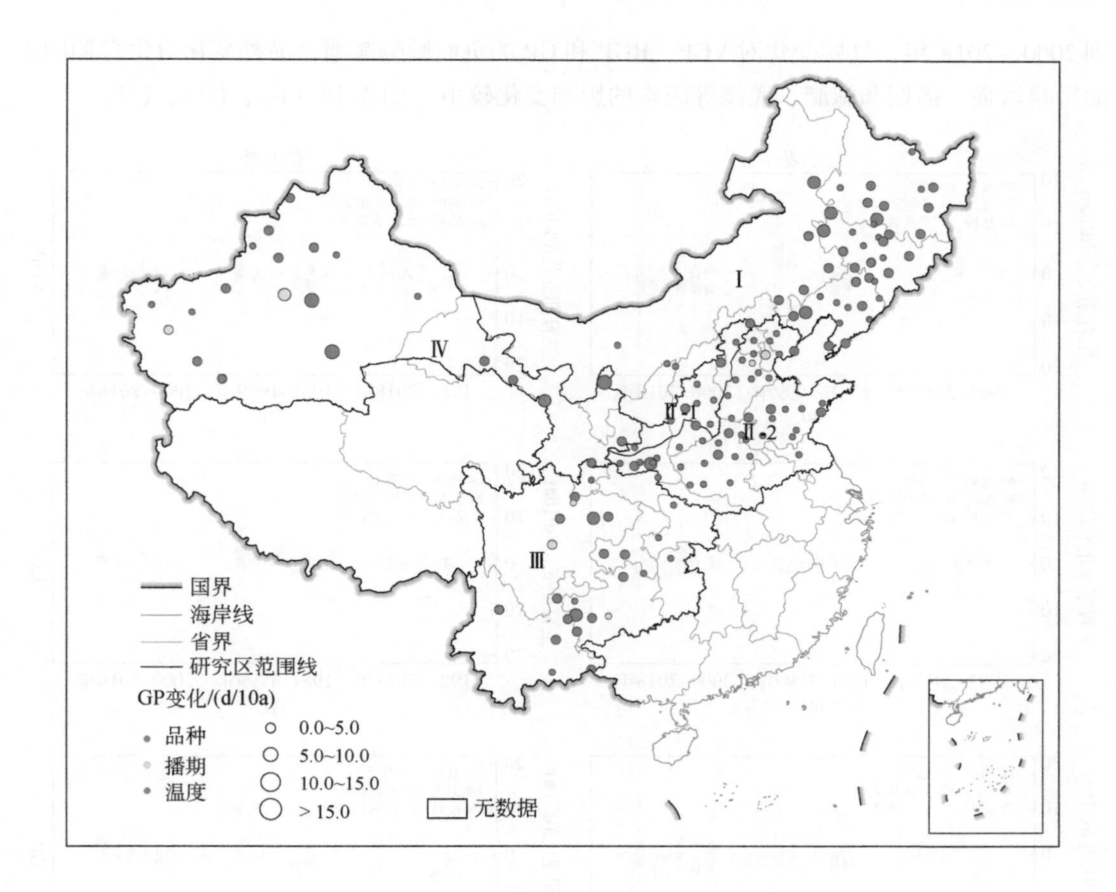

图 3. 13　玉米生育期变化主导因素的空间分布

使冬小麦和春小麦的 VGP(RGP)分别延长了 1.6(0.7) d/10a 和 1.3(1.9) d/10a。播期变化分别使冬小麦和春小麦的 VGP(RGP)平均变化 0.2(-0.9) d/10a 和-0.7(-0.01) d/10a。其他因素(如施肥和灌溉)分别使冬小麦和春小麦的 VGP(RGP)变化 0.4(-0.4) d/10a 和-0.1(-0.3) d/10a。所有农业管理措施的综合作用使冬小麦和春小麦的 VGP(RGP)分别改变了 2.0(-0.2) d/10a 和 0.5(1.5) d/10a。

1981~2018 年，气候变暖使冬小麦和春小麦 GP 分别平均缩短 4.2d/10a 和 4.6d/10a，品种变化使 GP 分别延长 2.0d/10a 和 2.9d/10a，仅抵消了部分气候变暖的负面影响。播期的变化分别使 GP 平均缩短 0.5d/10a 和 0.4d/10a。其他因素分别使 GP 平均缩短 0.1d/10a 和-0.3d/10a。所有农业管理的综合作用分别使冬小麦和春小麦 GP 平均延长 1.6d/10a 和 2.4d/10a。

与 1981~1999 年相比，2000~2018 年气候变化对冬小麦 VGP、RGP 和 GP 的缩短影响更大，品种变化使生育期延长的影响更大［图 3.14（a）、（c）、（e）］。此外，播期的影响变化较小，施肥和灌溉等其他因素的影响减弱。对于春小麦而言，从 1981~1999 年到2000～2018年，气候变化对VGP、RGP和GP的负面影响减弱，品种变化对生育期的正面影响增强，播期和施肥、灌溉等因素的影响变化较小［图3.14（b）、（d）、（f）］。

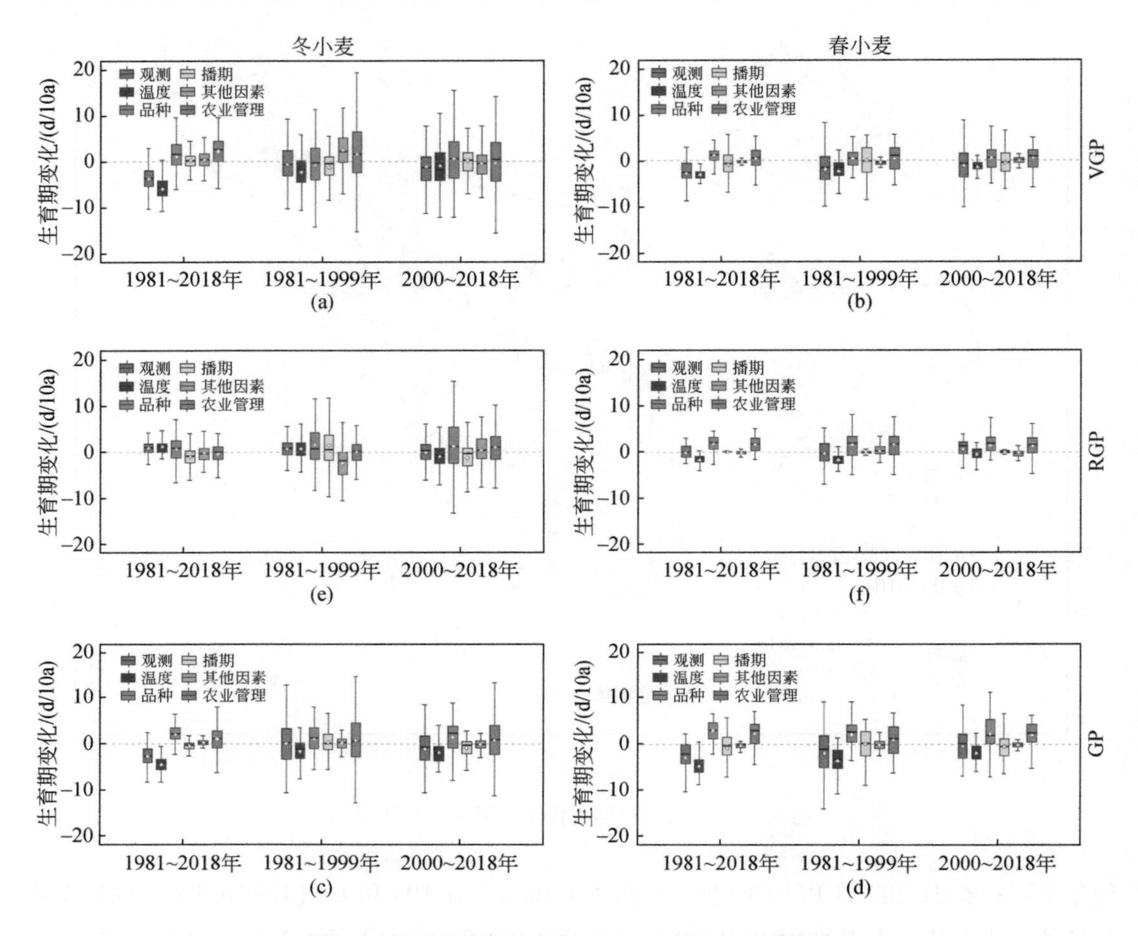

图3.14　不同因素对小麦VGP、RGP和GP的影响

箱形图的上下须分别为75th和25th分位数，加粗横线为中位数，白点为平均值

总体而言，由于气候变暖和农业管理措施的共同作用，小麦VGP和GP缩短，RGP延长。农业管理措施（特别是品种变化）部分抵消了气候变暖对GP变化的负面影响。控制GP的主导因素空间格局如图3.15所示。在大多数站点，气候变化在影响小麦产量变化中起主导作用，气候变化的影响不仅大于单个农业管理因素的影响，也大于所有农业管理因素的影响之和（图3.15）。

3.2.9　气候、品种和种植日对水稻生育期的影响

气候变暖缩短了水稻的VGP、RGP和GP，品种变化延长了水稻的生育期，移栽期变

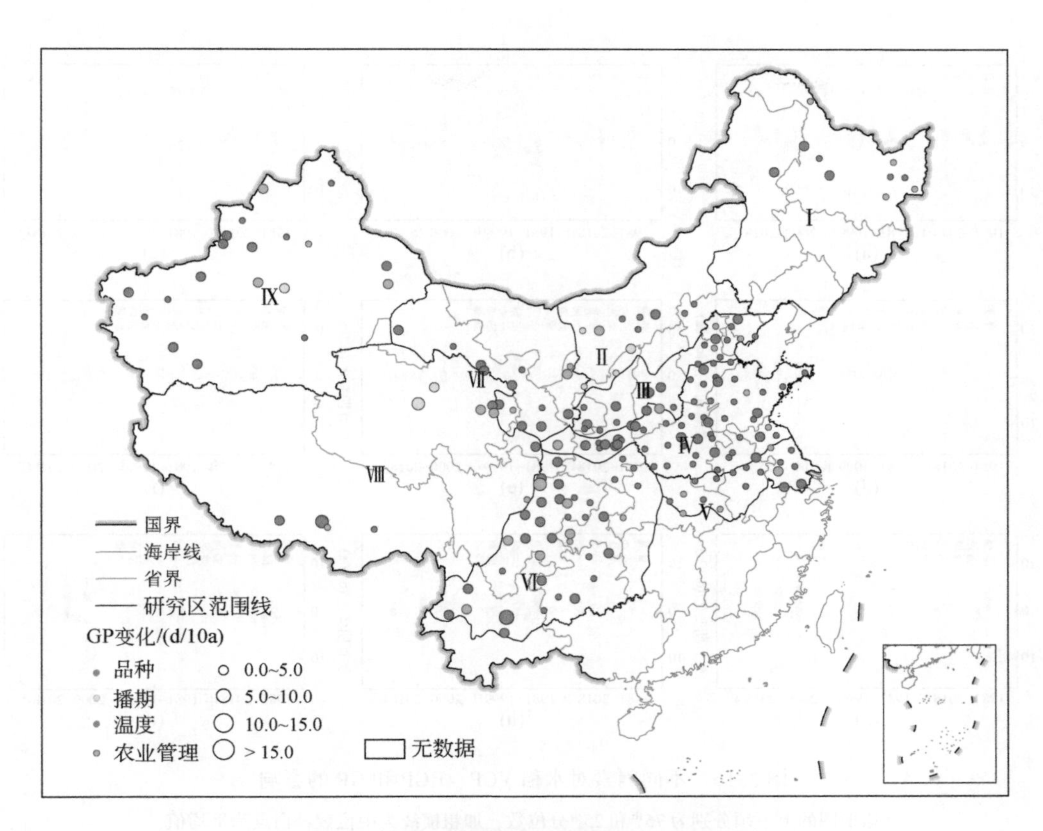

图 3. 15　小麦生育期变化主导因素的空间分布

化以及施肥和灌溉等其他因素对 VGP、RGP 和 GP 的影响较弱。对于单季稻，1981 ~ 2018 年，温度升高使 GP 减少了约 0. 57d/10a，而品种变化使 GP 增加了超过 2. 53d/10a［图 3. 16（a）、（d）、（g）］。移栽期变化使 GP 在 1981 ~ 1999 年缩短了 0. 15d/10a，在 2000 ~ 2018 年增加了 0. 10d/10a。对于早稻，在 1981 ~ 1999 年，温度升高使 VGP 减少了 1. 51d/10a，而使 RGP 增加了 0. 57d/10a，导致 GP 减少了 0. 94d/10a［图 3. 16（b）、（e）、（h）］。在 2000 ~ 2018 年，温度升高对 VGP 和 RGP 都产生了负面影响，导致 GP 减少了 0. 63d/10a。同样，对单季稻而言，品种变化使两个时段的 GP 均延长了超过 1. 5d/10a，移栽期变化和其他因素对 GP 影响较小（<0. 5d/10a）。对于晚稻，1981 ~ 1999 年，由于品种变化的综合影响，VGP 缩短了 2. 24d/10a，RGP 延长了 1. 23d/10a；气候变暖使 RGP 延长了 0. 45d/10a［图 3. 16（c）、（f）、（i）］，使 GP 减少了 0. 58d/10a。然而，在 2000 ~ 2018 年，由于品种变化（1. 96d/10a）、气候变暖（-0. 71d/10a）以及移栽日期和其他农业管理因素的综合影响，观测 GP 延长了 1. 31d/10a。总的来说，在这两个时段，尽管气候变暖对生育期产生了负面影响，但 3 种水稻的生育期都延长了，这主要归因于农业管理措施（特别是品种变化）对 GP 的影响超过了气候变化（图 3. 17）。

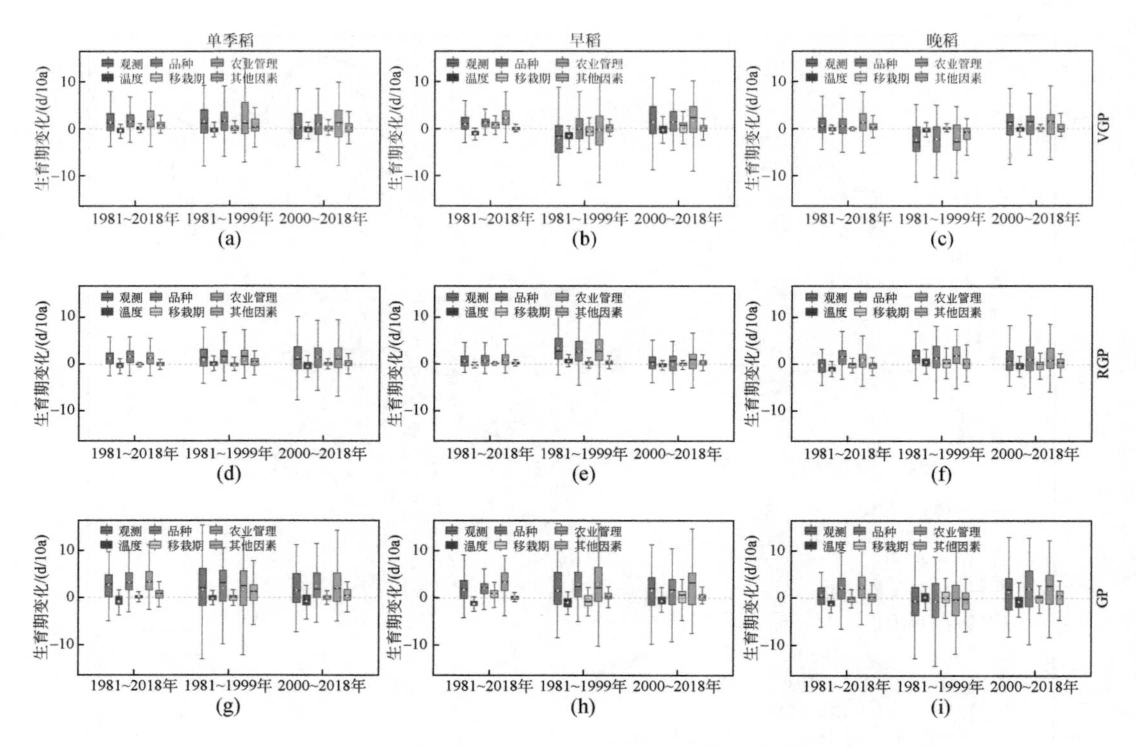

图 3.16 不同因素对水稻 VGP、RGP 和 GP 的影响

箱形图的上下须分别为 75th 和 25th 分位数，加粗横线为中位数，白点为平均值

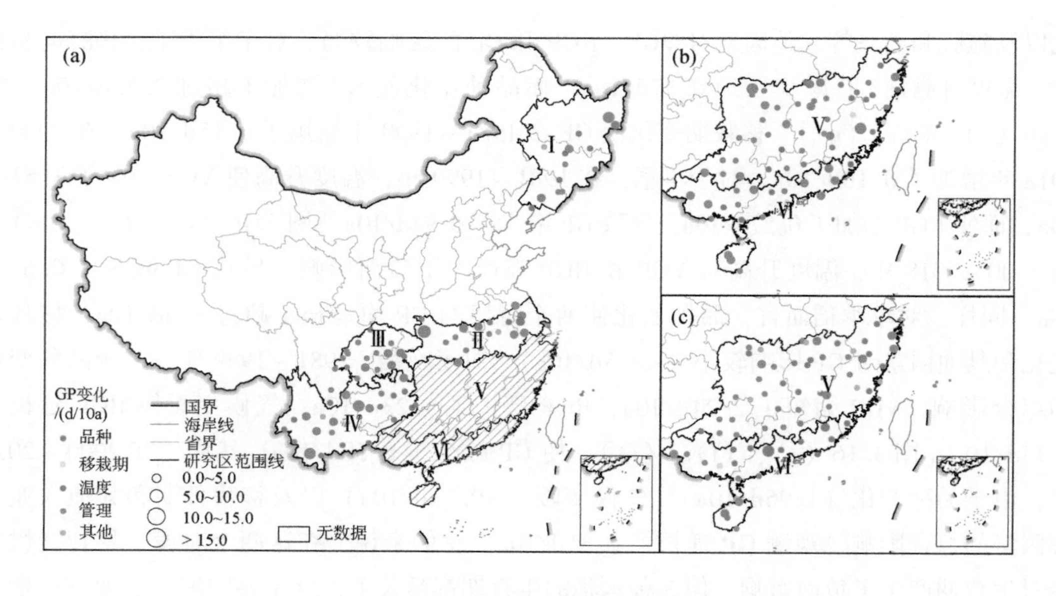

图 3.17 水稻生育期变化主导因素的空间分布

3.3 讨　　论

3.3.1 三大作物物候对气候变化的响应

本章利用目前时间序列最长、站点最多的作物物候观测数据，结合作物模型和统计回归分析了近40年玉米物候的时空变化特征，并分离了气候要素和人为管理的相对影响。研究发现，从1981～1999年到2000～2018年玉米物候对气候变化的响应在减弱，但是生育期内的气候变暖并没有放缓。先前研究发现植被物候对气候变化的敏感性也在下降，主要原因是1998年以后的全球变暖停滞（Fu et al.，2015；Piao et al.，2017；Wang et al.，2019d）。与自然植被截然不同，作物物候响应的下降是因为农艺管理，主要是品种主导了物候趋势。气候变暖虽然加速了玉米生长发育进程，缩短了生育期，但是品种变化通过延长RGP延长了整个生长季（图3.18），抵消了气候变化的负面影响，但是这种补偿效应由于品种更新速率的下降而减弱（Watson et al.，2018；Kahiluoto et al.，2019）。随着全球变化的持续，作物物候会进一步提前，如果不加快适应，作物生育期将大幅缩短，严重威胁粮食生产。此外，结果表明农艺管理的影响超过了气候变化（Tao et al.，2012，2014；Zhang S et al.，2014；Wang et al.，2017），说明气候变化研究应该充分考虑人为因素的影响，否则可能会低估其影响。

对于小麦，1981～1999年和2000～2018年不同农业区的物候和GP变化存在区域异质性，可能是气候变化和农业管理（如播种日期和品种变化）的复合影响造成的。与1981～1999年相比，2000～2018年气候变化对小麦VGP的缩短影响减小，而气候变化对冬小麦RGP的影响各不相同。此前的研究表明，在1999～2013年和1980～1994年，由于低温减少和光周期的限制等因素，全球变暖对1245个欧洲优势树种春季叶片展开物候的影响持续下降（Fu et al.，2015）。1981～2018年冬小麦VGP期间的春化日数显著下降，但对ATDU和抽穗期影响不显著。1981～2018年VGP期间昼长显著减少，对ATDU的影响显著，从而减弱了气候变暖对小麦抽穗期、成熟期、VGP和GP的影响。更重要的是，气候变暖使抽穗期和成熟期提前、VGP和GP缩短，从而导致2000～2018年冬小麦VGP和GP期间的平均温度比1981～1999年低［附录B-图S6（a）、（e）］，使两个时段的物候对温度的响应不同。与1981～1999年相比，2000～2018年冬小麦RGP期间和春小麦GP期间的平均温度均升高（附录B-图S6）。与此同时，1981～2018年气候变化和品种变化的共同影响使小麦GP期间的ATDU显著增加（图3.19）。平均温度升高增强了植物物候对温度的响应，而品种变化导致的ATDU升高则会减弱这种响应。这些因素的共同作用可能导致了1981～1999年和2000～2018年小麦物候对温度的不同响应。

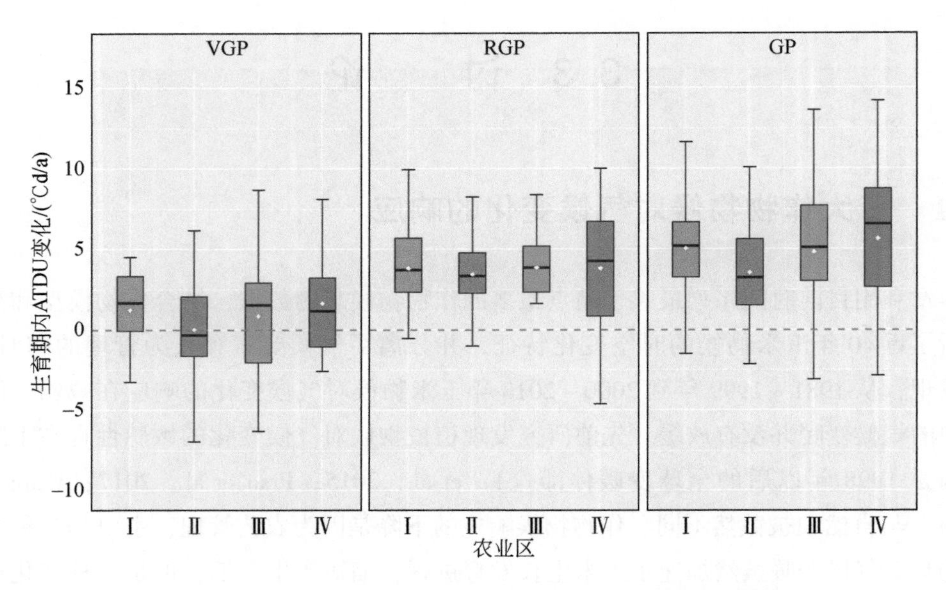

图 3.18　1981～2018 年玉米 VGP、RGP 和 GP 内 ATDU 的变化

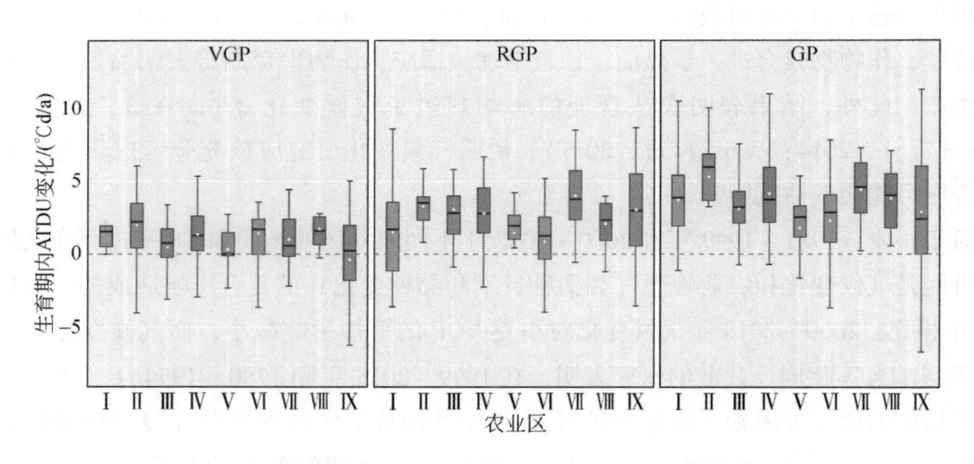

图 3.19　1981～2018 年小麦 VGP、RGP 和 GP 内 ATDU 的变化

水稻 GP 期间，气候变暖并没有明显减缓，但从 1981～1999 年到 2000～2018 年物候响应总体呈减弱趋势。物候响应减弱的主要原因是农业管理措施，特别是品种变化，主要控制了 GP 趋势（Tao et al.，2013，Zhang S et al.，2014，Wang et al.，2017，Ye et al.，2019）。气候变暖缩短了水稻 GP，而品种变化则弥补或扭转了这一不利影响。然而相比于 1981～1999 年，由于品种更新速度下降（Challinor et al.，2016，Watson et al.，2018，Kahiluoto et al.，2019）和移栽期的变化减小，这种补偿效应在 2000～2018 年减弱。除了人为因素，光周期限制等其他因素也可能发挥作用（Fu et al.，2015，2019，Meng et al.，2020）。昼长与所有类型水稻的 ATDU 需求之间的负相关证明了这一点，这表明在水稻生

长期提前的情况下，昼长减少可能会减慢水稻的发育速度，从而限制物候的进展。中国水稻物候对气候变化的响应在全国范围内呈下降趋势，表明水稻物候可能会随着气候变暖而持续提前，但速度可能会放缓。结果表明，人为管理对水稻物候的影响超过了气候变暖，强调气候变化影响研究应充分考虑人为因素（图 3.20）。

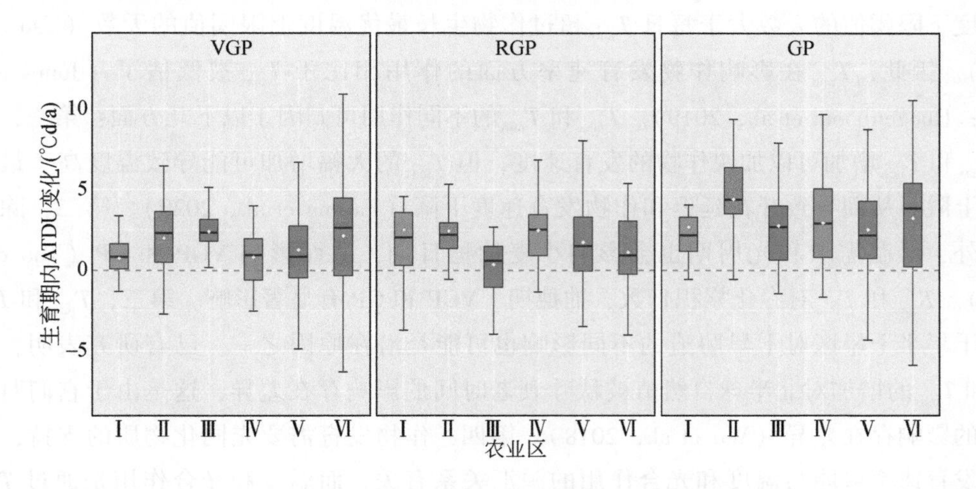

图 3.20　1981 ~ 2018 年水稻 VGP、RGP 和 GP 内 ATDU 的变化

3.3.2　三大作物物候对夜间增温的敏感性比较

玉米物候对不同温度变化的响应存在差异，对夜间温度的升高更为敏感，原因有二：其一，T_{min}的升高速率明显高于 T_{max}和 T_{mean}，根据式（3-2），T_{min}超过了 T_{base}将增加 ATDU 累积，加快作物生长发育进程，缩短生育期。其二，在温暖干燥的地区，T_{min}与标准化降水蒸散指数（standardized precipitation evapotranspiration index，SPEI）呈显著负相关，T_{min}升高加重的干旱会导致物候提前（Peng et al.，2013；Wu al.，2018）。此外，植物的自养呼吸主要在夜间进行，T_{min}升高会增强自养呼吸和蒸散发，降低土壤含水量，限制作物生长（Su et al.，2018；Lian et al.，2020）。白天温度升高的负面影响主要是因为 T_{max}升高增加了蒸散发，加重了水分胁迫，进而减弱了光合作用强度（Schlaepfer et al.，2017；Reich et al.，2018）；而且 T_{max}升高常常伴随着更强的辐射和严重的干旱，会加速叶片衰老，提前物候阶段（Piao et al.，2017；Wu et al.，2018，2021）。结果表明，影响玉米物候发展的气候要素主要是极端温度，特别是夜间温度，而不是温度的平均态，后续研究应更多关注和应对 T_{min}升高对作物生长的影响。

与玉米不同，小麦 GP 对平均温度（T_{mean}）和白天温度（T_{max}）的响应则比夜间温度（T_{min}）更显著。小麦物候对 T_{min}、T_{max}和 T_{mean}的响应不同，原因有很多，例如不同生长发育阶段的环境温度超过最适温度下限和上限（Porter and Gawith，1999），它们对 ATDU 的贡献不同（Jones et al.，2003），以及温度诱导的干旱胁迫等（Wu et al.，2018）。作物物候主要受光热积累的驱动，作物在满足该阶段的光热需求后进入特定的发育阶段（Jones et al.，2003；Hoogenboom et al.，2019），T_{mean}和T_{max}对光热积累和作物发育速率的贡献大于T_{min}（Jones et al.，2003；Fu et al.，2016）。此外，在中国小麦生长期，每日T_{min}超过最优温度下限阈值的天数大于每日T_{max}超过作物生长最优温度上限阈值的天数（Tao et al.，2017）。因此，T_{min}在影响作物发育速率方面的作用相比于T_{max}被低估了（Jones et al.，2003；Hoogenboom et al.，2019）。T_{max}和T_{min}的不同作用可归因于以下几方面：第一，适度的T_{max}和T_{min}增加可以加快作物的发育速度，但T_{max}的大幅增加可能导致温度高于最适温度的上限，从而导致开花延迟和作物发育速度下降（Fatima et al.，2020）。第二，除了热需求外，低温需求和光周期也会影响小麦抽穗日期，从而影响 VGP 和 GP（Tao et al.，2012）。T_{max}和T_{min}对春化累积日数、抽穗期、VGP 和 GP 有显著影响。第三，T_{max}和T_{min}增加在干旱半干旱区对干旱胁迫的不同影响也可能是潜在原因之一。已有研究表明，季前T_{max}和T_{min}的增加对北半球自然植被秋叶衰老时间的影响存在差异，这是由于它们对干旱胁迫的影响存在差异（Wu et al.，2018）。第四，作物发育需要光同化物质的支持，因此作物发育速率可能与温度和光合作用的源汇关系有关，而温度和光合作用是通过T_{max}和T_{min}对光合活性和自养呼吸的不同影响来调节的。在最佳温度以上，温度对作物生长速率的影响值得进一步研究（Craufurd and Wheeler，2009）。此外，春小麦（尤其是 VGP）比冬小麦更敏感，因为它受光周期的影响小得多，不受春化的影响。春小麦的 VGP 对温度的敏感性高于 RGP 和 GP，因为 VGP 发生在春季，温度升高幅度更大。相比之下，冬小麦 RGP 比 VGP 和 GP 更敏感，因为后者也受光周期和春化的影响。由于发生在春季，温度升高幅度更大，对温度的敏感性甚至高于春小麦 RGP。

水稻物候对T_{min}、T_{max}和T_{mean}的响应不同，T_{min}对所有水稻类型的 GP 影响都更为显著，世界范围内主要种植区的室内和实地研究也证实了这一结论（Peng et al.，2004，Impa et al.，2021，Schaarschmidt et al.，2021，Sakai et al.，2022）。T_{min}较强的负面影响可能是由于其增长速度较快（附录 B-图 S9）。随着气候变暖，水稻生长过程中的低温可能高于基准温度，从而影响水稻的生长和物候。此外，在干旱温带地区，T_{min}与标准化降水蒸散指数（SPEI）呈负相关（Peng et al.，2013，Wu et al.，2018），较严重的干旱可能对水稻生长产生负面影响，从而导致物候提前。夜间变暖还会导致水稻花粉活力和花粉萌发率降低（Jain et al.，2007，Mohammed et al.，2009，Zhang et al.，2018）。另外，T_{min}通常与自养呼吸和蒸散量呈正相关，也会导致对物候的负面影响（Wang et al.，2017，Su et al.，2018，Lian et al.，2020）。也就是说，T_{min}升高会增强自养呼吸，降低土壤水分有效性，间接限制随后白天光合作用的持续时间。此外，高夜间温度对水稻开花后夜间呼吸作用增加和光合作用减弱的影响显著高于开花前，这将对籽粒灌浆持续时间、花后衰老和籽粒蛋白质组成产生不利影响（Peraudeau et al.，2015，Bahuguna et al.，2017，Impa et al.，2021）。这些可以解释为什么水稻 RGP 比 VGP 对夜间变暖更敏感。对于与 T_{max} 相关的物候提前和 GP 缩短，主要是因为 T_{max} 升高会通过增加蒸发量和降低土壤含水量来降低光合活性（Schlaepfer et al.，2017，Reich et al.，2018，Samaniego et al.，2018）。有观测数据表明，T_{max} 与干旱温带地区多个微波卫星传感器获取的土壤含水量呈负相关（Owe et al.，2008）。此外，更高的 T_{max} 与更强的辐射和潜在水分胁迫相关（Piao et al.，2017，Wu et al.，2018，2021）。相比之下，T_{mean} 对物候的影响较小，甚至与 GP 有轻微的正相关（图 3.11），这意味着水稻生长更容易受到极端温度的影响，尤其是夜间变暖。因此，T_{min} 对作物物候的影响值得进一步关注。

3.3.3 气候或技术对作物物候的影响比较

气候变暖、品种和种植日变化对玉米物候的影响不尽相同，而且在不同玉米类型和研究时段间存在较大差异。尽管气候变化对作物生长发育造成了负面影响，但 GP 由于 VGP 的缩短和 RGP 的延长仍然有所延长（Huang et al.，2018；Liu et al.，2020；Tao et al.，2014；Mo et al.，2016）。对于春玉米，前 19 年 VGP 缩短主要是由于温度升高轻微提前了播期而大幅提前了抽穗期；后 19 年是由于为了避开高温热害而推迟了播期和提前了抽穗期［图 3.3（b）、（e）］。夏玉米 VGP 缩短归因于推迟的播期和提前/小幅推迟的抽穗期［图 3.3（c）、（f）］。夏玉米主要种植在黄淮平原，与冬小麦轮作，但实际光温和水分资源一季有余两季不足。为了提高粮食产量推行了“双晚”种植模式，通过推迟冬小麦的种植和夏玉米的收获优化气候资源配置，提高光热资源利用效率（Wang et al.，2012）。但传统上农户更重视小麦季生产，常常早播，迫使玉米 VGP 缩短，保障其灌浆期的热量需求，同时为冬小麦的提前种植预留时间。玉米 RGP 的延长主要归功于品种改良。如图 3.18 所示，生殖生长期 ATDU 在 98% 站点普遍增加，加上推迟的播期和抽穗期将一部分生殖生长期延迟到了较凉爽的晚秋时节，降低了 ATDU 累积速率，进而延长了 RGP（Liu Z et al.，2013；Lv et al.，2015；Tao et al.，2015a）。虽然品种更新延长了生育期，补偿了气候变化的负面影响，大幅提升了玉米产量，但同时也增加了灌浆期的霜冻和低温冷害的风险（Tao et al.，2014）。

种植日实际上是一个由农民根据当地气候条件、栽培技术、品种特性和土壤属性决定的一个人为物候阶段。近 40 年玉米的种植日在纬度较高的区域显著推迟，在纬度较低的西南地区显著延迟［图 3.3（b）、（c）］。所有的调整都是为了避开关键生长季的极端气候事件，保证灌浆期持续时间，提高作物产量。有研究指出，在土壤水分条件较好的情况下，将种植日推迟 1～2 周对玉米生长发育影响不大（Tao et al.，2012，2014；Gao et al.，2021）。然而，如图 3.12 所示，夏玉米种植日推迟对 VGP 的影响 3 个研究时段与温度的影响不相上下。大量田间实验也表明调整种植日对作物的生长发育速率、水肥利用效率、气候适应能力及生长过程中的温室气体排放具有重要影响（Bonelli et al.，2016；Huang et al.，2018；Rotili et al.，2021）。因此，气候变化影响研究应充分考虑人为因素的影响，以免导致估计偏差。

控制小麦物候的因素因生长阶段和时段而异（图3.14）。对于任何小麦种类和生长时段，气候变暖都显著缩短了小麦的VGP和GP，因为气候变暖会加速小麦的发育（Li et al.，2020；Shew et al.，2020）。冬小麦的T_{mean}与ATDU呈负相关，而春小麦的T_{mean}与ATDU呈正相关。这主要是因为冬小麦品种对气候变暖的适应性不如春小麦，而且冬小麦的播期比春小麦迟得多。气候变暖对冬小麦发育速度的促进和对VGP的缩短作用超过了对ATDU的增加作用，而对春小麦则相反。此外，冬小麦和春小麦品种的ATDU需用量不同。除温度外，VGP的变化还受光周期和春化（冬小麦）的影响。昼长的降低减少了ATDU需求，并使抽穗期提前。研究还发现，累积春化天数（accumulate vernalization days，CUMVD）对ATDU的影响较弱，在80%的站点上有所下降，这表明随着气候变暖，冬小麦春化需求降低或应该优化品种（Tao et al.，2012；He et al.，2015；Voss-Fels et al.，2019）。由于温度和品种变化，小麦RGP延长。当温度超过20℃时，温度升高可以通过提高籽粒灌浆速率来缩短RGP（Li et al.，2020；Shew et al.，2020）。但实际上，由于抽穗期提前，大多数站点的T_{mean}和T_{max}均未显著增加，甚至略有下降，特别是华北平原地区的冬小麦。在适应气候变暖的过程中，近40年来采用了RGP较长、ATDU需求量较高的品种来提高粮食产量（图3.19）。品种转换通过采用ATDU需求量较大的品种，抵消了部分气候变化对GP的负面影响（Tao et al.，2006，2012；Asseng et al.，2018；Kahiluoto et al.，2019）。结果表明，气候变化是影响近40年来大部分站点小麦GP变化的主要因素。在大多数站点，气候变化的影响不仅大于单个农业管理的影响，而且大于所有农业管理的总和（图3.15）。一项研究使用一阶差分回归方法估计气候影响，并使用残差法分离农业管理的贡献，发现农业管理对小麦物候的影响大于气候因素（Liu et al.，2018）。这种不一致可能是由于使用了不同的方法。一阶差分回归方法量化的是气候变率的影响，而不是变暖的影响，因此气候变暖的影响较小（Liu et al.，2016；Roberts et al.，2016；Lobell et al.，2017）。残差法要求能较好地模拟长时间内气候对作物物候的影响。此外，残差法是分离气候和非气候因素的影响，包括所有农业管理措施对作物物候的影响。该方法不仅可以从整体上分析气候和农业管理的影响，还可以从整体上分析品种变化、播期变化以及施肥、灌溉等其他因素对作物物候的影响。播期变化对小麦GP的影响非常小（图3.14），因为小麦播期的推迟或提前幅度不超过5d/10a［图3.14（a）］。过去几十年来，小麦生产一直在适应气候变化（Liu et al.，2010；Tao et al.，2012；Wang et al.，2012），但目前的适应方案还不足以充分利用由于气候变化带来的气候资源（Tao et al.，2012，2014；Yang et al.，2015）。这些结果表明，通过选择ATDU需求量较大的品种和改变播期，可以进一步适应当前的气候变化。

对于水稻，在排除了气候和人为因素的影响后，控制作物物候的因素因生长阶段和研究时段而异。1981～1999年，温度变化缩短了早稻的GP，延长了晚稻的GP，对单季稻GP影响较小，这与以往许多采用统计方法的研究（Tao et al.，2013，Zhang S et al.，2014，Hu et al.，2017，Ye et al.，2019）和作物模型模拟（Zhang et al.，2016a，Wang et al.，2017）一致。然而，在2000～2018年，温度升高持续缩短了水稻的GP，这意味着一种完全不同的适应策略（图3.16）。1981～1999年，单季稻采用了GP较长（ATDU需求较高）的品种，以利用改良的光热资源提高产量（Tao et al.，2013，Zhang S et al.，2014）。早稻采用VGP较短、RGP较长、GP较长的品种提高产量，同时为晚稻提前移栽留出更多的时间（Wang et al.，2017，Ye et al.，2019）。晚稻采用GP较短的品种，以避免抽穗期和灌浆期的低温胁迫（Zhang et al.，2016b，Wang et al.，2016，2019a）。值得注意的是，2000～2018年，除四川盆地单季稻外，3个水稻类型均采用了通过延长VGP和RGP而获得更长GP的品种。VGP的变化可能是温度和光周期共同作用的结果。结果表明，大多数品种和农业区的水稻ATDU需求量与T_{min}呈正相关。几十年来，光热资源不足一直制约着水稻的产量，特别是在中国南方。随着气候变化、太阳辐射和温度的增加，移栽日期提前，抽穗日期推迟，VGP延长（ATDU需求量增加）以充分利用热资源。有趣的是，在中国南方最温暖的地区，晚稻的ATDU与温度呈负相关。中国低纬度地区晚稻经常受到极端高温灾害影响（Zhang T et al.，2014，Wang et al.，2019b）。高于最适温度的温度对ATDU的贡献为部分负相关，表明剧烈升温超过了当前品种的光热需求，从而威胁了该地区水稻的发育，并可能随着气候变暖而加剧。此外，日照长度对ATDU有负面影响，这表明日照长度减少可能会减慢水稻的发育速度，增加ATDU需求，从而延长VGP。RGP的增加很大程度上归因于品种更替（Tao et al.，2013，Zhang S et al.，2014，Wang et al.，2017，Ye et al.，2019）。ATDU需求量高的品种，其成熟期推迟，生育期延长。但由于抽穗期明显推迟，四川盆地单季稻RGP显著降低。该区水稻抽穗期约为7月15日～8月10日（DOY 197～223），与副热带高压引起的极端高温事件发生时间一致。农民采用抽穗期较晚的品种，以避免抽穗期和开花期的热胁迫（Tao et al.，2013，Wang et al.，2014，Zhang S et al.，2014；zhang et al.，2016）。

水稻移栽是一项田间管理活动，由农民直接决定，在很大程度上受到许多其他因素的影响，包括当地气候、农业技术人员对特定品种的建议以及干旱或内涝等土壤物理问题（Waha et al.，2013，Ding et al.，2020）。有一种观点认为，由于温度升高和土壤湿度良好，播种变化一到两周对作物生长的影响不大（Tao et al.，2012，2014，Zhang S et al.，2014，Gao et al.，2021）。然而本研究表明，在2000～2018年，移栽期推迟使晚稻的RGP长度缩短了2d/10a，这与气候影响相当，并表现出更大的变异性［图3.16（f）］。田间实验也证明，调整播期对作物生长发育速度、水分利用效率、源汇关系以及作物对气候的适应能力有较大影响（Bonelli et al.，2016，Huang et al.，2018，Rotili et al.，2021）。因此，应该像许多先前的研究一样强调播期变化的影响（Tao et al.，2014，Zhang S et al.，2014，Wang et al.，2017，Ye et al.，2019）。其他因素对水稻 GP 的影响总体较小，因为中国施肥灌溉充足，对物候长期趋势影响不大（Tao et al.，2012，2014，Wang et al.，2017，Ye et al.，2019）。

3.4 本章小结

气候变暖改变了植物生长季，对植物生产力和陆地碳循环造成了重要影响。有研究发现由于 1998 年以来的变暖停滞，植被物候对气候变化的响应在减弱，而且昼夜增温对北半球植被物候具有相反的影响。作物物候与粮食产量、农业生态系统的生物多样性和地表的水热通量密切相关，具有重要的经济和生态意义，厘清物候对气候变化的响应和适应机制对农业生产应对气候变化至关重要。但上述研究成果仅限于自然植被，作物生育期内的温度上升是否放缓以及作物物候如何响应近年来的气候变暖和昼夜不对称变暖却不清楚。为了回答上述问题，本书收集了目前最新的、观测站点最多的玉米物候观测数据和高密度气象观测数据，基于作物物候发展生理学关系，结合统计分析研究了近 40 年我国玉米关键物候和生育期的时空变化特征，分离了不同要素的影响，甄别了关键驱动因子。

结果表明，1981～2018 年春玉米种植日和成熟日期分别推迟了 0.16d/10a 和 0.71d/10a，抽穗期提前了 1.43d/10a。夏玉米三个关键物候分别推迟了 0.35d/10a、0.27d/10a 和 2.22d/10a。两种玉米 VGP 分别缩短了 1.33d/10a 和 1.42d/10a，RGP 分别延长了 2.13/10a 和 1.94d/10a，GP 分别延长了 0.57d/10a 和 0.83d/10a。物候对极端温度更敏感，特别是夜间升温，平均温度的影响并不显著。

玉米生育期内变暖并没有放缓，但是物候变化趋势及与温度的相关性均有所下降。与自然植被不同，作物物候对气候变化的敏感性下降是因为农艺管理主要是品种的影响超过了气候变暖。温度升高使春玉米和夏玉米的 GP 分别缩短了 3.4d/10a 和 1.7d/10a，而品种改良使 GP 分别延长了 4.5d/10a 和 2.1d/10a，抵消了其负面影响。本研究首次提供了作物物候对气候变化响应减弱及其对夜间增温更敏感的观测证据，强调了品种改良对适应气候变化的重要性，加深了作物对气候变化的响应和适应的理解，对制定针对性的气候变化应对策略具有重要的指导意义。

对于小麦，1981～2018 年小麦播期推迟，抽穗期和成熟期提前；1981～1999 年和 2000～2018 年的小麦播期、抽穗期、成熟期和 GP 变化趋势在各农业区呈现异质性变化。这种不一致可能归因于气候变化和农业管理（如播期和品种变化）的综合影响。从1981～1999 年到 2000～2018 年，气候变暖对大多数农业区冬小麦 GP 的影响增强，而对春小麦 GP 的影响减弱。小麦的 T_{min} 比 T_{mean} 和 T_{max} 增加得多，但春小麦和冬小麦对 T_{mean} 和 T_{max} 的敏感性均高于 T_{min}，T_{max} 和 T_{min} 对小麦的影响存在差异。春小麦对温度的敏感性高于冬小麦，而 RGP 对温度的敏感性高于 VGP 和 GP，因为后者还受光期和春化的影响。总体而言，气候变暖对 VGP、RGP 和 GP 的影响较弱，品种变化、播期变化和施肥灌溉等因素对 VGP、RGP 和 GP 的影响随生育期和研究期的不同而不同。在过去 40 年里，气候变化是影响大多数农业区小麦 GP 变化的主要因素。通过选用 ATDU 需求量大的品种，延长了冬小麦和春小麦的 GP，部分抵消了气候变化对 GP 的不利影响。气候变化的影响不仅大于单个农业管理方式的影响，而且大于所有农业经营方式的影响。我们的研究结果为作物对气候变化的响应和农业管理提供了新的见解，这对制定区域气候变化适应方案具有重要价值。

从 1981 ~ 1999 年到 2000 ~ 2018 年，水稻物候对气候变暖的响应有所下降，但水稻 GP 期间气候变暖并未减缓。水稻 GP 受 T_{min} 的影响大于 T_{max} 和 T_{mean}。温度升高显著缩短生育期，尤其是早稻，其次是单季稻和晚稻。品种变化完全抵消了气候变暖对 3 种水稻品种 GP 变化的影响。移栽日期和其他农业管理措施对水稻 GP 的影响相对较小。

第4章 气候变化对作物产量的影响

上文探究了玉米物候对气候变暖的响应和适应，本章重点分析气候变化对作物产量的影响。先前研究分析了20世纪80年代以来我国粮食产量的时空格局，一致得出产量增长停滞的结论，但由于数据、方法、侧重点的差异，关键影响因子却不尽相同。此外，前人主要关注施肥、灌溉等田间栽培管理的影响，由于缺乏数据，往往忽略了品种的贡献，限制作物产量提升的因素至今仍不明确。基于此，本章收集了全国上百个站点的实地观测数据，结合高密度气象观测和多年生态联网品种实验，利用CERES系列模型精准分析气候变化对作物产量的影响，旨在回答以下3个问题：①最新的作物产量变化模式是怎样的？②作物产量增加是否停滞？作物产量差有多大？③限制作物产量提升的因子是什么？

4.1 材料与方法

本章用到的数据包括产量数据、气象数据和田间实验数据，数据来源见2.2节。需要说明的是，由于生态联网实验主要在玉米种植带开展，西北玉米区（Ⅳ区）仅有宁夏银川和新疆奇台两个实验站。为了全面把握当前玉米生产情况，在西北地区，本章利用2005～2012年有详细品种、水肥、物候和产量记录的农业气象站观测数据校准CERES-Maize模型；水稻和小麦采用同样的方法。

4.1.1 多模型拟合产量变化趋势

请注意4.1.1～4.1.3节是针对玉米产量贡献的分离方法。首先计算每个站点产量序列的均值（Mean）和标准差（Std），剔除在Mean±2×Std外的异常值，然后选择有15年以上产量记录的农业气象站，构建截距模型、线性模型、二次模型和三次模型拟合产量趋势，利用F检验和赤池信息量准则（Akaike information criterion，AIC）确定每个站点的最佳拟合模型，最后参照Ray等（2012）的方法根据模型系数和产量峰值出现的年份将产量变化分为：“从未提高”“停滞”“下降”“增加”四类，并进一步将“增加”以75^{th}和25^{th}分位数分为“快速增加”“中速增加”“缓慢增加”。四种统计模型的表达式及AIC计算公式如下：

$$Y=k \tag{4-1}$$

$$Y=at+k \tag{4-2}$$

$$Y=at^2+bt+k \tag{4-3}$$

$$Y=at^3+bt^2+ct+k \tag{4-4}$$

$$\mathrm{AIC}=2p+n\times\ln\left(\frac{\mathrm{RSS}}{n}\right) \tag{4-5}$$

式中，Y 为玉米单产，kg/hm^2；t 为年份；a、b、c 为回归方程的系数；k 为截距；n 为样本量；RSS 为残差平方和；p 为模型的参数个数。

4.1.2 校准 CERES-Maize 模型

CERES-Maize 模型校准结合 DSSAT 的两种参数估计方法分步进行：①首先根据胡亚南等（2008）的研究成果初始化每个区域的品种遗传参数，然后利用 GLUE 对每个站点的品种参数进行6000 次以上的极大似然估计，获得物候和产量误差均在 30% 以内的参数空间。②利用梯度寻优工具 GENCALC 分两步迭代逼近观测值。首先优化 4 个物候参数（P_1、P_2、P_5和 PHINT)；其次优化 2 个生长参数（G_2 和 G_3），参数说明见表 2.6；最后计算 3 个常用的统计指标——RMSE、相对均方根误差（relative root mean square error，RRMSE）和一致性指数（index of agreement，d-index）对模型精度进行评价。

$$\mathrm{RMSE}=\sqrt{\frac{1}{n}\sum_{i=1}^{n}(S_i-O_i)^2} \tag{4-6}$$

$$\mathrm{RRMSE}=\frac{\sqrt{\frac{1}{n}\sum_{i=1}^{n}(S_i-O_i)^2}}{O_{\mathrm{avg}}}\times100\% \tag{4-7}$$

$$d\text{-index}=1-\frac{\sum_{i=1}^{n}(S_i-O_i)^2}{\sum_{i=1}^{n}(|S_i-O_{\mathrm{avg}}|+|O_i-O_{\mathrm{avg}}|)^2} \tag{4-8}$$

式中，S 和 O 分别为模拟值和观测值；O_{avg} 为平均值；n 为样本量。

4.1.3 多情景模拟潜在产量、产量差及甄别关键因子

利用精细校准的 CERES-Maize 在每个站点开展以下 3 个情景的模拟：（S_1）最佳品种（$\mathrm{Cul_{opt}}$），无水肥胁迫（$\mathrm{IN_{opt}}$）；（S_2）实际品种（$\mathrm{Cul_{act}}$），无水肥胁迫（$\mathrm{IN_{opt}}$）；（S_3）最佳品种（$\mathrm{Cul_{opt}}$），实际水肥管理（$\mathrm{IN_{act}}$）。种植日、种植密度、行距等其他管理措施为 1981 ~ 2018 年的平均值，每个站点的最佳品种是从区域所有品种中筛选出的产量最高的一

个。情景 S_1 为潜在产量，S_2 为当前品种的产量潜力，S_3 为当前水肥管理的产量潜力；S_1 与观测产量的差即为实际产量差（YG_a），S_1-S_2 为品种导致的产量差（YG_{cul}），S_1-S_3 为水肥管理导致的产量差（YG_{in}），计算公式如下：

$$YG_a = Y_p - Y_a \tag{4-9}$$

$$YG_{cul} = Y_p - Y_{cul} \tag{4-10}$$

$$YG_{in} = Y_p - Y_{in} \tag{4-11}$$

$$YG_{ap} = \frac{YG_a}{Y_p} \tag{4-12}$$

$$YG_{culp} = \frac{YG_{cul}}{Y_p} \tag{4-13}$$

$$YG_{inp} = \frac{YG_{in}}{Y_p} \tag{4-14}$$

式中，Y_p 为潜在产量；Y_a 为实际产量；Y_{cul} 和 Y_{in} 分别为当前品种和水肥管理的潜在产量；YG_{ap}、YG_{culp} 和 YG_{inp} 为产量差百分比。

4.1.4 气候和技术驱动下的年产量增益分析

注意 4.1.4 节所述方法只针对小麦和水稻，方法如下：主要通过非参数 Mann-Kendall 检验和 Sen's 斜率估计法，评估各个站点和区域的年产量增益，这些增益是由气候变化和技术进步共同驱动的。总体产量的增益是基于实际产量来估算的，而气候驱动的增益则是通过模拟的潜在产量来确定的，这反映了假设管理措施和遗传特性随时间保持恒定，完全由气候变化引起的产量变化。技术进步带来的增益则是总增益减去气候驱动增益后的结果（Rizzo et al.，2022）。

在技术驱动因素中，遗传技术（品种）和农艺措施（水肥管理）对产量增长的相对贡献可以用品种改良和水肥管理造成的产量差距的相对值来表示，计算公式如下：

$$Con_{culp} = YG_{culp} / (YG_{culp} + YG_{inp})$$

$$Con_{inp} = YG_{inp} / (YG_{culp} + YG_{inp})$$

式中，Con_{culp} 为品种对产量增长的相对贡献；Con_{inp} 为水肥管理对产量增长的相对贡献。

4.2 主要发现

4.2.1 近 40 年玉米产量的时空变化特征

玉米产量范围为 3747～10 946kg/hm²，高产站点主要分布北方、黄淮平原北部和西北地区，平均产量为7789kg/hm² [图4.1 (a)]。线性回归结果显示，过去38年81%的站点产量在显著增加 [图4.1 (b)]，增加最快的是北方春玉米，单产平均每年增加了178kg/hm²，将近是其他3个区域的2倍。

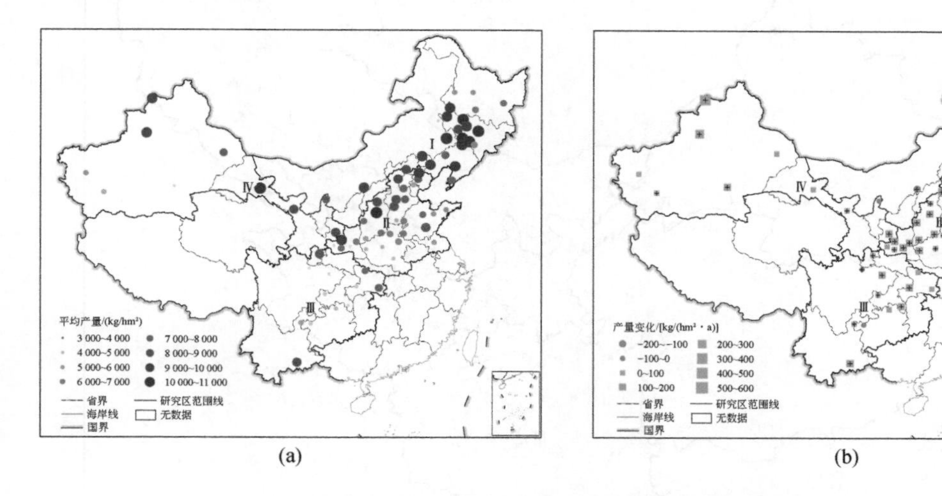

图4.1　1981～2018年玉米平均产量及其变化趋势

(b) 中"+"表示显著性 $p<0.05$

多模型拟合结果表明，1981～2018年40%的站点产量从未提高、停滞甚至下降，60%的站点产量增加，其中仅有10%的站点快速增加，主要位于纬度较高的黑龙江和吉林，北方玉米区另两个省表现出下降趋势（图4.2）。黄淮平原玉米区56%的站点产量增加，其中缓慢增加的站点占30%以上，北部有28%的站点产量甚至下降。西南玉米区产量有提高的趋势，产量增加的站点超过了一半（64%）。西北玉米区产量从未提高、停滞甚至下降的站点占55%。

4.2.2　CERES-Maize模型精度

CERES-Maize模型一经校准，即可很好地模拟各种生产条件下的玉米生长发育状况。所有区域模拟物候及产量与观测值的 *d*-index 均高于0.89（图4.3），模拟值和观测值有很好的一致性。24个品种抽穗期和成熟期的RMSE都在8d以内，RRMSE小于8%（附录C-表S1）。北方、西南和西北玉米区物候模拟误差晚熟品种略高于早熟和中熟品种，黄淮平原玉米区中熟品种的误差稍高于其他两个品种。模拟产量与观测产量非常接近，RMSE低于1146kg/hm²，RRMSE小于9%。由于模型校准没有考虑极端气候事件、病虫害等因素的影响，生育期稍被低估而产量略有高估。4个区域24个品种的遗传参数总结在了表4.1，可以看出参数 P_5（吐丝到成熟的光温累积）与品种生育期成正比，P_5越高，生育期越长。西南玉米的叶片数量（PHINT）、穗粒数（G_2）和灌浆速率（G_3）明显高于其他区

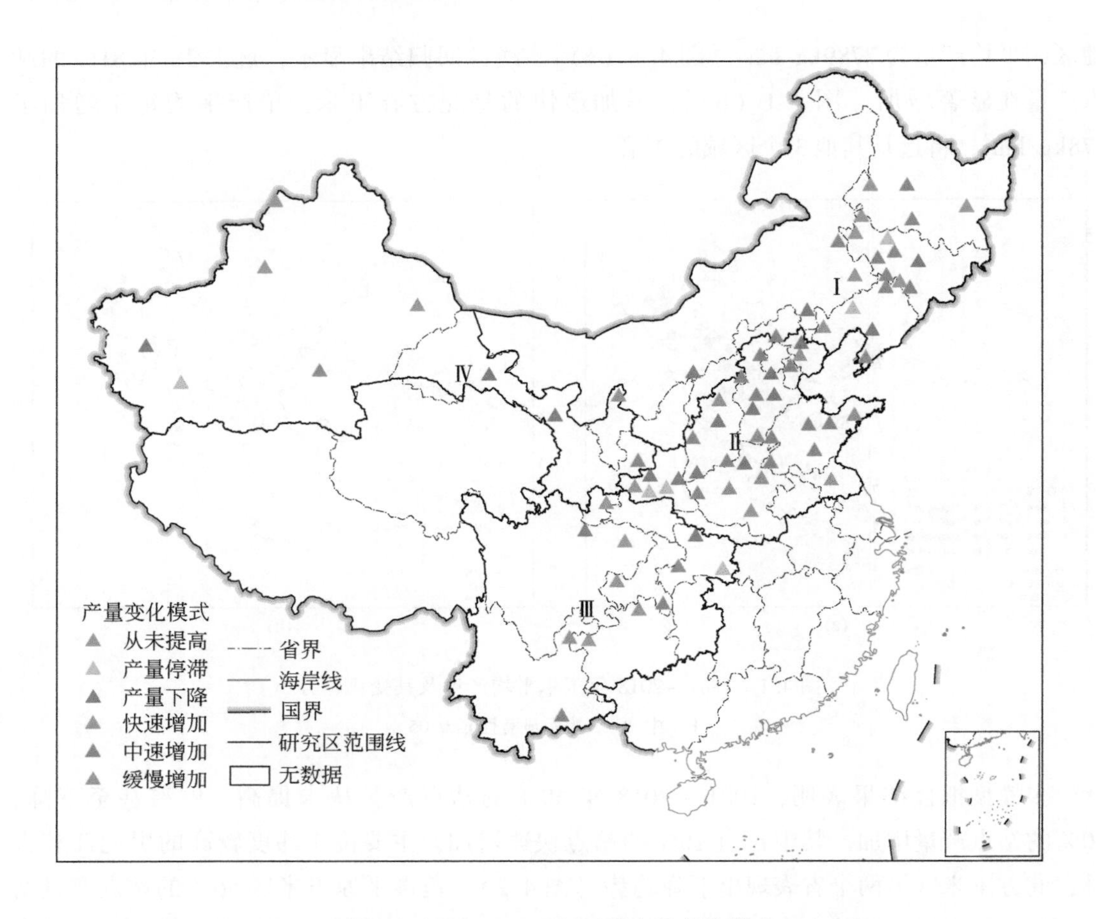

图 4.2　1981 ~ 2018 年玉米产量变化模式

域。总的来说，利用大量实验数据校准的 CERES-Maize 模型能够捕捉玉米对复杂环境的响应，可用于后续的多情景模拟。

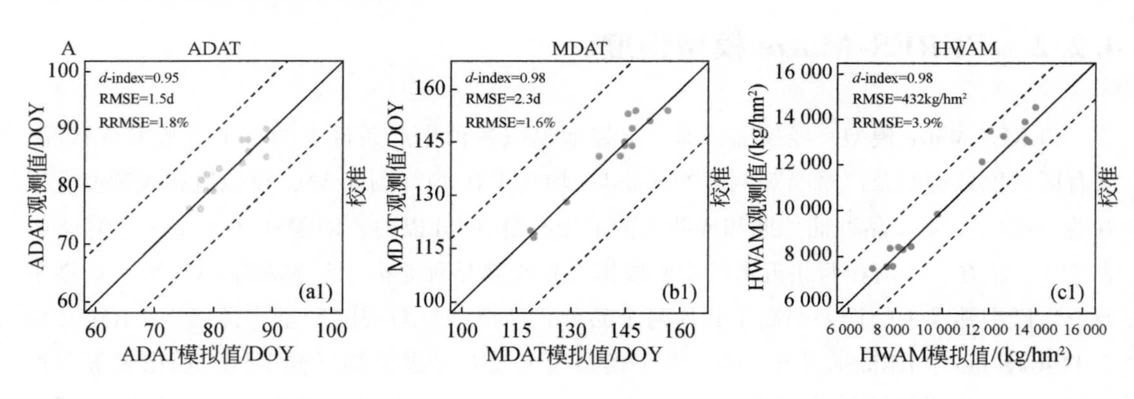

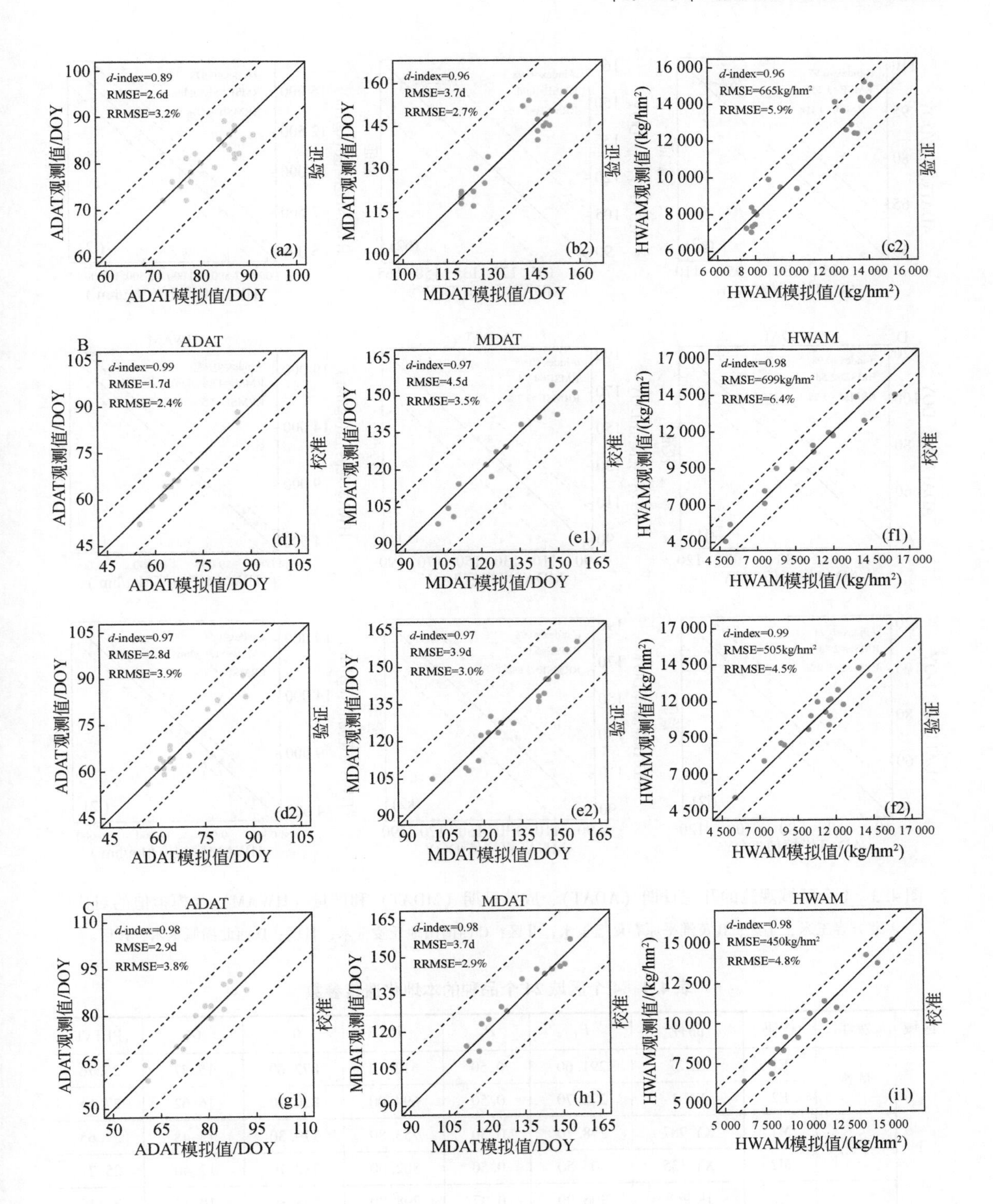
d-index=0.89
RMSE=2.6d
RRMSE=3.2%
ADAT观测值/DOY
ADAT模拟值/DOY
(a2)
d-index=0.96
RMSE=3.7d
RRMSE=2.7%
MDAT观测值/DOY
MDAT模拟值/DOY
(b2)
d-index=0.96
RMSE=665kg/hm²
RRMSE=5.9%
HWAM观测值/(kg/hm²)
HWAM模拟值/(kg/hm²)
(c2)
验证
B
ADAT
MDAT
HWAM
d-index=0.99
RMSE=1.7d
RRMSE=2.4%
(d1)
d-index=0.97
RMSE=4.5d
RRMSE=3.5%
(e1)
d-index=0.98
RMSE=699kg/hm²
RRMSE=6.4%
(f1)
校准
d-index=0.97
RMSE=2.8d
RRMSE=3.9%
(d2)
d-index=0.97
RMSE=3.9d
RRMSE=3.0%
(e2)
d-index=0.99
RMSE=505kg/hm²
RRMSE=4.5%
(f2)
验证
C
ADAT
MDAT
HWAM
d-index=0.98
RMSE=2.9d
RRMSE=3.8%
(g1)
d-index=0.98
RMSE=3.7d
RRMSE=2.9%
(h1)
d-index=0.98
RMSE=450kg/hm²
RRMSE=4.8%
(i1)
校准

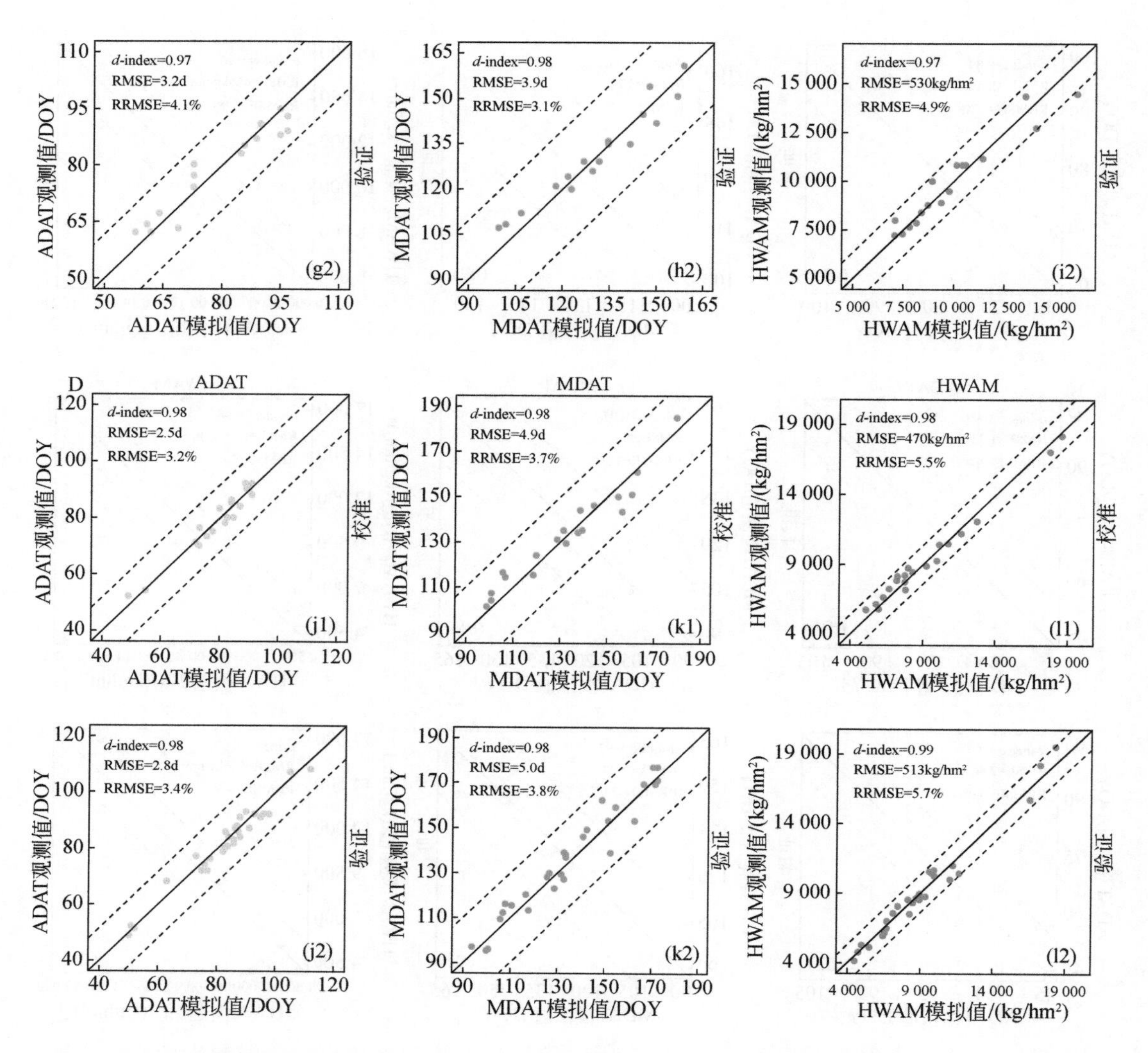

图 4.3 4 个区域观测的开花日期（ADAT）、成熟日期（MDAT）和产量（HWAM）与模拟值的对比

A 北方春玉米，Ⅰ区；B 黄淮平原春夏播玉米，Ⅱ区；C 西南山地丘陵玉米，Ⅲ区；D 西北灌溉玉米，Ⅳ区

表 4.1 4 个区域 24 个品种的本地化遗传参数

区域	熟性	代码	品种	P_1	P_2	P_5	G_2	G_3	PHINT
Ⅰ	早熟	E1	JD 27	291.60	0.50	612.10	872.60	15.77	25.76
		E2	XX 1	278.70	0.50	694.00	820.70	16.62	27.65
	中熟	M1	XY 987	278.70	0.50	753.80	779.30	13.48	27.65
		M2	XY 335	305.50	0.50	802.00	782.10	13.40	25.71
	晚熟	L1	JK 968	306.00	0.37	798.00	648.80	10.12	27.16
		L2	ZD 958	293.40	0.50	857.10	888.40	13.23	27.92

续表

区域	熟性	代码	品种	P_1	P_2	P_5	G_2	G_3	PHINT
Ⅱ	早熟	E1	DK 516	246.20	0.33	1128.00	696.40	12.12	26.14
		E2	NH 101	305.30	0.18	1033.00	1586.00	19.71	30.43
	中熟	M1	XY 987	327.40	0.12	1300.00	645.60	11.27	18.25
		M2	XY 335	233.30	0.59	1176.00	627.10	14.20	30.55
	晚熟	L1	JK 968	218.90	1.17	1338.00	470.80	9.86	25.84
		L2	ZD 958	248.50	0.68	1427.70	868.60	13.98	31.39
Ⅲ	早熟	E1	CD 30	398.10	0.25	659.00	1099.00	28.21	41.19
		E2	ZD 958	243.70	0.45	904.80	1168.00	22.23	29.80
	中熟	M1	YR 8	352.50	0.40	1198.00	915.60	15.66	22.31
		M2	YD 30	377.10	0.23	944.30	1734.00	15.30	35.61
	晚熟	L1	JD 13	365.50	0.44	1096.00	1095.00	18.69	54.93
		L2	GD 8	277.00	0.04	1203.00	987.30	20.28	38.24
Ⅳ	早熟	E1	CC 706	277.30	0.13	607.60	645.40	18.92	30.93
		E2	CD 17	252.90	0.36	642.70	787.60	5.50	44.16
	中熟	M1	XY 335	362.60	0.51	763.60	809.80	12.44	37.20
		M2	DH 1	331.70	0.29	780.00	845.00	9.45	58.46
	晚熟	L1	LY 296	290.50	0.58	747.80	1147.00	9.88	43.67
		L2	SY 2002	400.90	0.31	780.00	1426.00	5.10	55.44

4.2.3 光温、品种和水肥的潜在产量

玉米光温潜在产量的范围为 9716 ~ 18 602kg/hm^2，与实际产量一致，北方、黄淮平原北部和西北玉米区的潜在产量高于黄淮平原南部和西南地区［图 4.4（a）］。1981 ~ 2018 年 45% 的站点潜在产量显著下降，主要分布在北方玉米区南部的吉林和辽宁、黄淮平原、四川盆地和新疆，平均每年下降了 54.32kg/hm^2。潜在产量增加的站点主要位于黑龙江、内蒙古、云贵高原、甘肃和宁夏，增加速率小于 35kg/hm^2［图 4.4（b）］。

当前品种的潜在产量表现出明显的区域差异［图 4.4（c）］，北方玉米区最高（10 399kg/hm^2），然后依次是西北玉米区（9434kg/hm^2）、黄淮平原玉米区（7283kg/hm^2）和西南玉米区（6235kg/hm^2）。80% 的站点品种潜在产量显著下降，遍布四大玉米主产区，说明品种的气候适宜性在下降［图 4.4（d）］。当前水肥管理潜在产量的范围为 4330 ~ 18 132kg/hm^2，西北玉米区最高，达 13 885kg/hm^2，接着是北方玉米区（13 469kg/hm^2）、黄淮平原玉米区（12 492kg/hm^2）和西南玉米区（10 282kg/hm^2）［图 4.4（e）］。全国尺度上水肥潜在产量同样在小幅下降［<6kg/(hm^2 · a)］，但统计显著的站点不到

20% ［图 4.4（f）］。

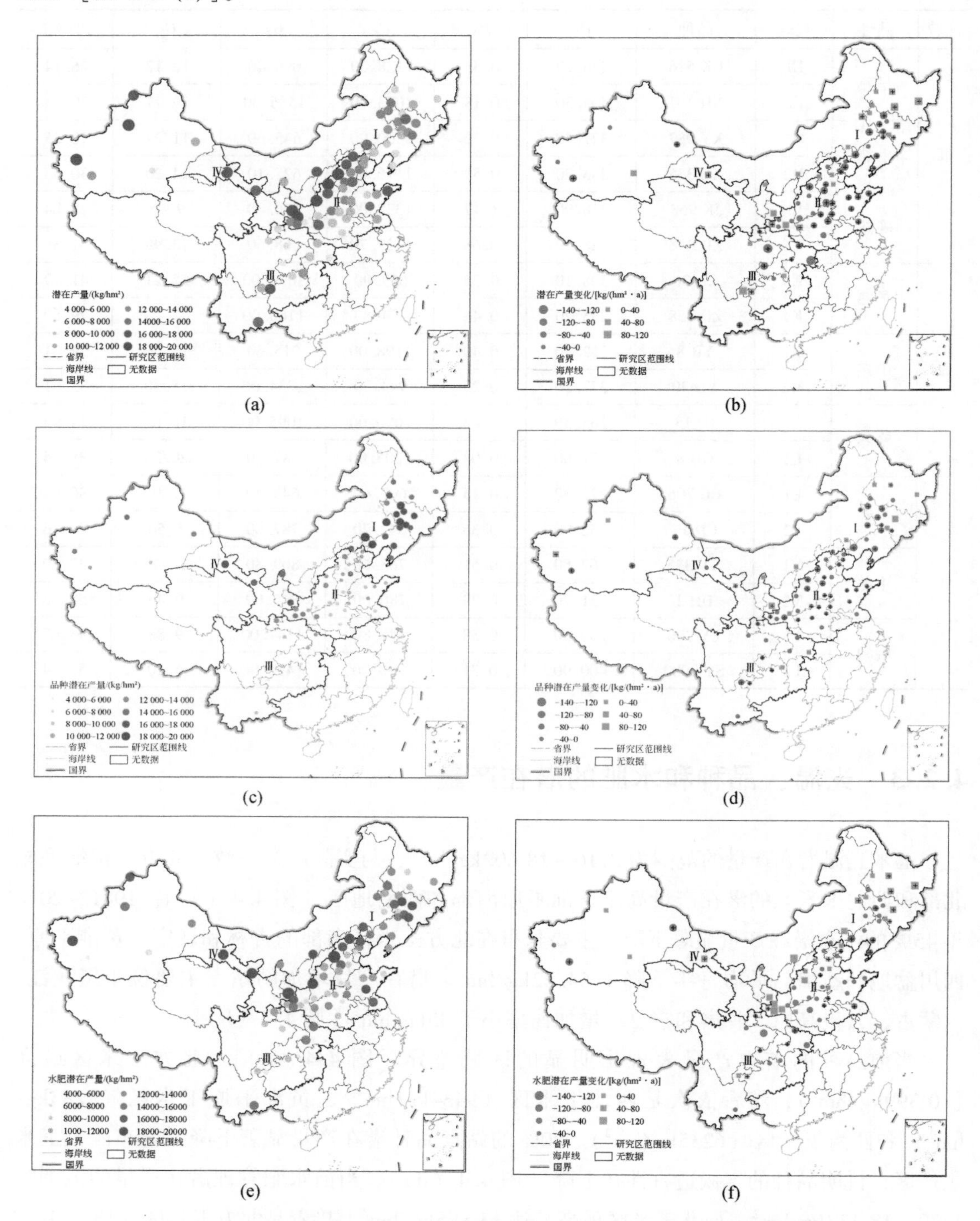

图 4.4　1981 ~ 2018 年玉米实际、品种和水肥潜在产量的平均值及变化趋势

（b）、（d）、（f）中“+”表示显著性 $p<0.05$

4.2.4 玉米产量差及主导因素

产量差的范围为 372 ~ 12 000kg/hm²，平均为 7823kg/hm²，超过了潜在产量的一半［图4.5（a）］。黄淮平原玉米区产量差最大，73%以上的站点超过了 8000kg/hm²；接着是西北和西南玉米区，平均为 8336kg/hm²；北方玉米区产量差相对较小，平均为 6088kg/hm²。结合实际产量的空间分布特征，可以发现产量差大的站点主要位于产量水平低的区域，产量差大于 5000kg/hm² 的站点中有 65% 平均产量低于 7000kg/hm²。1981 ~ 2018 年 89% 的站点产量差以 164kg/(hm²·a) 的速率显著缩小，其中 74% 的站点速率超过了 100kg/(hm²·a)［图4.5（b）］。

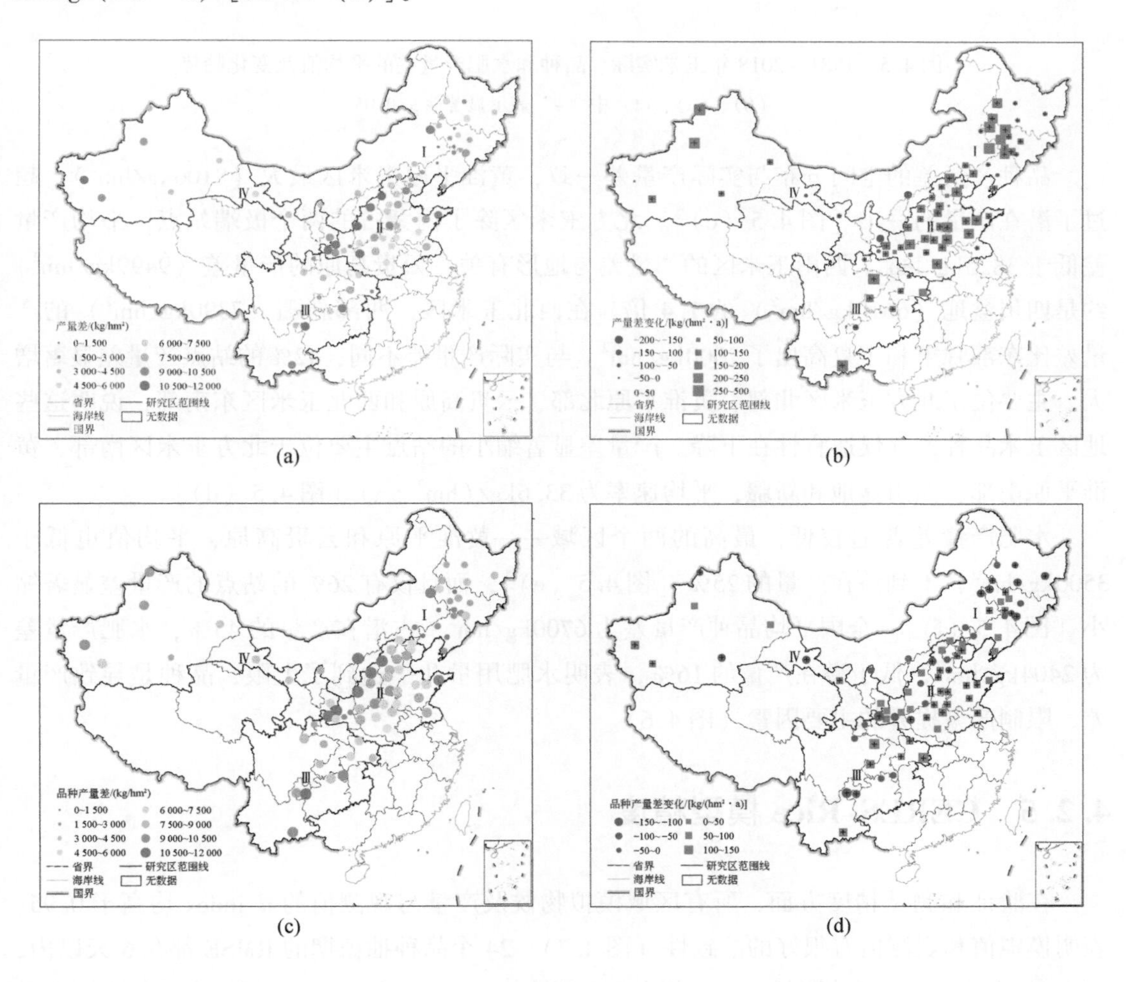

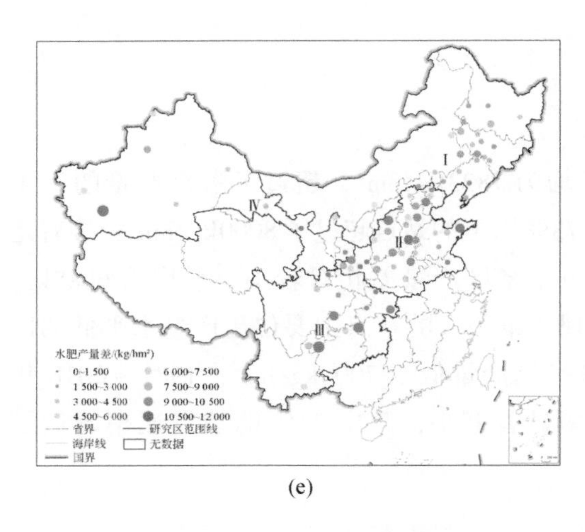

(e)

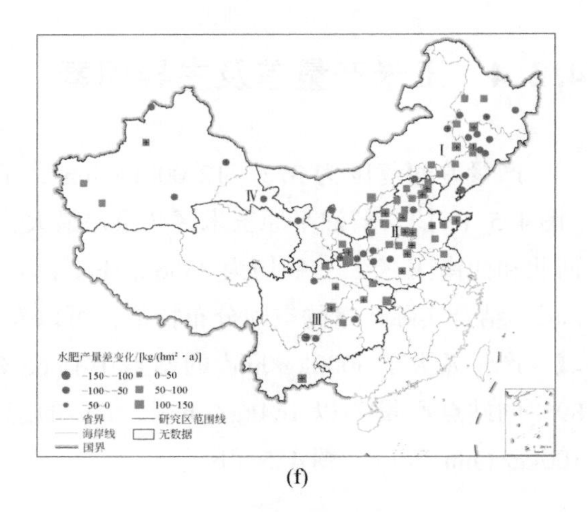

(f)

图 4.5　1981 ~ 2018 年玉米实际、品种和水肥产量差的平均值及变化趋势

(b)、(d)、(f) 中 "+" 表示显著性 $p<0.05$

品种产量差的空间分布与实际产量差一致，黄淮平原玉米区最大（8106kg/hm^2），超过了潜在产量的一半［图 4.5（c）］。北方玉米区除了内蒙古的两个极端站点，平均产量差低于 3825kg/hm^2。西南玉米区的产量差与地形有关，云贵高原的产量差（9499kg/hm^2）约是四川盆地（6610kg/hm^2）的 1.4 倍。在西北玉米区，西部新疆（7390kg/hm^2）的产量差比东部甘肃和宁夏高出了 2000kg/hm^2。与实际产量差不同，42% 的站点产量差显著增大，主要位于北方玉米区北部、黄淮平原北部、云贵高原和西北玉米区东南部，说明这些地区玉米品种的气候适宜性在下降。产量差显著缩小的站点主要位于北方玉米区南部、黄淮平原南部、四川盆地和新疆，平均速率为 33.6kg/(hm^2·a)［图 4.5（d）］。

水肥产量差普遍较低，最高的两个区域——黄淮平原和云贵高原，平均值也低于 3500kg/hm^2，不到潜在产量的 25%［图 4.5（e）］，而且仅有 26% 的站点的产量差显著缩小［图 4.5（f）］。全国平均品种产量差为 6700kg/hm^2，占潜在产量的 45%，水肥产量差为 2404kg/hm^2，低于潜在产量的 16%，表明水肥用量几乎达到了上限，品种是导致产量差、限制产量提升的主要因素（图 4.6）。

4.2.5　CERES-Rice 模型精度

在验证和测试精度方面，所有区域模拟物候及产量与观测值的 d-index 均高于 0.95，表明模拟值和观测值有很好的一致性（图 4.7）。24 个品种抽穗期的 RMSE 都在 6 天以内，RRMSE 小于 3%，成熟期的 RMSE 都在 9 天以内，RRMSE 小于 4%。模拟产量与观测产量非常接近，RMSE 低于 704kg/hm^2，RRMSE 小于 10%。模型在校准过程中未考虑极端气候事件和病虫害等因素，导致在某些低产区的产量被略微高估。总的来说，利用大量实验数

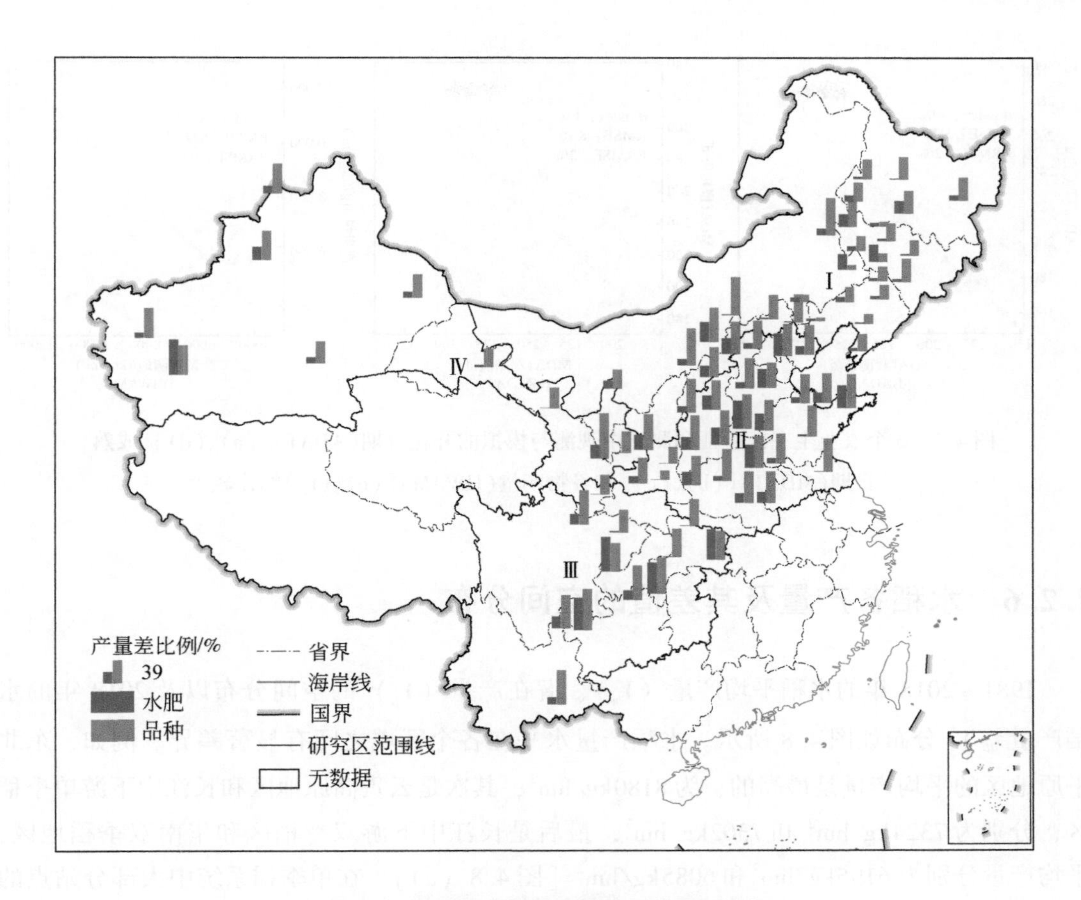

图 4.6 品种和水肥管理导致的产量差比例

据校准的 CERES-Rice 模型能够捕捉不同区域水稻对复杂环境的响应，可用于后续的多情景模拟和分析。

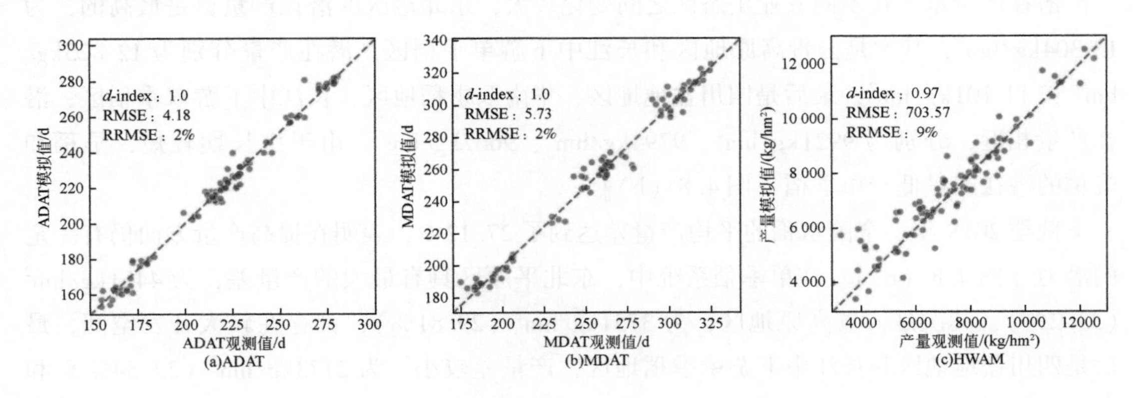

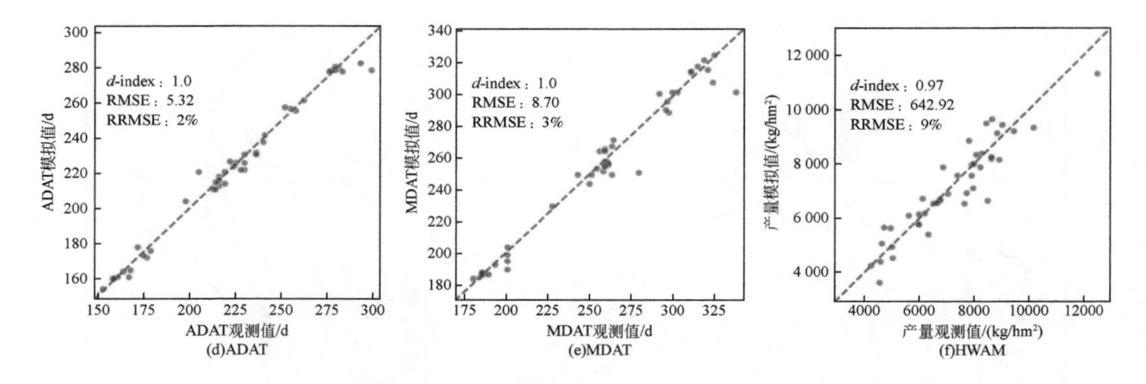

图 4.7　6 个农业生态区验证和测试中观测与模拟的开花日期(ADAT)[(a)、(d)]、成熟日期(MDAT)[(b)、(e)]和谷物产量(HWAM)[(c)、(f)]的比较

4.2.6　水稻各产量及其差值的空间分布

1981～2018 年的水稻平均产量（Y_a）、潜在产量（Y_p）的空间分布以及 2018 年的水稻产量差 Y_{gp}分布如图 4.8 所示。水稻产量水平在各个区域之间有显著差异。例如，东北平原地区的平均产量是最高的，为 8180kg/hm^2，其次是云贵高原地区和长江中下游单季稻区，分别为 7324kg/hm^2 和 7302kg/hm^2，最后是长江中下游双季稻区和华南双季稻地区，平均产量分别为 6195kg/hm^{2}和 6085kg/hm^2［图 4.8（a）］。在单季稻系统中大部分站点的平均产量都在 6500kg/hm^2 以上，而在双季稻系统中，大部分站点的平均产量都在 6500kg/hm^2 以下［图 4.8（a）］，需要注意双季稻地区的产量数据反映了两季收获的平均值，因此其总体产量实际上是相当可观的。

潜在产量水平在不同农业生态区之间变化较大，东北地区的潜在产量也是最高的，为 13 304kg/hm^2，其次是云贵高原地区和长江中下游单季稻区，潜在产量分别为 12 825kg/hm^2 和 11 101kg/hm^2，最后是四川盆地地区、华南双季稻地区、长江中下游双季稻区，潜在产量相近，分别为 9921kg/hm^2、9794kg/hm^2、9667kg/hm^2。由于生长期较短，早稻和晚稻的潜在产量低于单季稻［图 4.8（b）］。

截至 2018 年，全国水稻的平均产量差达到了 27.12%，表明在提高产量方面仍有一定的潜力［图 4.8（c）］。在单季稻系统中，东北平原区具有最大的产量差，为 4461kg/hm^2（33.2%），其次是云贵高原地区，为 3751kg/hm^2（29.81%），都存在较大开发空间，最后是四川盆地地区和长江中下游单季稻地区，产量差较小，为 2173kg/hm^2（22.54%）和 2097kg/hm^2（19.63%），可能面临着产量开发的上限。在双季稻系统中，华南双季稻地区具有较大的产量差，为 2943kg/hm^2（30.65%），长江中下游双季稻地区也存在一定的产量差，为 2527kg/hm^2（26.86%），说明双季稻地区也存在进一步的开发空间。

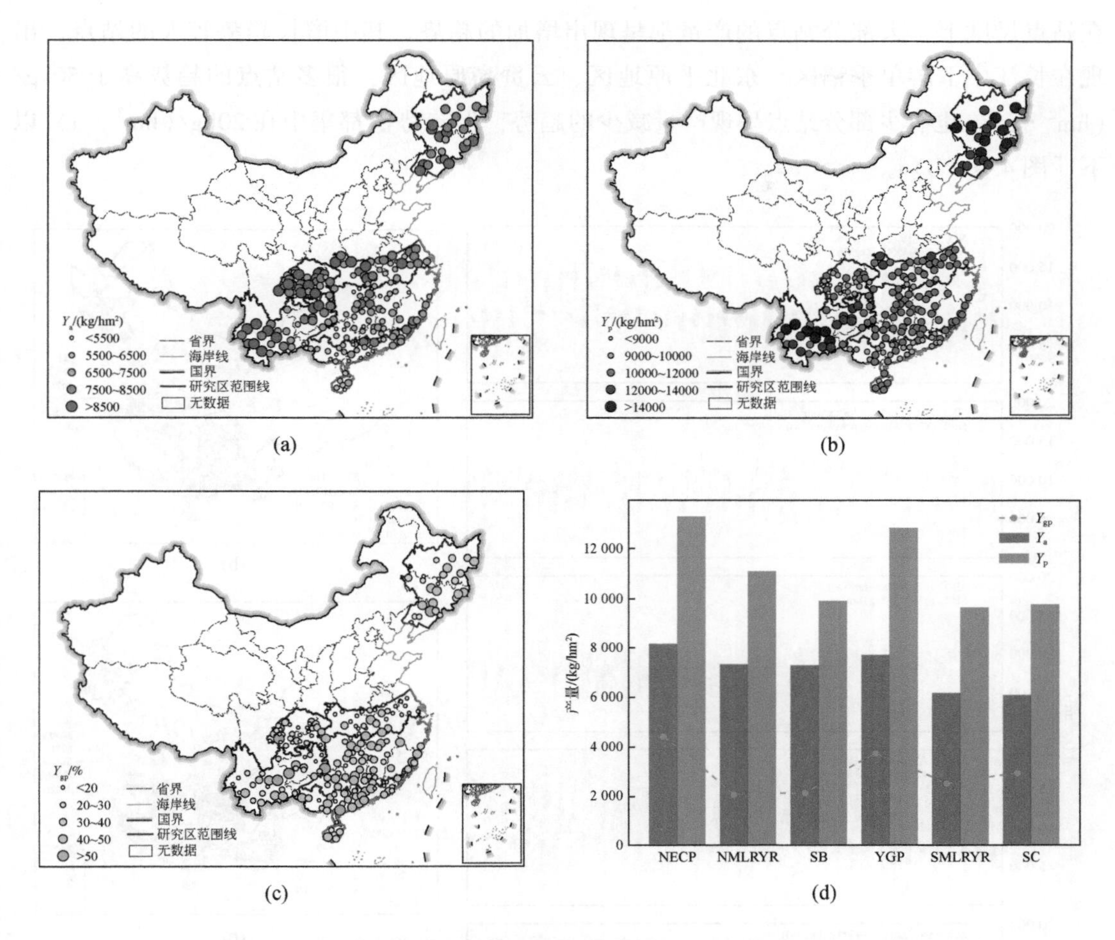

图 4.8　1981 ~ 2018 年的水稻平均产量（a）、潜在产量（b）以及 2018 年的水稻产量差（c）的空间分布和统计（d）

NECP 代表东北平原区，NMLRYR 代表长江中下游单季稻区；SB 代表四川盆地地区；YGP 代表云贵高原区；SMLRYR 代表长江中下游双季稻区；SC 代表华南双季稻区

4.2.7　水稻各产量及差值的变化趋势

1981 ~ 2018 年不同区域和站点的潜在产量、观测产量、产量差的趋势如图 4.9 所示。在区域尺度上，观测产量在各个区域中都呈现显著增加的趋势，趋势值的范围从 20.6kg/(hm^2 · a) 到 60.6kg/(hm^2 · a) [图 4.9 (a)]。其中产量增加趋势最大的地区是长江中下游单季稻区，为 60.6kg/(hm^2 · a)，其次是云贵高原地区和东北平原区，趋势值分别为 46.2kg/(hm^2 · a) 和 43.1kg/(hm^2 · a)，相比之下，华南双季稻地区和长江中下游双季稻区的双季水稻系统显示出更稳定的趋势，分别为 23.8kg/(hm^2 · a) 和 20.6kg/(hm^2 · a)。

在站点尺度上，大部分站点的产量都呈现出增加的趋势，其中增长趋势较大的站点，出现在长江中下游单季稻区、东北平原地区、云贵高原地区，很多站点的趋势高于 50kg/(hm^2·a)，也有少部分站点呈现产量减少的趋势，但趋势值都集中在 20kg/(hm^2·a) 以下［图 4.9（b）］。

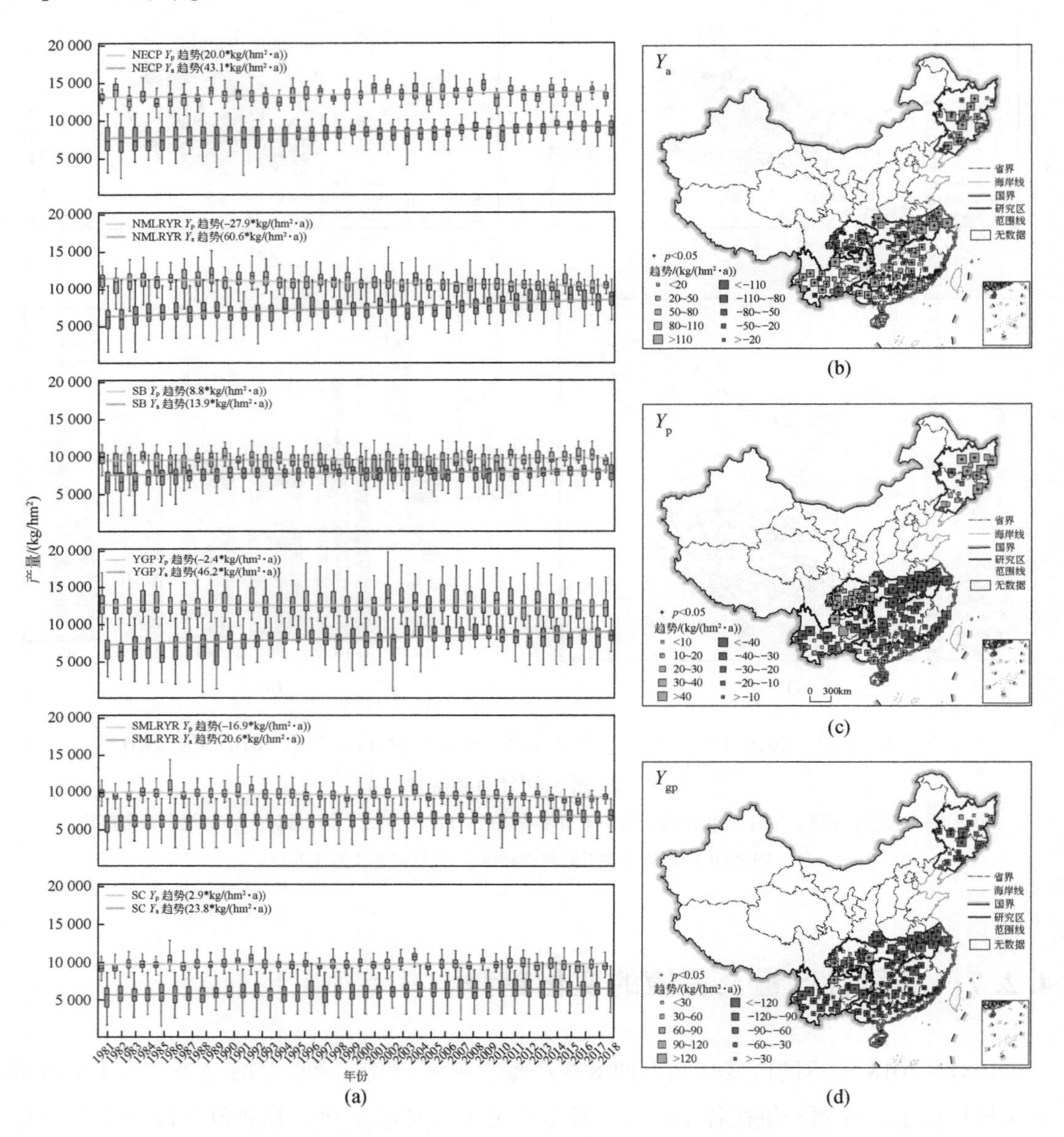

图 4.9　1981～2018 年不同区域的潜在产量、观测产量趋势（a）以及观测产量（b）、潜在产量（c）、产量差（d）趋势的空间分布模式

潜在产量的趋势在不同地区之间有较大变化，在东北平原区、四川盆地地区和华南双季稻地区，潜在产量呈现显著的增长趋势，趋势值分别为 20.5kg/(hm^2·a)、8.8kg/(hm^2·a)

和 2.9kg/(hm² · a)。但是在长江中下游的单季稻和双季稻地区以及云贵高原地区，潜在产量都呈现显著的下降趋势，趋势值分别为 -27.9kg/(hm² · a)、-16.9kg/(hm² · a)、-2.4kg/(hm² · a)。在站点尺度上，可以观察到大部分站点的潜在产量呈现减少的趋势，可能是由于天气变化带来的不利影响，然而东北平原地区、四川盆地地区以及华南地区南部的许多站点显示出潜在产量的显著增长［图 4.9（c）］。值得注意的是，东北地区目前存在较大的产量差，且潜在产量呈现增加趋势，说明有较乐观的产量开发前景，而长江中下游单季稻地区，目前的产量差较小，且潜在产量呈现下降的趋势，这说明可能会面临产量开发的限制，这可能会加剧中国北粮南运的趋势。

随着产量的普遍增加，我们发现大多数站点的产量差正在缩小。具体来说，79% 的站点产量差的下降趋势超过了 60kg/(hm² · a)，说明产量得到了有效的开发［图 4.9（d）］。产量差下降最显著的地区是长江中下游单季稻地区，38% 的站点下降趋势超过 90kg/(hm² · a)。但是，东北平原区和四川盆地地区的部分站点的产量差在增加，这可能是由于这些地区的潜在产量在增加。

4.2.8 天气和技术对水稻产量增益的贡献

天气和技术对产量增益的相对贡献如图 4.10 所示。天气驱动产量增益为 -2.6kg/(hm² · a)，而由技术驱动的产量增益为 37.3kg/(hm² · a)，趋势结果在 6 个区域中均统计显著（$p<0.05$）（图 4.10），这表明观察到的产量提高主要是由于采用了改进的遗传和农艺技术。然而，天气因素对不同区域的产量增益影响各不相同。例如，东北平原区由于天气因素，产量增益达到了 46%，这可能与该区域温度上升减少了冷害有关；在四川盆地地区，

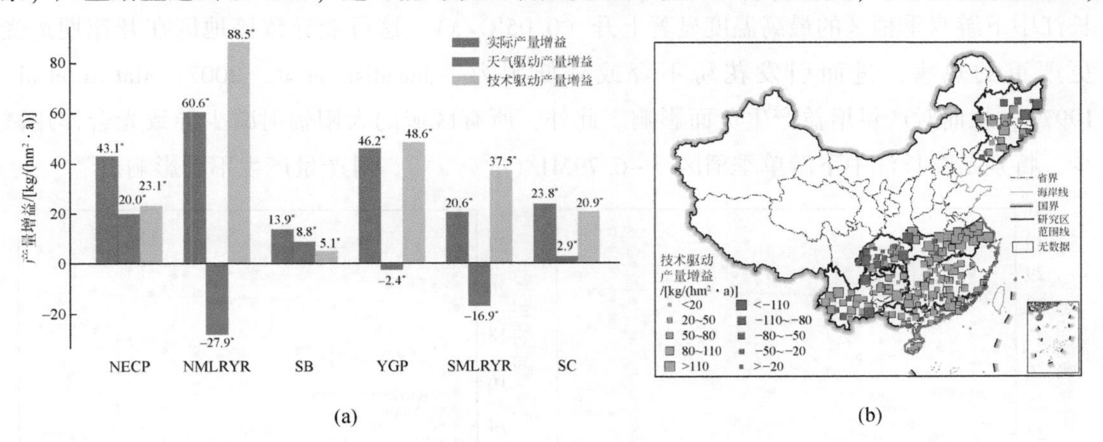

图 4.10 不同区域总产量增益、气候驱动产量增益和技术驱动产量增益的比较分析（a），以及技术驱动产量增益的空间分布（b）

* 表示显著趋势 $p<0.05$

天气驱动产量增益为 63%，在华南双季稻地区，天气驱动产量增益为 12% ［图 4.10 (a)］。然而，在长江中下游地区，天气对单季稻和双季稻的产量增益起到了负向的作用，特别是对于双季稻系统，天气驱动产量增益分别为-82%和-46%，这可能是由于该区域温度的升高和辐射的减少，都对水稻产量造成了不利影响。

对于技术因素，我们观察到它对所有区域产量增益均产生了正面影响，其中长江中下游地区和云贵高原地区，技术驱动产量增益分别为 63.0kg/(hm^2 · a) 和 48.6kg/(hm^2 · a)。因此，尽管天气变化的不利影响，长江中下游单季稻区显示出最显著的产量增长，这是因为长江中下游单季稻区有更发达的经济、先进的管理技术和成功育种的优良品种，技术驱动产量增益为 88.5kg/(hm^2 · a)。相反，四川盆地地区的技术驱动产量增益是最低的，为 5.1kg/(hm^2 · a)，是唯一一个技术驱动产量增益低于天气驱动产量增益的地区，说明该区域在农艺技术上的相对不足。在站点尺度上也可以看出技术对大部分站点的产量增益都是正向贡献，特别是长江中下游单季稻地区的站点多在 110kg/(hm^2 · a) 以上［图 4.10 (b)］。然而，在四川盆地和东北地区，部分站点的技术驱动产量增益为负，这可能归因于水肥管理不当或其他技术层面的不足。

4.2.9 各驱动因子对水稻产量的影响

由于产量潜力由生长季节的温度和太阳辐射决定，因此产量潜力的显著多样化趋势与研究期间的气候趋势相关联。所有区域的温度均显著上升 ($p<0.01$)，这在很大程度上解释了水稻的天气驱动产量增益（图 4.11）。最低温度在东北平原地区上升最显著 (0.04℃/a)，导致减少冷害并增加水稻的光合作用率，从而对产量产生积极影响。然而，长江中下游双季稻区的最高温度显著上升 (0.05℃/a)，这可能导致该地区在开花期遭受更严重的热害，进而引发花粉不育或降低肥力（Jagadish et al., 2007; Matsui et al., 1997)，从而对产量增益产生负面影响。此外，所有区域的太阳辐射减少导致光合作用减少，特别是在长江中下游单季稻区［-6.79MJ/(m^2 · a)］，对产量产生不利影响。

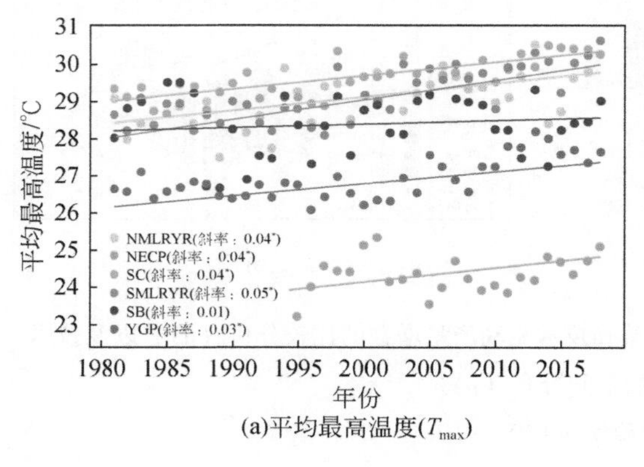

(a)平均最高温度(T_{max})

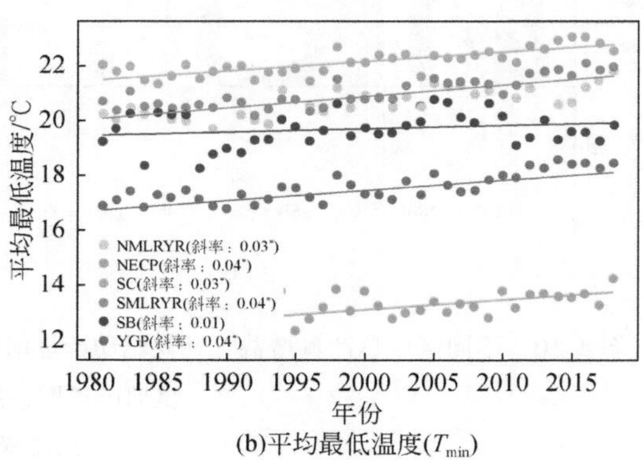

(b)平均最低温度(T_{min})

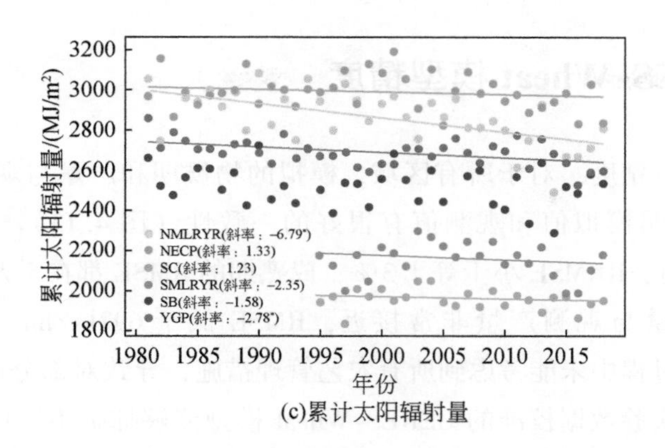

(c)累计太阳辐射量

图 4.11　1981～2018 年 6 个农业生态区（AEZs）水稻生长季节气候变量的时间趋势

* 表示显著趋势（$p<0.05$）

在管理措施方面，水肥投入和基因技术对产量进一步增长的相对贡献如图 4.12 所示，表明在国家层面，水肥投入对产量增长的贡献与遗传改良相当，分别为 54% 和 46% [图 4.12（a）]。但主导技术因素在不同区域有所不同，在水稻的重要产区，如长江中下游双季稻地区和东北平原，遗传改良发挥了更为重要的作用，对产量提升的贡献分别高于水肥投入 22% 和 14% [图 4.12（a）]。而在其他区域，水肥投入的贡献更大，对产量提升的贡献高出品种改良 2%～32%。站点尺度上的趋势也类似 [图 4.12（b）]，在东北地区、长江中下游双季稻地区以及华南地区的大部分区域，基因技术对产量进步的贡献更大，说明品种进步是以后技术发展的关键方向，这与前人的研究结果是一致的。然而，尽管在长江中下游单季稻、四川盆地、云贵高原地区，通过增加水肥投入仍有提高产量的空间，但这将导致较低的环境效益和增加的成本。此外在目前的实验中，我们使用了该地区已有的品种，这些品种可能缺乏对当前气候条件的适应性，可能限制了产量的增加，这强调了这些区域加速育种计划的迫切性。

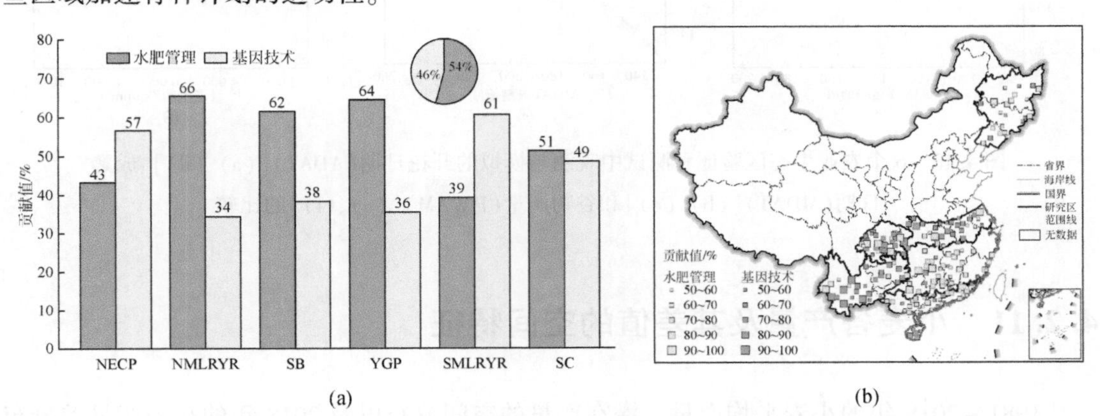

图 4.12　品种改良与水肥管理对水稻产量增益的对比（a）及各站点的主导因素（b）

4.2.10 CERES-Wheat 模型精度

对于验证和测试精度，对于所有区域，模拟的物候期和产量与观测值之间的 *d*-index 均不小于 0.96，表明模拟值和观测值有很好的一致性（图 4.13）。27 个品种开花期的 RMSE 都在 5 天以内，RRMSE 小于等于 3%，成熟期的 RMSE 都在 5 天以内，RRMSE 小于等于 2%。模拟产量与观测产量非常接近，RMSE 低于 $697\mathrm{kg/hm^2}$，RRMSE 小于等于 15%。模型在校准过程中未能考虑到所有农艺管理措施，导致对部分产量的轻微低估。总的来说，利用大量实验数据校准的 CERES-Wheat 模型能够捕捉不同区域小麦对复杂环境的响应，可用于后续的多情景模拟和分析。

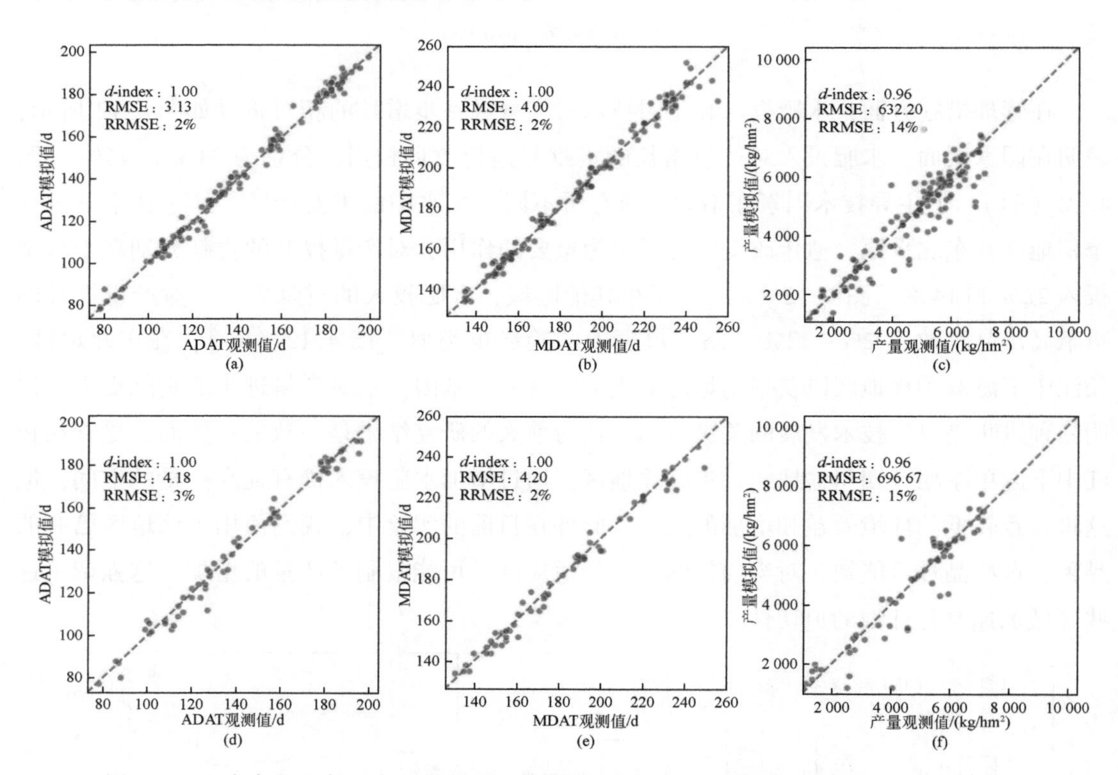

图 4.13 6 个农业生态区验证和测试中观测与模拟的开花日期（ADAT）[（a）、（d）]、成熟日期（MDAT）[（b）、（e）]和谷物产量（HWAM）[（c）、（f）]的比较

4.2.11 小麦各产量及其差值的空间特征

1981～2018 年的小麦平均产量、潜在产量的空间分布以及 2018 年的小麦产量差分布如图 4.14 所示。小麦产量水平在各个区域之间有所不同，黄淮海平原冬小麦的平均产量

是最高的，为 5600kg/hm²，其次依次为西北地区春小麦，为 5478kg/hm²，新疆地区春小麦和冬小麦，为 5341kg/hm²，青海和西藏地区春、冬小麦，为 4812kg/hm²，东北地区春小麦，为 4644kg/hm²，北方冬小麦，为 4592kg/hm²，长江中下游地区冬小麦，为 4238kg/hm²，北方春小麦和西南地区冬小麦的产量最低，平均产量分别为 3302kg/hm² 和 3492kg/hm² [图 4.14 (a)]。

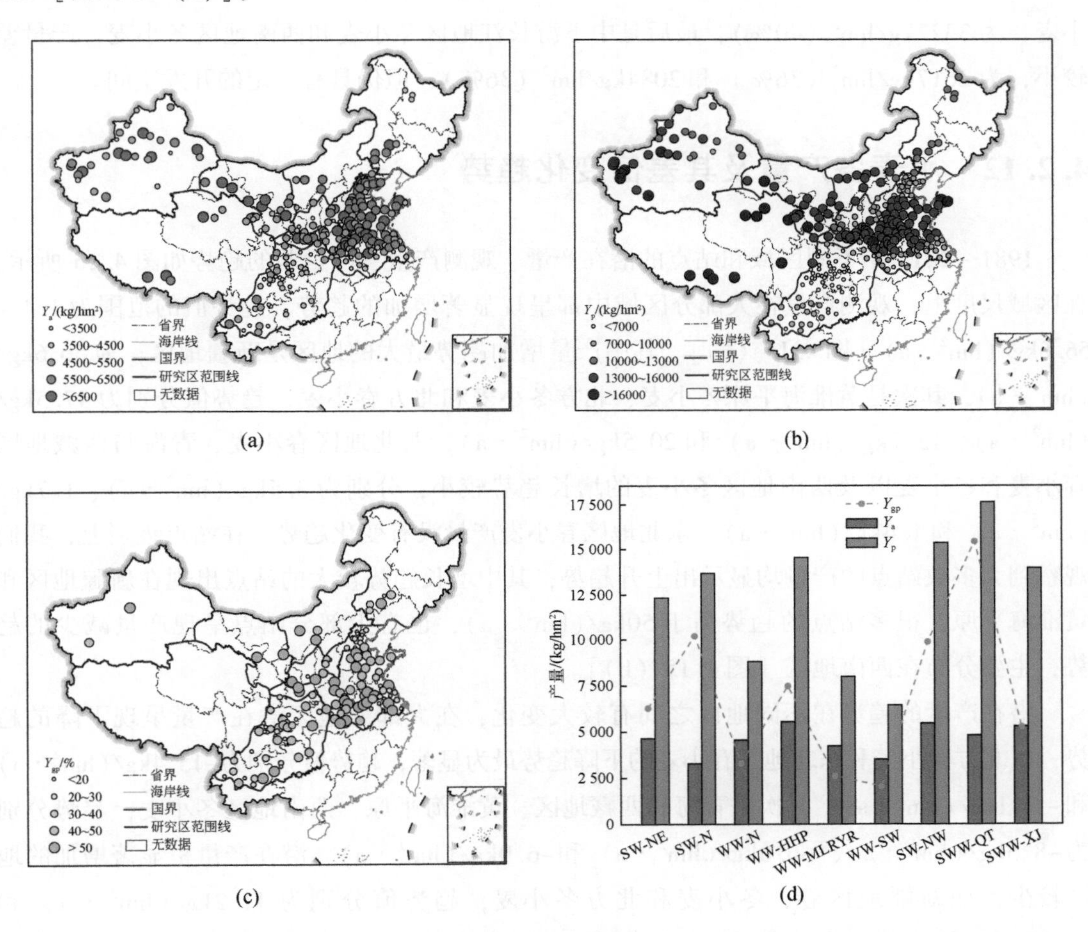

图 4.14 1981 ~ 2018 年的小麦平均产量 (a)、潜在产量 (b) 以及 2018 年的小麦产量差 (c) 的空间分布和统计 (d)

潜在产量水平在不同农业生态区之间变化较大，在潜在产量方面，青海和西藏地区的小麦表现最佳，达到了 17 625kg/hm²，其次是西北地区春小麦和黄淮海平原冬小麦，潜在产量分别为 15 358kg/hm² 和 14 530kg/hm²，再次是新疆地区春小麦和冬小麦、北方春小麦、东北地区春小麦，潜在产量分别为 13 942kg/hm²、13 685kg/hm²、12 312kg/hm²，最后是北方冬小麦、中下游长江地区冬小麦、西南地区冬小麦，其潜在产量相近，分别为 9921kg/hm²、9794kg/hm²、9667kg/hm² [图 4.14 (c)]。

截至2018年，我国小麦的平均产量差达到了55%，表明还存在显著的开发潜力［图4.14（d）］。青海和西藏地区具有最大的产量差，为15 430kg/hm^2（84%），其次是北方春小麦地区，为10 191kg/hm^2（75%），西北地区春小麦，为9840kg/hm^2（67%），都存在较大的开发空间，再次是黄淮海平原冬小麦，为7505kg/hm^2（55%），东北地区春小麦，为6300kg/hm^2（54%），新疆地区春小麦和冬小麦，为5310kg/hm^2（47%），北方冬小麦，为3322kg/hm^2（40%），最后是中下游长江地区冬小麦和西南地区冬小麦，产量差较小，为2617kg/hm^2（36%）和2084kg/hm^2（36%），但仍具有一定的开发空间。

4.2.12 小麦各产量及其差值变化趋势

1981～2018年不同区域和站点的潜在产量、观测产量、产量差的趋势如图4.15所示。在区域尺度上，观测产量在大部分区域中都呈现显著增加的趋势，趋势值的范围为1.4～56.6kg/(hm^2·a)［图4.15（a）］。其中产量增加趋势最大的地区是新疆地区，为56.6kg/(hm^2·a)，其次是黄淮海平原冬小麦、北方冬小麦和北方春小麦，趋势值分别为47.5kg/(hm^2·a)、42.7kg/(hm^2·a)和20.5kg/(hm^2·a)，西北地区春小麦、青海与西藏地区春小麦和冬小麦以及西南地区冬小麦的增长趋势较小，分别为3.5kg/(hm^2·a)、1.7kg/(hm^2·a)和1.4kg/(hm^2·a)，东北地区春小麦产量没有变化趋势。在站点级别上，我们观察到大多数站点的产量均显示出上升趋势，其中增长趋势较大的站点出现在新疆地区和黄淮海平原，很多站点的趋势高于50kg/(hm^2·a)，也有少部分站点呈现产量减少的趋势，主要分布在西南地区［图4.15（b）］。

潜在产量的趋势在不同地区之间有较大变化，在大部分地区潜在产量呈现下降的趋势，以北方春小麦和东北地区春小麦的下降趋势最为显著，趋势值分别为-15.4kg/(hm^2·a)和-14.1kg/(hm^2·a)，其次是青海和西藏地区、黄淮海平原、西南地区冬小麦，趋势分别为-8.5kg/(hm^2·a)、-6.6kg/(hm^2·a)和-6.0kg/(hm^2·a)，潜在产量呈显著增加的地区较少，如新疆地区春、冬小麦和北方冬小麦，趋势值分别为11.2kg/(hm^2·a)和0.9kg/(hm^2·a)。在站点级别上，可以观察到大部分站点的潜在产量呈现减少的趋势，可能是由于天气变化带来的不利影响，但是对于新疆地区、北方冬小麦地区，很多站点的潜在产量在增加［图4.15（c）］。

随着产量的增加，大部分站点的产量差都在减小，大部分站点产量差的显著下降，超过60kg/(hm^2·a)，说明产量得到了有效的开发［图4.15（d）］。产量差下降最显著的地区是黄淮海平原、新疆地区以及北方地区的冬小麦和北方地区的春小麦，趋势值分别为-57.0kg/(hm^2·a)、-50.7kg/(hm^2·a)、-44.0kg/(hm^2·a)和-42.0kg/(hm^2·a)，说明这些地区的产量得到了有效开发。对于产量差下降趋势相对较小的地区，如东北地区春小麦和西南地区冬小麦、青海和西藏地区，以及西北春小麦地区，趋势值分别为-28.1kg/

(hm^2 · a)、-18.7kg/(hm^2 · a)、-10.6kg/(hm^2 · a)、-1.7kg/(hm^2 · a)，显示这些地区的产量开发潜力未被完全利用。其中西南地区冬小麦和西北地区春小麦地区的部分站点的产量差在增加，这可能是由于这些地区的潜在产量在增加。

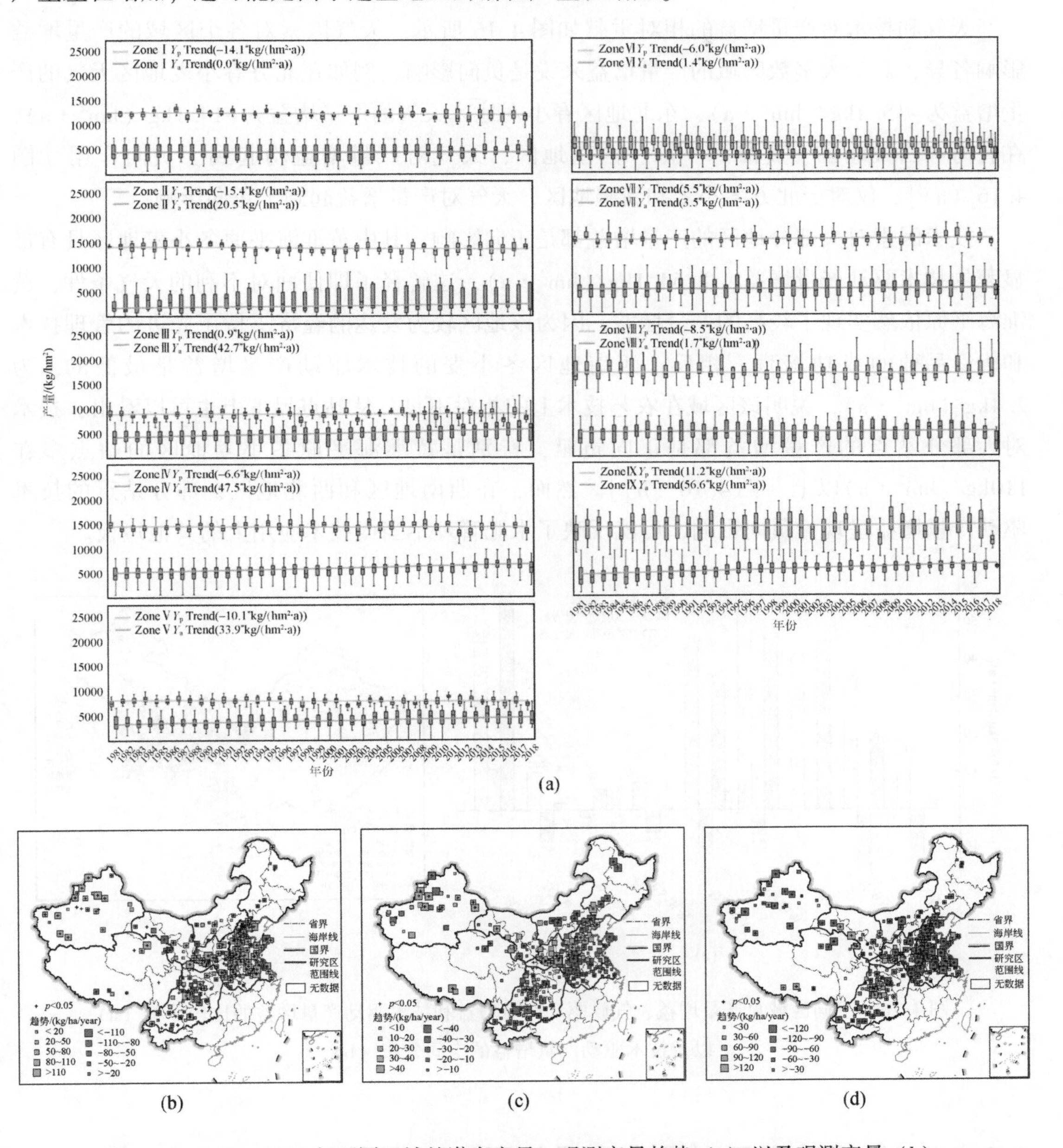

图 4.15　1981 ~ 2018 年不同区域的潜在产量、观测产量趋势（a）以及观测产量（b）、潜在产量（c）、产量差（d）趋势的空间分布模式

4.2.13 天气和技术对小麦产量增益的贡献

天气和技术对产量增益的相对贡献如图 4.16 所示。天气因素对各个区域的产量增益影响各异，对于大多数区域的产量增益来说是负向影响，例如在北方春小麦地区天气的产量增益为-15.4kg/(hm^2·a)，东北地区春小麦地区天气的产量增益为-14.1kg/(hm^2·a)，在青海和西藏地区、黄淮海平原、西南地区，天气对产量增益均起到了负向作用［图 4.16（a)］。仅对于北方冬小麦和新疆地区，天气对产量增益起到了正向影响。

技术因素对大部分地区的产量增益都是正向影响，其中黄淮海平原冬小麦地区具有最显著的技术驱动产量增益，为 54.1kg/(hm^2·a)，这解释了即便面对不利的天气条件，黄淮海平原依然实现了较高的产量增益，因为该地区较为发达的经济支持了先进的管理技术和优良品种的成功培育。相反，西南地区冬小麦的技术驱动产量增益是最低的，为 7.4kg/(hm^2·a)，说明该区域在农艺技术上的相对不足。从站点尺度上也可以看出，技术对大部分站点的产量增益都是正向贡献，特别是黄淮海平原冬小麦地区的站点多在 110kg/(hm^2·a)以上［图 4.16（b)］。然而，在西南地区和西北地区，部分站点的技术驱动产量增益呈现为负向影响，可能反映了水肥管理不当或技术应用上的其他短板。

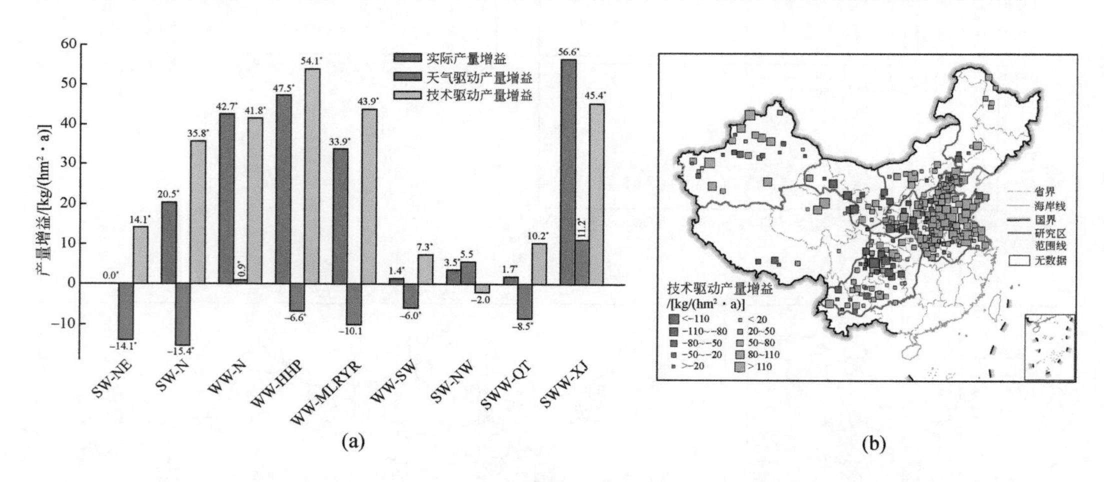

图 4.16 不同区域总产量增益、气候驱动产量增益和技术驱动产量增益的比较分析（a）以及技术驱动产量增益的空间分布（b）

4.2.14 各驱动因子对小麦产量的影响

鉴于生长季节的温度和太阳辐射是决定产量潜力的关键因素，产量潜力的多样化趋势显著地与本研究期间的气候变化趋势相关。分析发现，所有区域的温度普遍呈上升趋势

($p<0.01$)，这在很大程度上解释了小麦的天气驱动产量增益为负值的原因（图 4.17）。温度的普遍升高可能会加剧春小麦的干旱风险，特别是在生长期间，高温可能导致水分蒸发加速。如果没有充足的降水来补充，这将增加干旱的可能性，从而对小麦的生长和最终产量产生负面影响。此外，冬小麦的生长周期可能因冬季和早春气温异常升高而缩短，导致小麦提前进入生育后期，缩短充实期，进而影响粒重和总产量。在各地区，生育期内累计辐射量的变化对产量同样有重要影响。东北地区、北方春小麦地区、长江中下游地区、青海和西藏地区的太阳辐射均呈显著减小趋势，导致这些地区小麦的天气驱动产量增益呈现负值。太阳辐射的减少减弱了光合作用，从而对产量造成不利影响。相对地，新疆地区的太阳辐射量显著增加，促进了光合作用，进而促进了该区域小麦产量的增加。

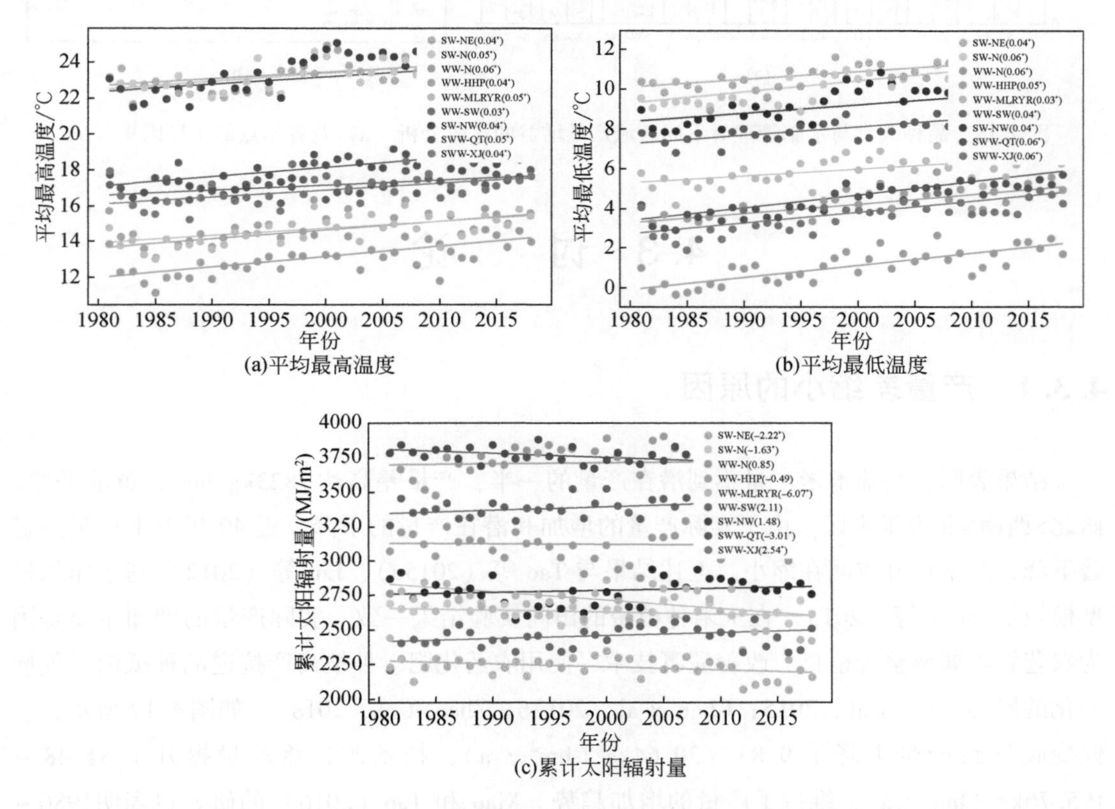

(a)平均最高温度　(b)平均最低温度

(c)累计太阳辐射量

图 4.17　1981～2018 年 6 个农业生态区（AEZs）小麦生长季节气候变量的时间趋势

* 表示显著趋势（$p<0.05$）

管理措施中水肥投入和基因技术对产量继续提升的相对贡献如图 4.18 所示，我们发现，在国家层面，遗传改良对产量增长的贡献略高于水肥投入，分别为 55% 和 45% [图 4.18（a）]。在大部分区域主导的技术因素都是遗传改良，尤其在北方冬小麦地区和西南冬小麦地区，遗传改良发挥了更为重要的作用，对产量提升的贡献分别高于水肥投入 50% 和 22% [图 4.18（a）]。在站点尺度上，具有类似的趋势 [图 4.18（b）]，大部分站点基因技术对产量进步的贡献更大，说明品种进步是以后技术发展的关键方向，这与前人的研究结果是一致的。

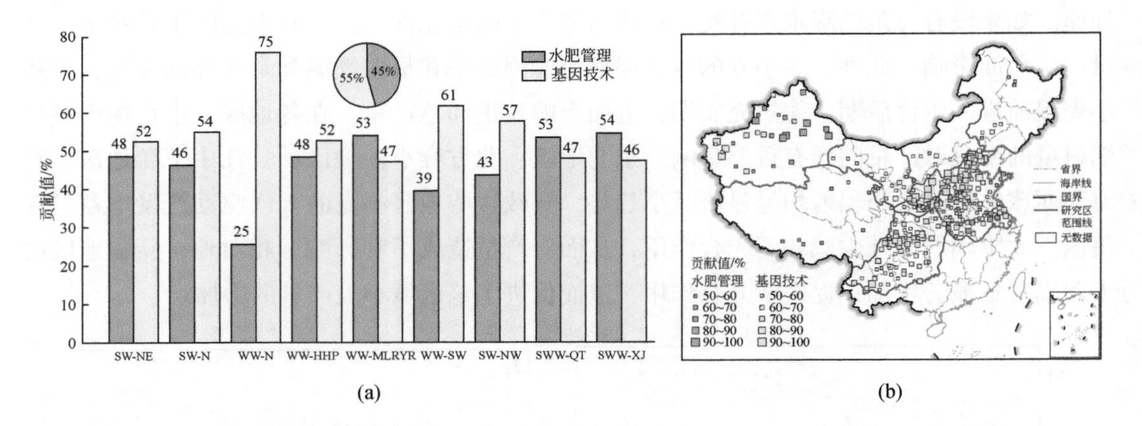

图 4.18 品种改良与水肥管理对不同区域产量增益的比较分析（a）及各站点的主导因素（b）

4.3 讨　　论

4.3.1 产量差缩小的原因

结果表明，当前玉米产量不到潜在产量的一半，产量差高达 7823kg/hm^2，黄淮平原>西北>西南>北方玉米区。由于实际产量的增加和潜在产量的下降，近 40 年玉米产量差显著下降，产量提升空间在缩小。上述结果与 Tao 等（2015a）、Liu 等（2012）基于作物模型模拟及 Meng 等（2013）在玉米种植带的田间实验结果一致。实际产量的增加主要是因为农艺管理如调整种植日、改善灌溉技术、使用农药化肥、种植高产抗逆品种抵消了气候变化的影响（Lv et al.，2015；Chen et al.，2017b；Zhao et al.，2018）。如图 4.19 所示，气候变暖导致产量下降了 9.83 ~ 30.64kg/(hm^2 · a)，技术改良将产量提升了 81.48 ~ 195.76kg/(hm^2 · a)，维持了产量的增加趋势。Xiao 和 Tao（2016）的研究也表明1980 ~ 2008 年品种改良使华北平原夏玉米产量增加了 23.9%~40.3%，施肥方式改善使产量增加了 3.3%~8.6%，补偿了温度升高和辐射减少导致的 15%~30% 的产量损失。

潜在产量的空间格局与总辐射高度吻合（图 4.20 和附录 C-图 S1），北方春玉米高纬地区潜在产量小幅增加主要归功于温度和降水量的增加，松辽平原和三江平原潜在产量下降主要是由于生育期总辐射的减少（图 4.20）。黄淮平原 90% 以上站点的潜在产量下降是由辐射减少造成的，西南和西北玉米区的产量变化与温度相关性更强。相比之下，降雨对产量的长期趋势影响不大。与 Tollenaar 等（2017）对美国玉米的统计分析及 Yang 等

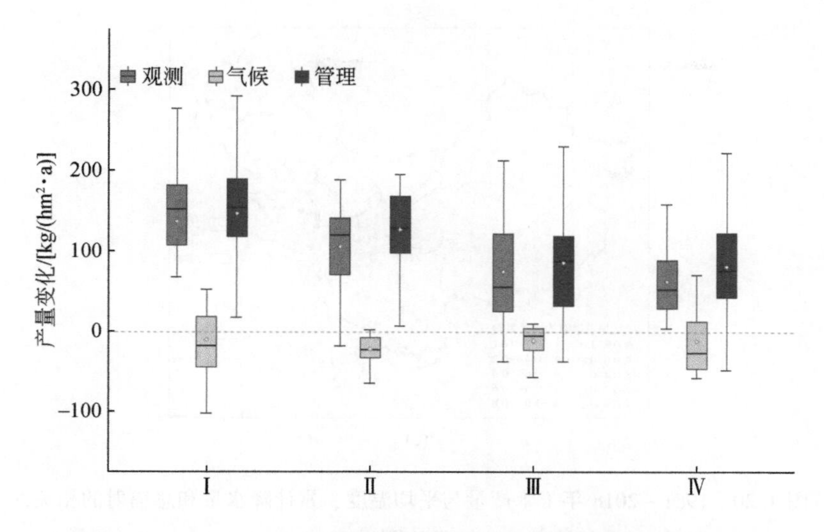

图 4.19　1981 ~ 2018 年气候变化和人为管理对玉米产量的影响

箱形图的上下须分别为 75th 和 25th 分位数，加粗横线为中位数，白点为平均值

(2019) 在我国西北的实验结论一致，辐射减少对作物产量的影响超过了温度上升。

综上所述，玉米产量存在巨大的提升空间，但是由于生产技术的快速进步和大气污染导致的太阳辐射下降，产量提升空间在缩小，这也解释了为什么产量出现了大范围的停滞。通过快速增加实际产量缩小产量差是不可持续的，需要发展新的技术手段来打破停滞局面。

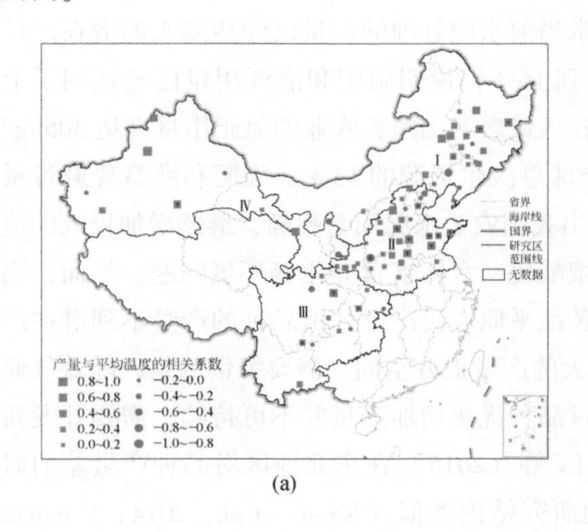

(a)

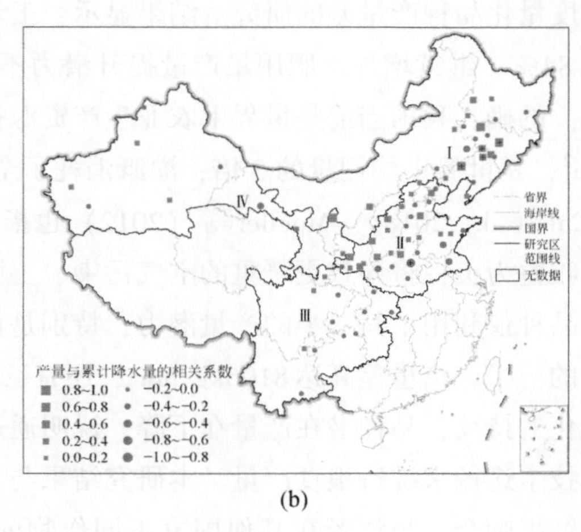

(b)

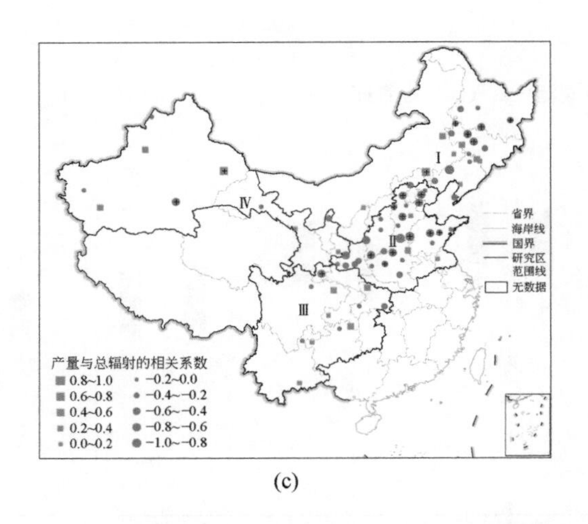

(c)

图 4.20　1981 ~ 2018 年玉米产量与平均温度、累计降水量和总辐射的相关性

“+” 表示显著性 $p<0.05$

4.3.2　限制产量提升的关键因子

本章我们共搜集了全国 156 个农业气象站的实际水肥管理数据（剔除产量记录不足 15 年的站点后为 77 个），结合多年田间实验数据，基于 CERES- Maize 模型定量了潜在产量、产量差并分离了品种和水肥管理的相对贡献。据作者所知，本研究是目前唯一一项在全国尺度量化品种产量差的研究。结果显示，玉米当前水肥管理的产量已经达到光温潜在产量的 84%，继续增加水肥用量产量提升潜力不到 16%，说明施肥和灌溉用量已经达到了上限。的确，我国当前是世界上农业生产资源投入最多的国家，农业的氮肥用量高达 305kg/hm^2，是世界平均用量的 5 倍；灌溉消耗了全球总淡水资源的 13%，施肥和灌溉普遍过量（Cui et al.，2018）。Mueller 等（2012）也指出我国农业水肥用量超额，继续增加投入的边际收益为负，将导致更严重的空气污染、土壤酸化、水体富营养化等环境问题。然而，当前品种仅利用了其一半的产量潜力，特别是黄淮平原农民广泛种植品种的产量不到潜在产量的一半，产量差高达 8106kg/hm^2，还有巨大的产量提升空间。需要警惕的是，随着气候变化的持续，品种潜在产量在下降，说明通过品种优化增加产量并不可持续，需要开发新的技术途径来维持粮食产量。本研究结果与 Lv 等（2015）在东北地区对品种产量差的研究结果吻合，与学者在其他国家不同作物的研究结论类似（Kassie et al.，2014；Senapati and Semenov，2020；Yadi et al.，2021），一致强调了品种改良对提升作物产量、应对气候变化的重要性。

4.3.3 潜在产量变化对中国粮食安全的影响

虽然中国的粮食产量稳步增长，但这种增长趋势能否持续已引起了多方关注。一个地区的产量最多只能达到其潜在产量的75%~85%，这也就意味着未来的潜在产量将很快达到上限（Lobell et al.，2009；van Ittersum et al.，2013）。因此，了解潜在产量的趋势至关重要。此外，中国水稻生产的趋势对全球水稻市场有着显著影响，凸显了精确估计潜在产量的重要性。然而，相比于实际估产，估计潜在产量的研究相对有限，且远未达成共识，部分原因可能是气候变化引发的空间异质性使得各地区的研究结果差异较大。同时，许多潜在产量的估算忽视了气候变化的影响，增加了潜在产量预测的不确定性，导致粮食安全评估出现偏差。

本章将水稻种植区域分为 6 个农业生态区，并使用 CERES-Rice 模型分析了 1981 ~ 2018 年的潜在产量动态。通过 Mann-Kendall 检验和 Sen's slope 方法，我们发现不同农业生态区之间潜在产量趋势存在显著的变异性，而这往往被国家平均水平掩盖。例如，东北平原地区显示出潜在产量增加且存在明显的产量差距，表明提高产量的可能空间。相反，长江中下游地区水稻显示出潜在产量下降且差距较小，暗示了产量上限和产量改善的有限空间，未来可能会面临产量封顶。这种区域差异可能加剧中国目前的北粮南食的趋势。21世纪以来，中国的粮食运输格局出现了从传统的‘南粮北输’向‘北粮南输’的转变。这一变化不仅增加了碳足迹，还导致了粮食生产中虚拟水和营养元素向南方的转移，从而加剧了北方土壤肥力下降、地下水开采加剧等问题。而南北潜在产量相反趋势凸显出未来“北粮南运”的局面会进一步加强，南方地区粮食自给率不足问题会进一步加剧，粮食运输造成的环境和生态负担也将增加。这一发现揭示了潜在产量下降的农业生态区培育新水稻品种突破产量封顶困境的迫切需求。此外，应该注意，如果仅仅使用历史或者最近的产量趋势来判断未来粮食的生产能力，而不考虑气候系统内部的规律，可能误估粮食安全的真实状况，导致影响国家宏观政策。

4.3.4 天气、管理、品种对增产的影响

气候变化对中国作物产量具有多样化的影响。对于水稻，1981~2018 年，全国农业气象站点的温度普遍呈现出显著增温趋势。在东北地区，增温现象减少了冷害发生的频率，从而促进了该区域潜在产量的增加。然而，在长江中下游地区，温度升高可能导致热害的增加，同时极端天气事件的增多对潜在产量产生了负面影响。此外，该地区单季稻的辐射量显著下降，进一步限制了产量的提升。这些发现与之前使用不同模型和方法的研究结果一致（Tao et al.，2013；Zhang et al.，2016，2019）。在东北地区，过去几十年的气候变暖

减少了冷害，提高了光合作用率，并对水稻产量产生了积极影响（Tao et al.，2008；Sun and Huang，2011）。相反，气候变暖导致的太阳辐射减少和热胁迫增加，是长江中下游区域大部分地区潜在产量下降的主要原因（Chen et al.，2017a）。高温胁迫，尤其在开花期，会导致花粉不育或低育，从而降低谷物产量（Jagadish et al.，2007）。对于小麦而言，温度升高可能加剧春小麦区域的干旱问题，并可能导致冬小麦的生长周期缩短，影响其生长、品质和产量。生育期内累计辐射量的减少在东北地区、北方春小麦地区、长江中下游地区、青海和西藏地区尤为明显，削弱了光合作用，从而对产量产生不利影响。相比之下，新疆地区的辐射量显著增加，促进了光合作用，从而有助于提升该区域的产量。

技术发展在提升作物产量方面发挥着决定性作用。在所有区域中，技术进步都显著促进了作物的增产，尤其在经济更发达的地区，如长江中下游地区的水稻区和黄淮海平原冬小麦区，高水平的经济发展为管理技术的先进应用和优良品种的成功培育提供了支持。这说明尽管气候变化带来了挑战，但通过技术发展，尤其在遗传改良和农艺管理方面的进步，可以有效地促进产量的提升。然而，对于四川盆地的水稻和西南地区的冬小麦而言，技术驱动产量增益相对较低，反映了这些欠发达地区在农艺管理和品种开发上存在的不足。不同经济水平的地区农业发展动力存在差异，落后地区应通过增加政府投入促进技术发展，以提高产量和应对气候变化的挑战。

过去二十年来，化肥的使用为中国的增产作出了巨大贡献。中国目前是世界上农业生产资源投入最大的国家，农业氮肥使用量高达305kg/hm^2，是世界平均水平的5倍；灌溉消耗了世界淡水资源总量的13%，但近期越来越多的研究表明，中国普遍存在过度使用化肥和灌溉的现象（Cui et al.，2018）Mueller等（2012）指出，中国农业用水和化肥使用过度。增加投入的边际收益为负，导致空气污染、土壤酸化和水体富营养化等更严重的环境问题。本研究结果表明，遗传改良在主要的水稻和小麦生产区对产量增益的贡献超过了增强的水肥投入。引入或开发新的、适应气候变化的高产量品种至关重要，因为遗传改良能够持续应对生产力和适应性的挑战。此外，优化灌溉和养分供给策略已显示出提高产量的潜力（He et al.，2020）。因此，向提高水肥使用效率的战略转变对提升产量和缓解环境挑战至关重要。在水肥投入贡献更大的地区，缺乏针对当前气候条件优化的品种，表明迫切需要加速育种计划。开发更高效利用水分和养分、对气候压力有弹性的新品种，可以实现可持续的产量提高。我们的研究支持将遗传改良作为实现可持续产量增加和适应气候变化的全球关注的关键驱动力，正如不同国家对各种作物的研究所证明的（Li et al.，2019）。优化针对特定种植区域的品种，并育种及推广高产品种，成为中国进一步提高产量的关键策略。

4.4 本章小结

气候变化背景下作物实际产量与潜在产量存在较大差距，这种现象在世界各国的农业生产中广泛存在。厘清产量时空动态，量化潜在产量和产量差并识别主导因素，对制定针对性的粮食生产策略，保障粮食安全具有现实的重要性。针对上述问题，学者已经开展了大量研究，但是当前研究主要关注田间栽培管理特别是施肥和灌溉的影响，忽略了品种的作用。此外，由于缺乏实际管理数据，大量研究基于假设的生产情景甄别不同因素的影响，研究结果存在一定的不确定性。

基于此，本章收集 1981 ~ 2018 年全国上百个农业气象站的实地观测数据，分析近 38 年来玉米、水稻、小麦产量的时空动态，利用大量的品种实验数据精细校准 CERES 作物模型，获得三大作物主产区广泛推广品种的遗传参数。基于本地化的模型根据实际生产情况开展多情景模拟，定量潜在产量、产量差，厘定了产量变化趋势，并分离了品种和水肥管理的相对贡献，识别了限制作物产量提升的关键因子。主要结论如下。

1）经过精细校准的 CERES- Maize 模型能够很好地再现各种环境条件下的玉米生长发育状况，所有品种模拟的抽穗期和成熟期的偏差在 8 天以内，产量误差低于 9%，可进行多情景模拟研究。1981 ~2018 年玉米产量显著增加，但是超过 1/3 站点产量增加停滞甚至下降。实际产量的范围为 3747 ~ 10 946kg/hm^2，北方、黄淮平原北部和西北春玉米的产量高于黄淮平原南部夏玉米和西南山地玉米。品种最佳、无水肥胁迫下的光温潜在产量在 9716 ~ 18 602kg/hm^2，空间分布与实际产量一致，但 45% 的站点潜在产量以每年 54. 32kg/hm^{2}的速率下降。当前品种的潜在产量为 8371kg/hm^2，仅为潜在产量的 55%，而且 80% 的站点潜在产量在显著下降，说明现有品种的气候适宜性在降低，粮食产量面临减产风险。相比之下，当前水肥管理的潜在产量达到了 12 667kg/hm^2，接近潜在产量的 84%，产量下降的站点不到 20%，表明水肥用量几乎达到了极限。玉米产量差范围为 372 ~ 12 000kg/hm^2，产量差大的站点主要位于产量较低的区域，黄淮平原的产量差最大，73% 的站点超过了 8000kg/hm^2。由于潜在产量的下降和实际产量的增加，全国 89% 的站点产量差在显著减小，产量提升空间在缩减。品种是限制产量提升的主要因素，优化栽培品种，玉米产量还可大幅提升。水肥用量已达上限甚至超额，增加水肥投入的产量提升潜力不到 16%。

2）研究中国水稻产量趋势对于全球粮食安全具有至关重要的意义，揭示了区域变异性、气候影响和技术干预的复杂相互作用。中国水稻生产趋势的全球影响凸显了精确估计潜在产量的重要性。例如，东北平原的潜在产量呈增加趋势［20. 0kg/(hm^2 · a)］，而长江中下游地区则显示下降趋势［22. 4kg/(hm^2 · a)］。尽管区域趋势各不相同，到 2018 年全国平均产量差距缩小至 27%，表明产量得到有效开发。技术进步［37. 3kg/(hm^2 · a)］在缓解气候变化的不利影响［-2. 6kg/(hm^2 · a)］方面发挥了关键作用，尤其在长江中下游地区。在主要稻米生产区，遗传技术相较于水肥管理在所有技术因素中贡献（高出 14%~22%）更大，强调了持续改进水稻种植和将技术与地区农业政策整合的必要性，以实现可持续增长。这些发现增强了我们对中国水稻产量动态的理解，并为面对环境挑战的农业战略提供了洞察。

3）不同地区小麦的潜在产量趋势各异。例如，北方春小麦呈现下降趋势［-15.4kg/(hm^2·a)］，而新疆地区的春、冬小麦则显示上升趋势［11.2kg/(hm^2·a)］。这再次凸显了准确产量评估的重要性。到2018年，全国平均产量差距缩小至55%，表明仍有较大的开发空间。技术进步［29.8kg/(hm^2·a)］对缓解气候变化的不利影响［-5.5kg/(hm^2·a)］起到了关键作用，尤其在黄淮海平原地区。遗传技术在全国范围内对产量提升的贡献大于水肥管理（高出10%），尤其在北方冬小麦地区和西南冬小麦地区，强调了持续改进小麦品种以增强应对气候变化韧性的需要。

第5章　多目标优化水肥管理及其社会环境效益

前面章节的研究结果表明，品种是驱动物候变化，限制产量提升的关键因子，是应对气候变化的首要选择。在我国，受政策引导和“施肥和灌溉越多，产量越高”等观念的影响，农民主要依靠增加水肥投入来提高粮食产量。过量的灌溉和施肥造成了严重的温室气体排放、空气污染、土壤酸化、水体富营养化等一系列环境问题，对我国乃至全球粮食安全构成了严重威胁。我国粮食生产和资源环境协同发展引起了全世界的关注和热烈讨论。

研究人员通过田间实验或模型模拟评价了多种管理方式的可持续潜力，但如前所述，现有研究本质上仍然是单一措施的优化，而且大多在区域尺度进行，全国范围的优化并不多见。最重要的是，最佳生产方案主要以产量为标准，虽然评估了环境和经济效益，但并未真正权衡多个目标间的制约关系。针对上述问题，下面我们将基于全国上百个农业气象站的实际水肥管理数据，耦合作物模型和遗传算法构建多目标优化系统，综合产量、资源和环境三维目标优化玉米水肥管理，旨在回答以下3个问题：①玉米施肥和灌溉优化潜力有多大？减排热点在哪里？②最佳水肥用量是多少？③可持续管理的社会环境收益有多大？

5.1　材料与方法

本章用到的数据包括产量数据、气象数据、灌溉和施肥数据，来源见2.2节。此外，还用到了农业生产和环境影响相关资料的价格数据，玉米和氮肥的单价来源于《中国统计年鉴》和《全国农产品成本收益资料汇编》，其他资料的价格来源于相关文献，详见表5.1。

表5.1　玉米籽粒、灌溉水和氮肥的价格及N淋溶和温室气体排放的社会代价

项目	价格			来源
	低	中	高	
玉米/(元/kg)	0.90	1.60	2.38	《全国农产品成本收益资料汇编》,《中国统计年鉴》
氮肥/(元/kg)	2.25	4.00	5.95	《全国农产品成本收益资料汇编》
水/(元/m^3)	0.11	0.16	0.25	Li et al., 2022; Zhang et al., 2017
电/[元/(kW·h)]	0.20	0.40	0.60	Zhang et al., 2017
CO_2eq/(元/t)	69.50	140.0	347.5	Guo et al., 2020; Yao et al., 2021; Kim et al., 2021
N淋溶/(元/kg N)	5.17	9.20	13.69	Guo et al., 2020; Yao et al., 2021; Kim et al., 2021

5.1.1 实际生产情况模拟

首先利用第 4 章校准的 CERES-Maize 模型模拟全国 99 个站点 1980 ~ 2018 年实际水肥管理下的玉米生产情况，然后提取每个站点每年的模拟产量、N_2O 和 N 淋溶，分析水肥利用效率、N 淋溶损失和温室气体排放现状。模拟时种植日、种植密度、行距等为多年观测的平均值，品种为第 4 章选出的模拟物候和产量误差最小的一个，土壤和气候为实际观测值。

5.1.2 "作物模型-多目标优化"系统构建

基于 Java 编程耦合作物模型和遗传算法构建优化系统，优化包括两个环节，一是 CERES-Maize 模型模拟，二是多目标优化（图 5.1），即首先在约束条件内产生水肥管理样本，输入 CERES-Maize 模型模拟玉米生产情况，其次提取相关模拟结果，优化算法评估目标函数，寻找最佳生产方案。由于灌溉和施肥涉及时间和用量两个维度，因此优化包含两层，第一层为时间和次数的优化，第二层为用量的优化，具体过程如下。

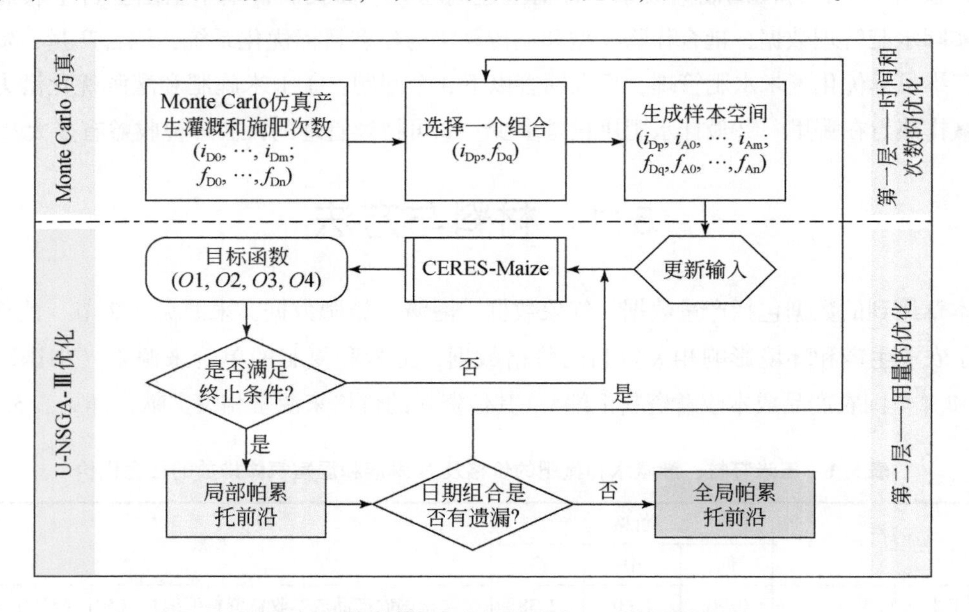

图 5.1 "作物模型-多目标优化"系统的框架

1）Monte Carlo 仿真在设定的范围内产生灌溉（i_{D0}，…，i_{Dm}）和施肥（f_{D0}，…，f_{Dn}）日期，随机组合生成一个水肥施用日期（i_{Dp}，f_{Dq}）。

2）同样通过仿真产生灌溉（i_{A0}，…，i_{Am}）和施肥（f_{A0}，…，f_{An}）量，与选择的日

期配对，初始化样本空间（i_{Dp}，i_{A0}，…，i_{Am}；f_{Dq}，f_{A0}，…，f_{An}）。

3）从样本空间抽取管理情景更新 CERES-Maize 模型的实验文件（. MZX），驱动模型模拟玉米生长情况。

4）提取产量、N_2O 和 N 淋溶，评估目标函数，判断是否满足终止条件；若是，则保存该日期组合下的局部帕累托前沿；若否，重复步骤3）直至满足终止条件（迭代次数达到100次上限）。

5）完成初始样本空间的评估后，判断是否对所有日期组合完成了优化，若是，保存全局帕累托前沿；若否，选择下一个日期组合，重复步骤2）~4）直到对第一层 $m×n$ 个日期组合完成优化。

5.1.3 目标函数和约束条件

优化目标是在保障产量的同时减少资源投入，降低环境影响，具体是产量最大、水肥投入最少、环境影响最小，目标函数的表达式如下：

$$\max: Y = \text{DSSAT}(i_{Dp}, i_{A0}, \cdots, i_{Am}; f_{Dq}, f_{A0}, \cdots, f_{An}) \tag{5-1}$$

$$\min: I = \sum_{p=0}^{m} i_{Ap} \tag{5-2}$$

$$\min: F = \sum_{q=0}^{n} f_{Aq} \tag{5-3}$$

$$\min: L = \text{DSSAT}(i_{Dp}, i_{A0}, \cdots, i_{Am}; f_{Dq}, f_{A0}, \cdots, f_{An}) \tag{5-4}$$

式中，Y 为产量，kg/hm^2；L 为 N_2O 和 N 淋溶，kg/hm^2；I 为总灌溉量，mm；F 为施肥量，kg/hm^2；i_{Ap} 为第 i_{Dp} 天的灌溉量；f_{Aq} 为第 i_{Dq} 天的施肥量；m 和 n 分别为灌溉和施肥次数。

约束条件为：①灌溉和施肥日期不越过设定的范围；②次数不超过最大限定次数；③用量不超过上限，每个站点的边界根据观测数据设定。

$$\begin{cases} i_{Ds} \leqslant i_{Dp} \leqslant i_{De}, p \in \{0, \cdots, m\} \\ f_{Ds} \leqslant f_{Dq} \leqslant f_{De}, q \in \{0, \cdots, n\} \end{cases} \tag{5-5}$$

$$\begin{cases} p \leqslant m \\ q \leqslant n \end{cases} \tag{5-6}$$

$$\begin{cases} i_{Amin} \leqslant i_{Ap} \leqslant i_{Amax}, p \in \{0, \cdots, m\} \\ f_{Amin} \leqslant f_{Ap} \leqslant f_{Amax}, q \in \{0, \cdots, n\} \end{cases} \tag{5-7}$$

式中，i_{Dp} 和 f_{Dq} 分别为灌溉日期 p 和施肥日期 q；i_{Ds}（f_{Ds}）和 i_{De}（f_{De}）分别为灌溉（施肥）的开始和结束日期；i_{Ap} 和 f_{Aq} 分别为第 p 天的灌溉量和第 q 天的施肥量；i_{Amin}（f_{Amin}）和 i_{Amax}（f_{Amax}）分别为最大和最小灌溉（施肥）量。

5.1.4 优化算法选择和求解

本研究采用 NSGA-Ⅲ权衡多维目标优化水肥管理。遗传算法（genetic algorithm, GA），是一种根据达尔文生物进化论开发的随机寻优算法，是目前智能优化算法中最简便、应用最广、效果最好的算法之一（Holland，1992；Mirjalili，2019；Katoch et al.，2021）。与传统 GA 不同，NSGA-Ⅲ利用快速非支配排序降低了算法复杂度，优化速度快；引入了基于参考点的选择算子，避免了参数设置的主观性和陷入局部最优，保证了最优解的多样性（Deb and Jain，2013）。大多数多目标进化算法在求解低维目标的问题时较为有效，当目标个数>3 时，很多方法由于维数增多而选择能力下降，效果往往不理想。NSGA-Ⅲ强调非主导但接近一组提供的参考点，适用于 2～15 个目标的优化求解，已有不少研究证实了其优良表现（Ishibuchi et al.，2016；Yi et al.，2020；Kropp et al.，2019）。NSGA-Ⅲ求解过程如下。

1）设置种群规模、迭代次数、运行次数、决策变量的上下限等参数；

2）根据目标函数的个数，产生一定数量的分布均匀的参考点；

3）根据决策变量的约束条件，初始化第 i 次迭代的种群 P_i；

4）计算种群中每个个体的适宜度；

5）通过交叉、变异等操作生成子代种群 Q_i，并计算每个个体的适宜度；

6）将父代和子代种群合并生成新种群 R_i；

7）对 R_i 的每个个体进行快速非支配排序，获得非支配等级 rank1，rank2，…；

8）将非支配层较低的个体选入下一代种群中，直到将第 L 层的全部个体选择到下一代种群，使下一代种群的规模等于 N，若将第 L 层的全部个体选择到下一代种群，下一代种群的规模大于 N，则执行步骤 9）；

9）对前 L 层的个体进行规范化处理，使其取值范围为［0，1］；

10）计算前 L 层中的每个个体与所有参考点的距离，找出每个个体距离最短的参考点，获得参考点 j 的关联个体；

11）选择关联个体中距离最短的个体进入下一代种群，使种群规模恰好为 N；

12）判断是 i 否达到预先设定的迭代次数，若满足，则算法终止；否则重复步骤 5）～步骤 12）。

5.1.5 优化参数设置

每次优化需要从 JOSN 文件中提取相关参数，包括输入输出路径、站点名称、优化年份、DSSAT 模型的运行文件、施肥和灌溉的方式、样本量、迭代次数、优化目标及约束条件，因此优化前需要创建每个站点 1981～2018 年的参数文件。由于农业水肥用量都是整数且数值较大，为了缩小搜索空间提高优化速率，本章将所有变量归一化到 0～1，0 代表最低值，1 代表最高值。在输出最终的帕累托前沿时，所有变量会返回真实值。

优化的约束条件，即水肥施用的开始和结束日期、最大和最小次数、用量的上限和下限根据每个站点的实际管理情况设定。观测数据显示，我国玉米水肥管理存在明显的区域差异，但同一生态区内灌溉和施肥次数比较稳定，且施用日期基本不变。由于本章在全国尺度上开展近 100 个站点 38 年综合三维目标的优化，为了降低计算成本，简化了第一层优化，即将灌溉和施肥日期和次数设定为常年平均值，重点探讨减少水肥用量对产量和环境的影响。

5.1.6 优化潜力评估

计算每个站点每年最优管理相对于实际情况产量、资源投入（水肥用量和利用效率）、环境代价（N 淋溶和温室气体排放）的变化，从上述三个维度评估水肥优化的潜力。水分利用效率（WUE）和氮肥利用效率（NUE）的计算公式如下：

$$\mathrm{WUE}=\frac{Y}{I} \tag{5-8}$$

$$\mathrm{NUE}=\frac{Y}{F} \tag{5-9}$$

式中，Y 为玉米产量，kg/hm^2；I 为灌溉量，mm；F 为施氮量，kg/hm^2；WUE 和 NUE 的单位分别为 kg/mm 和 kg/kg N。

在玉米生命周期中，温室气体的排放包括三部分：①氮肥施用过程中的直接温室气体排放；②氮肥生产和运输过程中的温室气体排放；③灌溉设备如发电机和柴油机的温室气体排放。温室气体排放总量的计算公式为

$$\mathrm{GHG}=298\times \mathrm{N_2O}+N\times \mathrm{EF_N}+9.2\times I\times \mathrm{EF_I} \tag{5-10}$$

$$\mathrm{GHG_{inten}}=\frac{\mathrm{GHG}}{Y} \tag{5-11}$$

式中，GHG 为温室气体排放总量，kg CO_2 eq/hm^2；N_2O 为玉米生产过程中的直接排放量，kg/hm^2；N 为施氮量；I 为灌溉量；EF_N和 EF_I分别为氮肥生产运输和灌溉设备的温室气体排放因子，取值分别为 8.30kg CO_2eq/kg N 和 1.14kg CO_2 eq/(kW・h)；298 为 N_2O 在 100 年时间尺度上相对于 CO_2的增温潜力；9.2 为单位灌溉的耗电量；GHG_{inten}为温室气体排放强度，即生产单位籽粒的温室气体排放量，kg CO_2eq/kg 籽粒。

5.1.7 成本-收益分析和减排热点识别

综合生产过程中的产量收入、资源成本和环境代价计算高、中、低 3 个价格水平上的

净社会收益，每个条目的价格及来源如表 5.1 所示，所有经济参数以 4% 贴现率换算到了 2018 年。净社会收益的计算公式如下：

$$NSB = SB_{opt} - SB_{base} \tag{5-12}$$

$$SB = B_{maize} - C_{input} - C_{eco} \tag{5-13}$$

$$B_{maize} = Y_{maize} \times P_{maize} \tag{5-14}$$

$$C_{input} = C_{fer} + C_{irri} = A_{fer} \times P_{fer} + A_{irri} \times P_{irri} + 9.2 \times A_{irri} \times P_{elec} \tag{5-15}$$

$$C_{eco} = C_{GHG} + C_{eut} = A_{GHG} \times P_{co_2eq} + A_{N\ leaching} \times P_{N\ leaching} \tag{5-16}$$

式中，NSB 为净社会收益，元/hm^2；SB_{opt}和 SB_{base}分别为最优和实际水肥管理的社会效益；B_{maize}为玉米产量收入；C_{input}为水肥成本；C_{eco}为环境代价；Y_{maize}和 P_{maize}分别为玉米的产量和价格；C_{fer}为氮肥成本，等于氮肥用量 A_{fer}乘以价格 P_{fer}；C_{irri}为灌溉成本，包括灌溉水的成本和灌溉设备的耗电成本；A_{irri}为灌溉量；P_{irri}和 P_{elec}分别为水费和电费；C_{GHG}为温室气体排放代价，等于温室气体排放总量 A_{GHG}乘以 CO_2的代价 $P_{CO2\ eq}$；C_{eut}为治理水体富营养化的代价，等于 N 淋溶损失 $A_{N\ leaching}$乘以代价 $P_{N\ leaching}$。

得到 1980 ~ 2018 年的 NSB 后，参考 Kim 等（2021）和 Jiang 等（2021）的研究，将 39 年平均 NSB 大于 0 的站点定义为潜在减排站点；将超过 75% 的年份 NSB 大于 1000 元/hm^2的站点识别为减排热点，1000 元/hm^2为全国 NSB 的 50^{th}分位数。

5.2 主要发现

5.2.1 水肥、N 淋溶和温室气体的年际动态

观测数据显示，玉米产量均值为 8481kg/hm^2，最小值为 4291kg/hm^2，最大值为13 671 kg/hm^2；灌溉量均值为 272mm，最小值为 60mm，最大值为 1400mm；WUE 在 7.31 ~ 123.02kg/mm，平均为 59.72kg/mm；施氮量为 254kg/hm^2，最低为 72kg/hm^2，最高为 790kg/hm^2；NUE 在 13.37 ~ 108.20kg/kgN，平均为 40.41kg/kg N（表 5.2）。CERES-Maize 模型进一步校准结果如图 5.2 所示，模型捕捉了 79% 以上的产量变异，RMSE 小于 910kg/hm^2，RRMSE 小于 11.5%，能够很好地再现研究站点的玉米生长发育过程。模拟的 N 淋溶损失均值为 4.83kg N/hm^2，范围为 0.32 ~ 43.50kg N/hm^2；N_2O 排放量均值为 0.90kg N/hm^2，范围为 0.14 ~ 3.65kg N/hm^2。温室气体排放强度均值为 0.55kg CO_2eq/kg 籽粒，范围为 0.19 ~ 1.85kg CO_2eq/kg 籽粒，与先前 Meta 分析（Yin et al.，2019；Chen X et al.，2021）、田间实验（Cui et al.，2013；Wang G，et al.，2014）及农户调查（Hou et al.，2012；Chen et al.，2014；Cui et al.，2018）的结果接近，证实了 CERES 模型在模拟作物生长发育对环境的响应及氮动态方面的优势，可用于农业生产对环境的影响评估。

表 5.2 1980 ~ 2018 年玉米产量、水肥用量、资源利用效率、N 淋溶、N_2O 和温室气体排放

项目	均值	中值	标准差	最小值	最大值	CV/%
产量/(kg/hm²)	8481	7966	2215	4291	13671	26.12
灌溉量/mm	272	148	202	60	1400	94.89
施氮量/(kg/hm²)	254	229	127	72	790	50.00
WUE/(kg/mm)	59.72	59.21	31.70	7.31	123.02	53.09
NUE/(kg/kg N)	40.41	36.81	19.87	13.37	108.20	49.18
N 淋溶/(kgN/hm²)	4.83	2.64	6.46	0.32	43.50	133.86
N_2O/(kgN/hm²)	0.90	0.62	0.75	0.14	3.65	83.62
GHG 排放强度/(kg CO_2eq/kg 籽粒)	0.55	0.47	0.30	0.19	1.85	54.22

注：CV 代表变异系数。

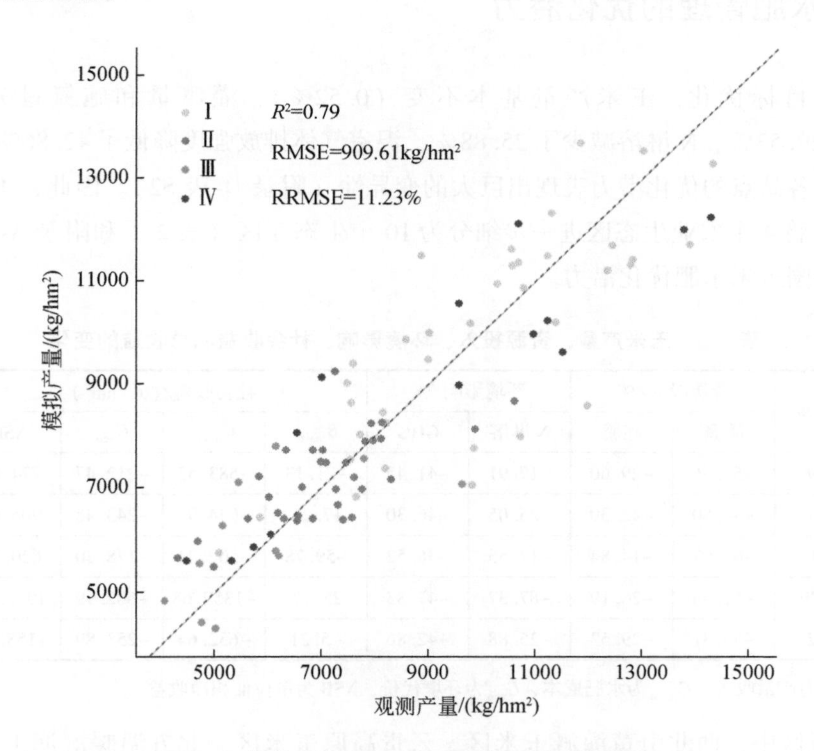

图 5.2 优化站点 CERES-Maize 模型的验证精度

如附录 D-表 S1 所示，产量北方玉米区（10 014kg/hm²）>西北玉米区（9283kg/hm²）>黄淮平原玉米区（7254kg/hm²）>西南玉米区（6125kg/hm²）；灌溉量西北玉米区（594mm）>北方玉米区（156mm）>黄淮平原玉米区（142mm）>西南玉米区（137mm）；施氮量西北玉米区（369kg/hm²）>黄淮平原玉米区（245kg/hm²）>西南玉米区（229kg/hm²）≈北方玉米区（225kg/hm²）。RUE 北方玉米区>黄淮平原玉米区>西南玉米区>西北玉米区。N 淋溶损失西北玉米区（9.92kgN/hm^2）>西南玉米区（7.34kgN/hm^2）>黄淮平原玉米区（4.09kgN/hm^2）>北方玉米区（2.75kgN/hm^2）。温室气体排放强度西北玉米区（1.04kg CO_2eq/kg 籽粒）>西南玉米区（0.65kg CO_2eq/kg 籽粒）>黄淮平原玉米区（0.51kg CO_2eq/kg 籽粒）>北方玉米区（0.38kg CO_2eq/kg 籽粒）。

总体而言，玉米产量中等、水肥用量大但利用效率低、环境代价高，且存在巨大的区域差异。北方玉米区产量最高，水肥投入最少，资源利用效率最高，环境影响最小；黄淮平原玉米区产量位列第三，水肥用量与北方玉米区不相上下，资源利用效率和环境影响中等；西南玉米区产量最低，水肥投入最少，N_2O 排放最高，N 淋溶损失也高于前两个区域；西北玉米区产量仅次于北方玉米区，水肥投入是其他区域的 2 倍以上，资源利用效率最低，N_2O 排放最少但 N 淋溶最高。

5.2.2 水肥管理的优化潜力

经过多目标优化，玉米产量基本不变（0.52%），灌溉量和施氮量分别减少了 53.31% 和 29.53%，N 淋溶减少了 25.88%，温室气体排放强度降低了 42.86%（表 5.3），但是区域内各站点的优化潜力表现出巨大的变异性（附录 D-表 S2）。因此，本章参考 Wu 等（2014）将 4 个农业生态区进一步细分为 10 个生态亚区（表 2.1 和附录 A-图 S1），以精细评估全国玉米水肥优化潜力。

表 5.3 玉米产量、资源投入、环境影响、社会收益和总收益的变化

区域	产量/%	资源投入/%		环境影响/%		社会收益/(元/hm^2)				总收益/亿元
		灌溉	施肥	N 淋溶	GHG	B_{maize}	C_{input}	C_{eco}	NSB	
Ⅰ	1.09	-58.56	-29.60	-17.91	-41.45	-21.13	-583.52	-212.47	774.85	135.72
Ⅱ	0.47	-44.80	-42.39	-25.05	-46.30	17.21	-644.96	-243.48	905.65	90.75
Ⅲ	-0.48	-63.97	-14.84	-12.55	-36.52	-59.78	-502.24	-178.30	620.76	13.70
Ⅳ	-0.39	-51.56	-26.19	-87.37	-47.83	25.77	-1359.68	-602.99	1988.44	92.74
全国	0.52	-53.31	-29.53	-25.88	-42.86	-5.21	-652.64	-253.89	1158.34	332.91

注：B_{maize} 为产量收入，C_{input} 为水肥成本，C_{eco} 为环境代价，NSB 为单位面积净收益。

10 个亚区中，西北引黄灌溉玉米区、云贵高原玉米区、北方温暖湿润玉米区、黄淮平原春玉米区和两湖玉米区（顺序从高到低，下同）的产量下降了 0.95%，其他区域产量增加了 0.91%（图 5.3）。北方温暖湿润玉米区、西南玉米区、西北绿洲灌溉玉米区和北方半湿润玉米区表现出较大的节水潜力，灌溉量可以减少 50% 以上，剩余区域的范围为 38.09% ~48.68%。北方灌溉玉米区、黄淮平原平原玉米区、两湖玉米区和云贵高原玉米区具有较大的减氮潜力，施肥量可以减少 30% 以上，其他区域的潜力在 11.92% ~ 29.25%。N 淋溶减少最多的区域是西北绿洲灌溉玉米区（88.75%）和西北引黄灌溉玉米区（74.77%），接着是黄淮平原春玉米区、北方温暖湿润玉米区、云贵高原玉米区和北方灌溉玉米区（20.61%～42.12%），其他区域的范围为 11.29%～19.81%。所有亚区的温室气体排放强度降低潜力均高于30%，分布在 31.05%～49.62%，其中最高的是两湖玉米区和北方灌溉玉米区，最低的是四川盆地玉米区。

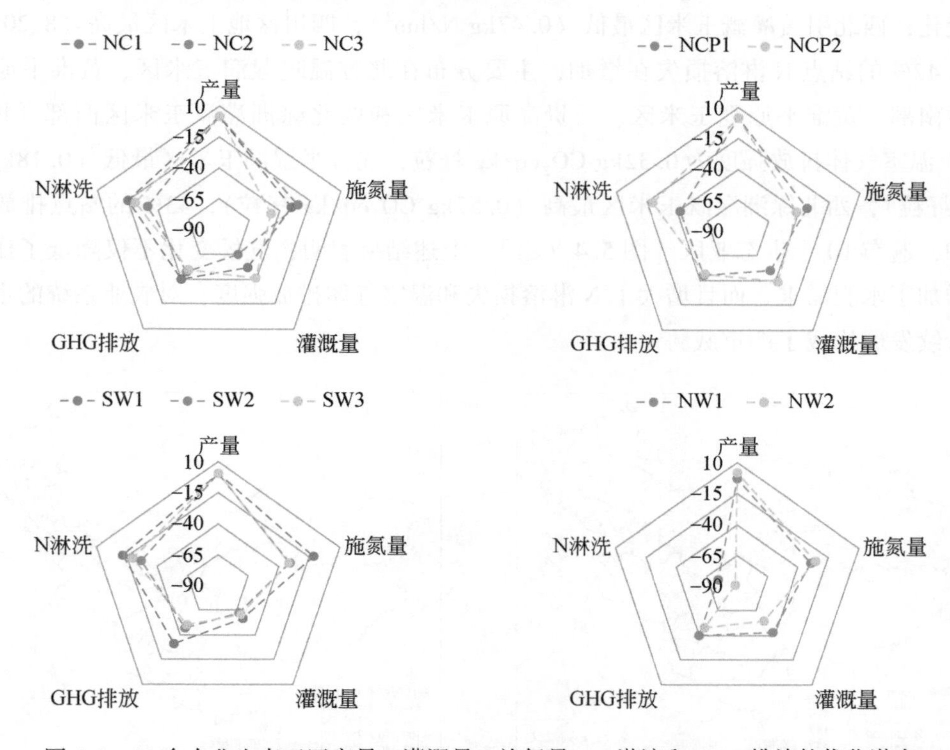

图 5.3　10 个农业生态亚区产量、灌溉量、施氮量、N 淋溶和 GHG 排放的优化潜力

如果“作物模型-多目标优化”系统能在全国范围内推广，为农民及时提供科学的施肥和灌溉指导，玉米产量可以基本维持甚至小幅提高，每年玉米氮肥消耗量可以减少 341.85 万 t，灌溉水可以节约 32.22 万 m^3，N 淋溶损失将减少 5.57 万 t，温室气体排放量将减少 6.88　10^3万 tCO_2eq。

5.2.3　水肥需求变化及区域总量控制

1980～2018 年，47% 的站点灌溉需水量在增加，分布在各个亚区，除了四川盆地玉米区［图 5.4（a）］。灌溉总量控制为 127mm，最低值为 36mm（两湖玉米区），最高值为 284mm（西北绿洲灌溉玉米区）。与灌溉相比，氮肥需求变化较小，有 27% 的站点最佳施氮量在增加，主要分布在北方半湿润玉米区，黄淮平原春玉米区、四川盆地玉米区和云贵高原玉米区［图 5.4（b）］。氮肥总量控制为 179kg/hm^2，最低值为 123kg/hm^2（北方半湿润玉米区），最高值为 260kg/hm^2（西北绿洲灌溉玉米区）。水肥总量控制下的产量为 8523kg/hm^2，空间分布与实际产量一致，两湖玉米区最低（5732kg/hm^2），北方温暖湿润玉米区最高（10 756kg/hm^2）［图 5.4（c）］。如果没有其他适应性措施，即使水肥管理达到最优，仍然有 82% 站点产量下降。总量控制下的 N 淋溶为 3.58kg N/hm^2，空间格局发生了变化，西北引黄灌溉玉米区最低（0.47kg N/hm^2），四川盆地玉米区最高（8.20kg N/hm^2），42% 的站点 N 淋溶损失在增加，主要分布在北方温暖湿润玉米区、黄淮平原春玉米区中南部、黄淮平原夏玉米区、云贵高原玉米区和西北绿洲灌溉玉米区西部［图 5.4（d）］。温室气体排放强度为 0.32kg CO_2eq/kg 籽粒，北方半湿润玉米区最低（0.18kg CO_2eq/kg 籽粒），西北绿洲灌溉玉米区最高（0.57kg CO_2eq/kg 籽粒），43% 的站点排放强度在增加，遍布 10 个生态亚区［图 5.4（e）］。上述结果表明，气候变化不仅降低了作物产量，增加了水肥需求，而且增大了 N 淋溶损失和温室气体排放强度，对农业系统的生产力和可持续发展构成了严重威胁。

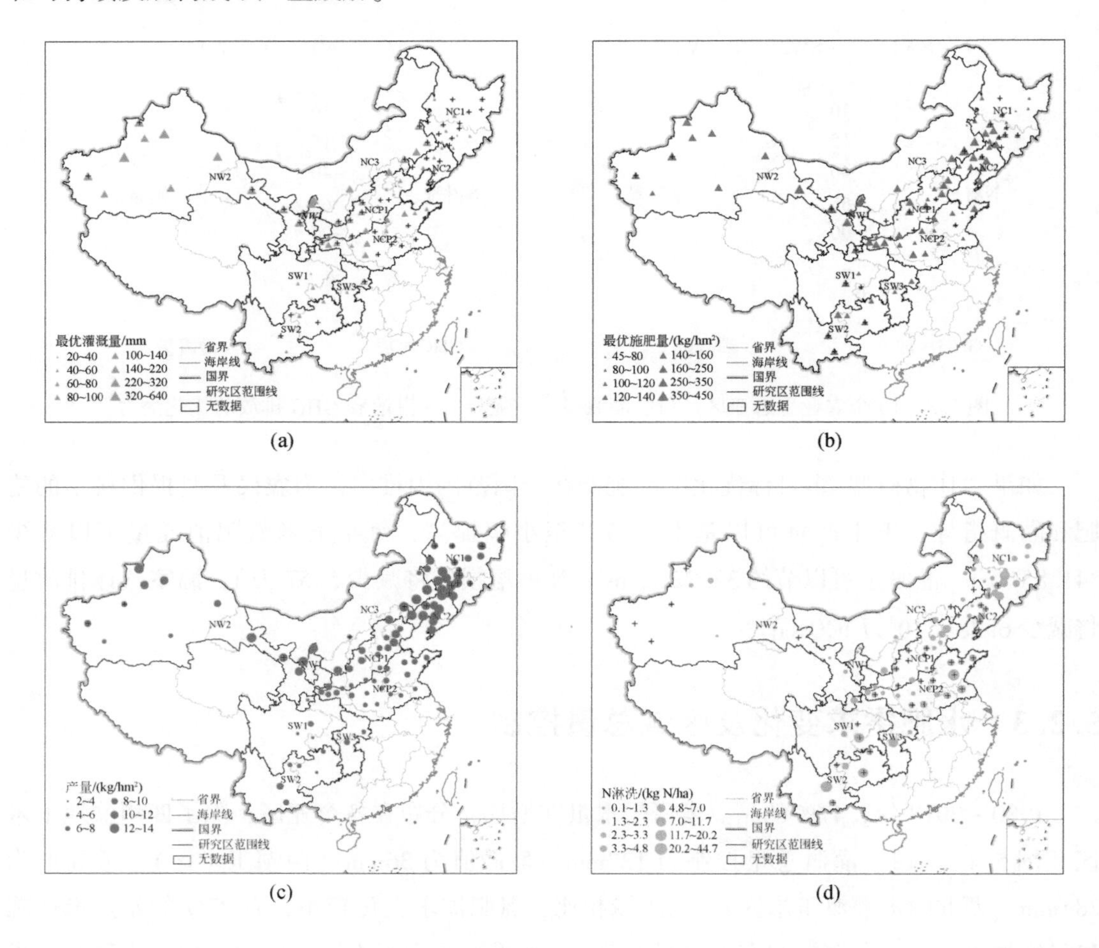

(a) (b) (c) (d)

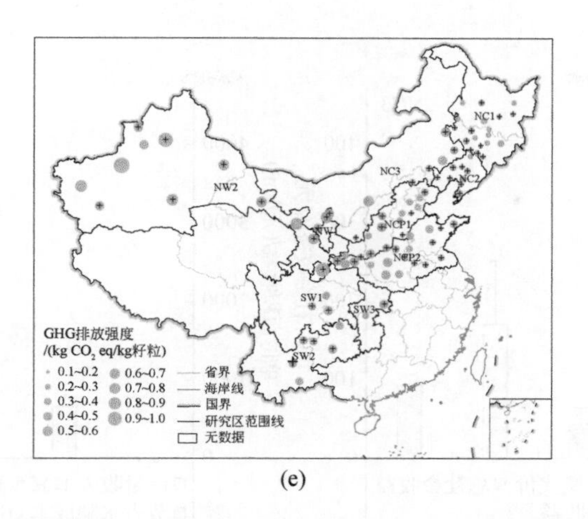

(e)

图 5.4 1980～2018 年优化后玉米水肥用量、产量、N 淋洗和 GHG 排放的平均值及变化趋势

柱状图中误差线为标准差；“+”表示显著性 $p<0.05$

5.2.4 社会收益和减排热点

水肥总量控制下单位面积的净收益为 1158.34 元/hm^2（中等价格水平），最低为 417.35 元/hm^2（四川盆地玉米区），最高值为 2786.91 元/hm^2（西北绿洲灌溉玉米区）（图 5.5）。产量收入减少了 5.21 元/hm^2，10 个亚区中有 7 个产量收入轻微下降，最少为 4 元/hm^2（四川盆地玉米区），最多为 405.13 元/hm^2（西北引黄灌溉玉米区）；收入增加的 3 个区域从高到低依次为西北绿洲灌溉玉米区（154.25 元/hm^2）、黄淮平原夏玉米区（57.20 元/hm^2）和北方半湿润玉米区（27.72 元/hm^2）。

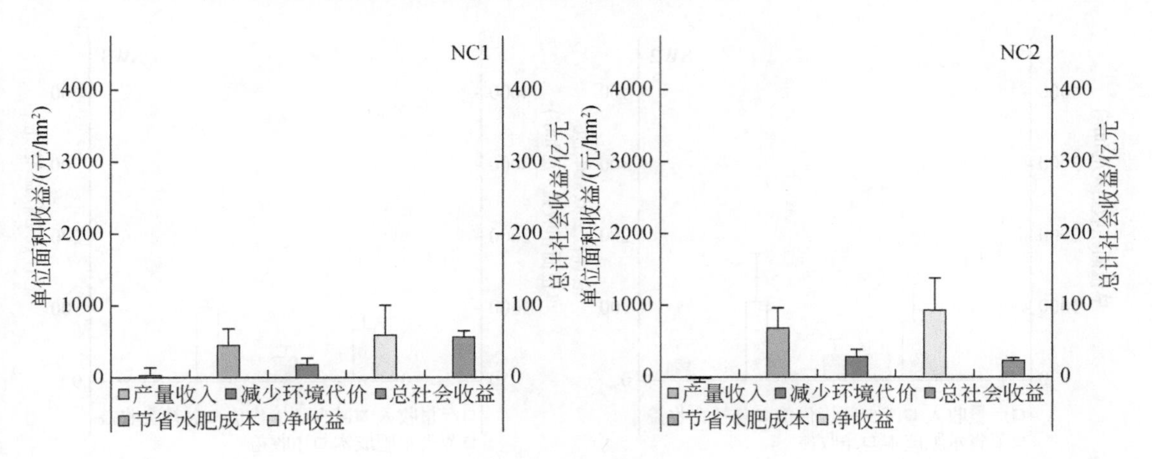

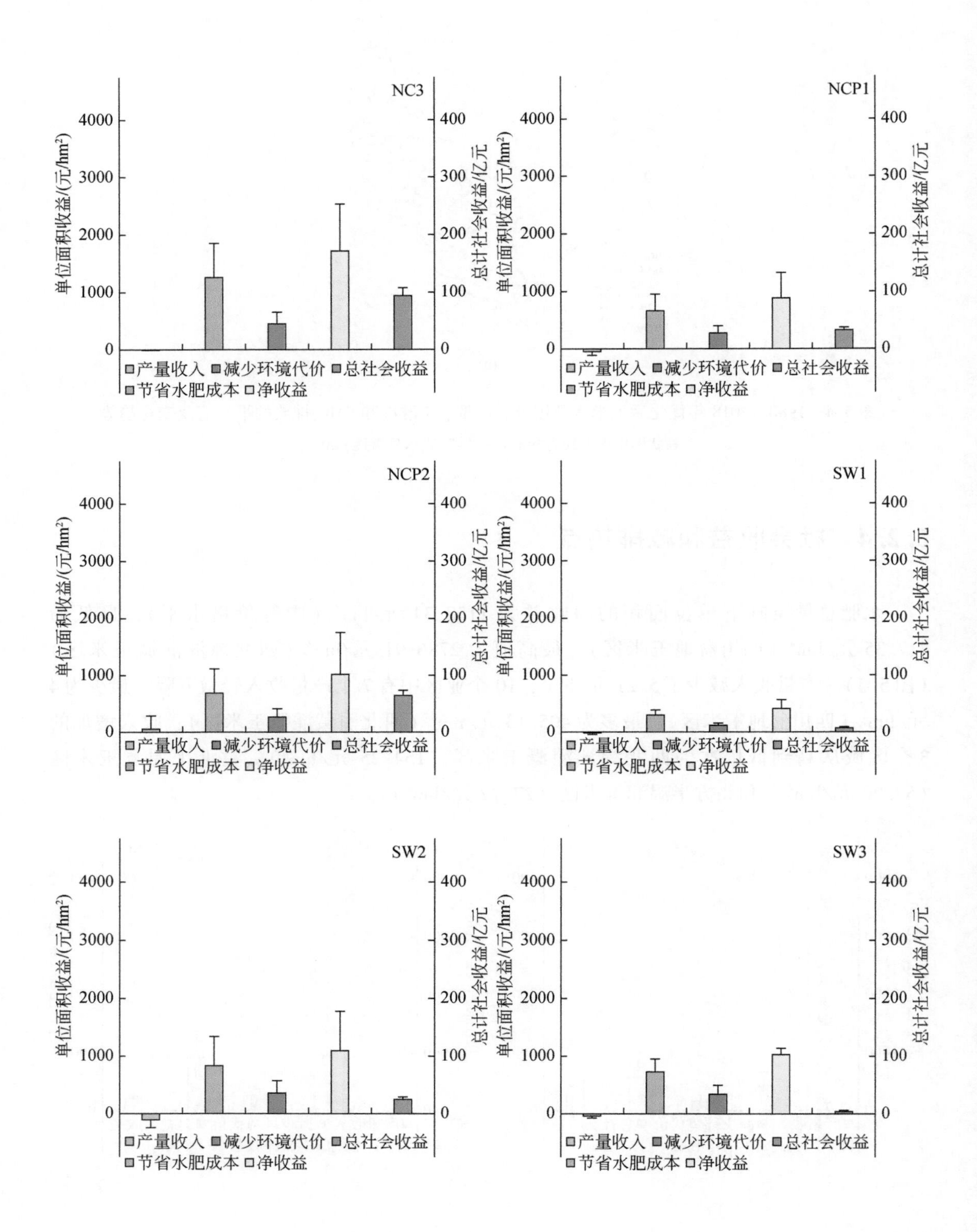
NC3
NCP1
NCP2
SW1
SW2
SW3
单位面积收益/(元/hm²)
总计社会收益/亿元
4000
3000
2000
1000
0
400
300
200
100
产量收入
减少环境代价
总社会收益
节省水肥成本
净收益

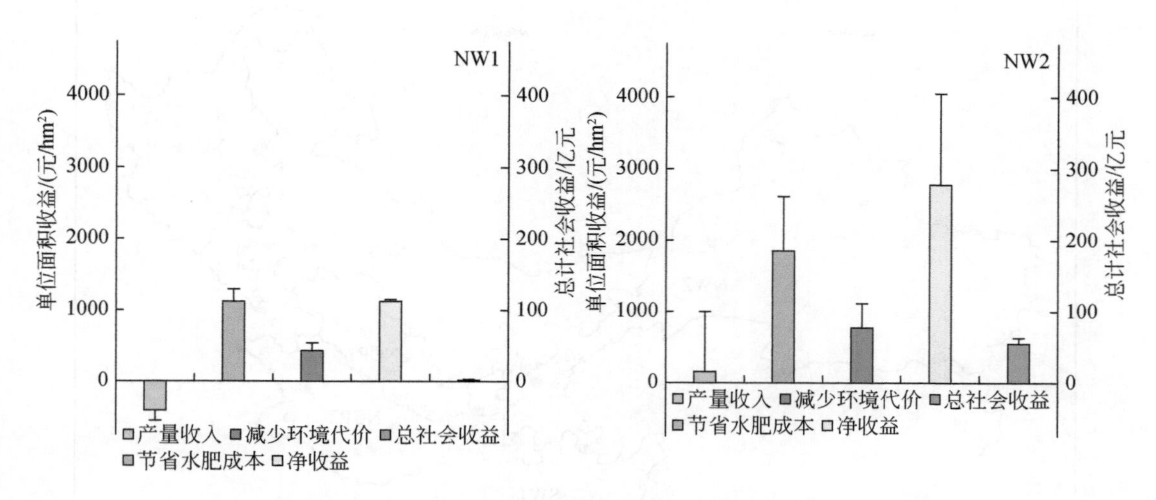

图 5.5 各亚区产量收入、水肥成本、环境代价、净收益和总社会收益的变化

柱状图中误差线为标准差

水肥成本节省了 859.06 元/hm^2，最低值为 279.57 元/hm^2（四川盆地玉米区），最高值为 1855.21 元/hm^2（西北绿洲灌溉玉米区）。环境代价降低了 345.55 元/hm^2，最低值为 1323.784 元/hm^2（四川盆地玉米区），最高值为 777.44 元/hm^2（西北绿洲灌溉玉米区）。其中，N 淋溶代价降低了 23.42 元/hm^2，最低值为 4.05 元/hm^2（北方灌溉玉米区），最高值为 98 元/hm^2（西北绿洲灌溉玉米区）。GHG 排放代价减少了 316.96 元/hm^2，最低值为 114.62 元/hm^2（四川盆地玉米区），最高值为 678.86 元/hm^2（西北绿洲灌溉玉米区）。最优水肥管理下玉米生产净收益达 365.84 亿元（115.75 亿～378.15 亿元），节省的水肥成本贡献最大，占总收益的 71.58%，降低的环境成本占 27.85%，增加的产量收入占 0.57%。

65% 的站点 38 年中超过 75% 的年份净收益高于 1000 元/hm^2，减排热点遍布整个玉米种植区，除了四川盆地和西北引黄灌溉玉米区（图 5.6）。我国玉米生产具有巨大的优化潜力和喜人的生态效益，推行节水减氮是可行的，也是紧迫的。但是，社会收益表现出较大的时空变异性（附录 D-图 S1），说明气候变化背景下可持续管理存在较大难度，需要制定针对性的生产方案才能实现粮食生产与资源环境的协同发展。3 种价格水平 9 种价格情景下的成本收益情况及其对应的减排热点见附录 D-表 S3 和图 S2。

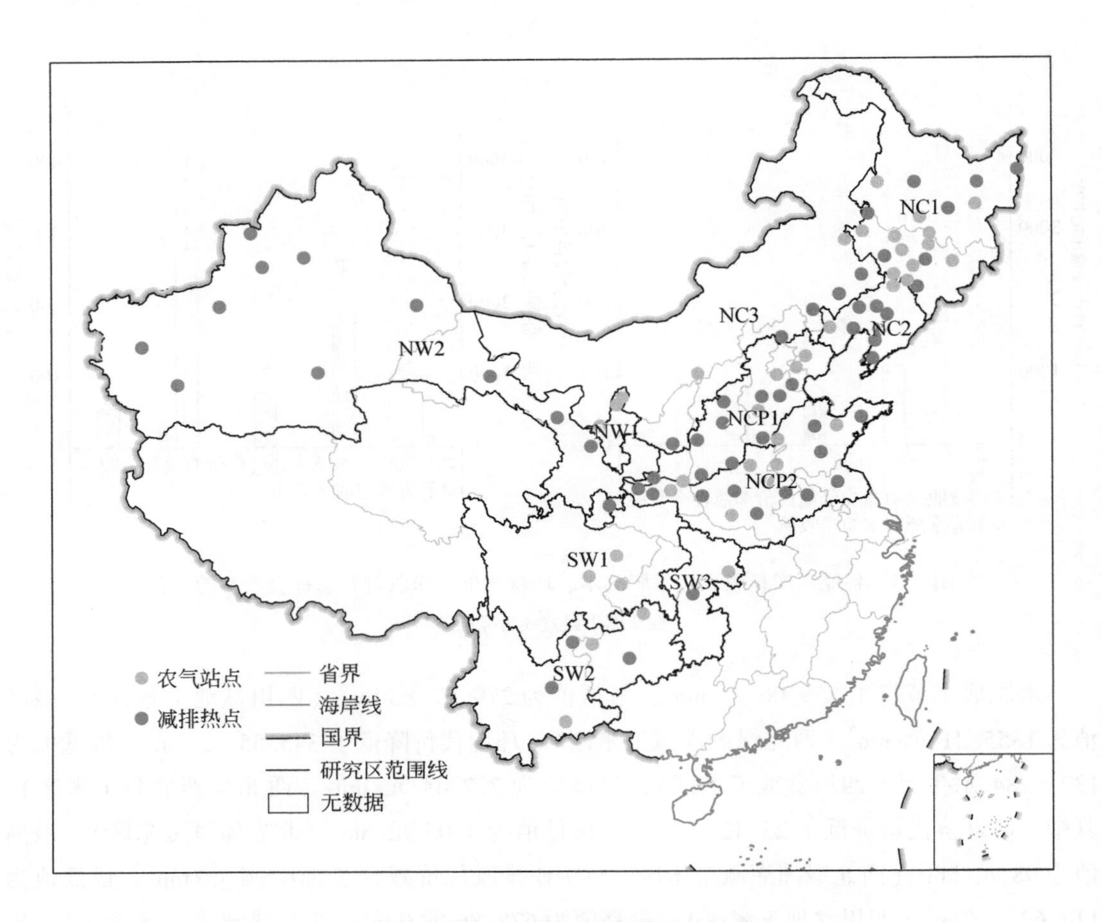

图 5.6　减缓 N 淋溶和温室气体排放的热点

5.3　讨　　论

5.3.1　机理模型和多目标优化技术指导农业实践

我国农业水肥施用普遍过量，迫切需要科学理论和技术支持。已有大量研究通过田间实验或作物模型模拟尝试优化生产方案，但大多是针对特定区域的研究（Ju et al.，2009；Guo et al.，2016；Fan F et al.，2021）。虽然有学者利用全国农户调查数据分析了三大作物的氮肥需求和温室气体减排潜力，但是基于小样本建立的氮肥用量与收益之间的函数关系及推荐施肥存在一定的不确定性（Wang G L et al.，2014；Wu et al.，2014；吴良泉等，2015）。此外，现有研究多优化施肥，对灌溉的关注相对较少，少数兼顾两种管理方式的研究本质也是单一措施的优化。水分和养分条件对作物生长发育的影响是交互的，而且实际生产中农民施肥和灌溉也是并行的，同时优化水肥才能给出切合实际的生产方案。重要的是，当前研究虽然评估了各种策略的环境和经济效益，但并未真正权衡农业、资源和环境之间的制约关系，而这是农业生态系统可持续发展最核心且亟须解决的问题。

基于此，本章耦合作物模型和遗传算法构建了多目标优化系统，综合产量、资源和环境优化了 1981 ~ 2018 年全国玉米水肥管理，评估了优化潜力和社会经济效益，甄别了减排热点并给出了区域水肥总量控制。结果表明，最佳施肥量为 179kg/hm^2，与 Wu 等（2014）等基于全国范围农户调查数据给出的玉米最优施氮量 171kg/hm^2 非常接近，得出的产量、氮肥利用效率、N 淋溶和 N_2O 优化潜力与 Wang G 等（2014）、Yin 等（2019）的研究结论相似。气候变化背景下 N 淋溶损失和温室气体排放的时空变化特征与 Guo 等（2017）对中国农业 N 足迹的分析吻合。但是，社会经济效益低于 Guo 等（2020）的评估结果，作者指出仅改善氮肥管理经济收益达 623 亿 ~ 817 亿元，本章估计的范围为 116 亿 ~ 378 亿元。一方面是因为生产资料的价格和考虑的环境指标不同；另一方面是因为是玉米种植面积不同，先前研究通过种植比例权重计算总收益，而本章基于最新 1km 的玉米种植格点。总的来说，“作物模型-多目标优化”系统具有可验证的可靠性和稳健性，可复制、移植到全球各个地区各种作物的可持续生产研究。

与我国最具代表性的“产-学-研”一体化成果——现代农业科技小院（Science and Technology Backyard，STB）相比（Chen et al.，2014；Cui et al.，2018），STB 是基于专家知识的，需要大量的研究人员直接参与生产，实施成本较高。本章发展的“作物模型-多目标优化”框架依靠计算机模拟，专业人员投入较低，在大尺度上可快速给出生产建议，但是在全国推广方面面临重重挑战。首先，优化仍然需要有农业生态系统模拟和编程能力的技术人员，操作存在一定的门槛。其次，改变农民的种植习惯并不容易，因为保护环境的代价是损失部分产量收入，农民可能难以接受。可见，我国实现农业生产与资源环境可持续发展任重道远，不仅需要与农民建立信任，鼓励他们接受创新，构建环境保护共识，提高生产凝聚力，还需要政府积极引导和补贴损失，需要全社会的共同努力。

5.3.2 N 淋溶和温室气体排放的区域差异

我国玉米产量不高、资源利用效率低、环境污染严重的主要原因是气候、土壤、地形复杂，加上小农户分散经营，田块间管理方式差异大（张福锁等，2008；武良等，2016）。此外，农技推广力较弱、农民知识水平较低，主要依靠增加水肥实现高产。化肥用量 1980 年为 9304 万 t，2018 年增加到了 20 605 万 t，灌溉面积扩展了 35% 以上，已成为全球农业水肥消耗最多的国家（Fan et al.，2012；Xu J et al.，2020），但是作物产量不但没有提高，反而出现了下降趋势，产生了农民净收入递减效应。过量施肥和灌溉使大量的 N 流失到环境，造成了 N 淋溶、温室气体排放等一系列棘手问题。

N 淋溶最严重的地区是西北玉米区、西南玉米区和黄淮平原玉米区（附录 D-表 S1）。西北玉米区严重的 N 淋溶损失主要与灌溉有关，区域平均灌溉量高达 594mm，部分站点甚至超过了 1000mm。农田氮素淋溶主要依靠水分运动完成，而且只有饱和水流才能引发淋失（赵营，2012；周丽娜等，2014），土壤氮淋洗量与降水量或灌溉量呈显著正相关关系（倪玉雪，2013；Güereña et al.，2013）。不考虑土壤持水能力的喷灌、漫灌必然造成土壤氮素淋失和水资源浪费。西南玉米区的 N 淋失除了降雨和灌溉，还与土壤质地有关。红壤、黄壤和紫色土等砂质土壤孔隙度较大，土壤保水持水能力差，硝态氮淋失风险高（叶优良和李生秀，2002；Yao et al.，2021）。Kim 等（2021）也发现美国玉米种植带 80% 的 N 淋溶主要发生在砂质土壤上。黄淮平原土壤氮素损失主要与种植制度和施氮量有关。冬小麦和夏玉米的轮作对土壤的扰动大，激发了土壤残留物和有机态氮的矿化作用，两茬作物施肥又提高了土壤硝态氮累积，增加了淋洗损失强度（Fang et al.，2006；王芊，2021；赵影星等，2022）。通过科学管理 N 淋溶可以减少 8.29 万 t，总社会环境效益达 7.63 亿元。

N_2O 的排放主要与施氮量有关，田间实验及 Meta 分析均表明，两者之间存在显著的指数关系（Shcherbak et al.，2014；Maharjan et al.，2014；Yin et al.，2022）。除了施肥，N_2O 排放还受土壤质地和土壤养分状况的影响。土壤质地主要通过影响土壤的通透性和含水量影响土壤的硝化作用和反硝化作用（叶欣等，2005；Reay et al.，2012；蔡延江等，2012）。质地黏重土壤的阳离子交换量大，NH_4^+ 易被吸附固定而不易被硝化。姚凡云等（2021）实验表明 N_2O 排放与土壤黏粒含量呈显著负相关，与土壤砂粒含量呈显著正相关。上述研究解释了为什么施肥量高的黄淮平原玉米区、砂质土壤主导的西南玉米区即使在最佳水肥管理下 N_2O 排放量仍明显高于其他区域。但是通过精准控制，N_2O 排放可以减少 1.77 万 t（49.89%），温室气体排放可以减少 6.88 10^3 万 tCO_2eq，相当于全国农田总温室气体排放量的 5.2%，环境治理成本可以节省 87.35 亿元/a。总的来说，我国玉米生产存在巨大的优化潜力，仅控制黄淮平原和西北地区的水肥用量，玉米产量可以提高 0.32%，N 淋溶和温室气体排放分别可以减少 5.79 万 t 和 3.75 10^3 万 tCO_2eq，环境收益达 5.25 亿元/a。

5.3.3 不确定性分析

本章共收集了全国四大玉米主产区近百个农业气象站的实际施肥和灌溉数据，耦合精细校准的 CERES-Maize 和改进的遗传算法 NSGA-Ⅲ，综合农业、资源、环境和目标优化了近 39 年的玉米水肥管理，并计算了 9 种价格情景下的社会经济效益，但仍然存在一些不确定性。首先，东北玉米区和西南玉米区被认为是雨养，农业气象站对灌溉的记录较少，但在实际生产中，农民依然会通过灌溉来保障产量。因此，本章根据每个省玉米用水定额设置约束条件开展了优化，区域对比存在一定的不确定性。其次，理论上优化次数、迭代次数和产生的样本越多，结果更稳健。为了降低计算成本，本章将优化次数和迭代次数限定在 100 次以内，样本量限定在 1000 个以内，对最优解存在一定的影响。后续研究可以在高性能计算平台如计算机集群上搭建优化系统，提高大尺度研究的运算效率和结果的稳健性。最后，由于没有将 NH_3、NO 等其他温室气体的影响以及由于水肥减少而节省的人力、时间和设备租赁成本纳入计算，估计的经济效益相对保守。虽然存在一定的局限，但本研究发展了一种“作物模型-多目标优化”框架，首次基于大量的观测数据在全国尺度上综合三维目标同时优化了水肥管理，明确了优化潜力，识别了减排热点，给出了区域水肥总量控制，为区域农业生产提供了科学依据，为可持续性粮食生产提供了方法和依据。

5.4 本章小结

气候变化背景下农业和资源环境可持续发展是 21 世纪人类面临的重大难题。我国情况尤其严峻，复杂的气候、土壤和地形加上典型的小农户经营模式导致田间管理差异大，施肥和灌溉普遍过量，农业水肥投入居世界第一。农业温室气体排放量将近占全球总排放量的 30%，灌溉消耗了 13% 的淡水资源，而粮食产量中等偏下，资源利用效率低，环境污染严重，被认为是全球粮食安全和环境可持续的平衡点。那么，如果减少施肥和灌溉，我国作物产量将如何变化？减排的热点地区在哪里？最佳用量是多少？控制用量能获得多少社会收益？

为了回答上述问题，本章通过耦合 CERES-Maize 模型和多目标优化算法 NSGA-Ⅲ技术，构建了“作物模型-多目标优化”系统，权衡产量、资源和环境标准优化了全国近百个站点 1980 ~2018 年的玉米水肥管理，评估了优化潜力，识别了减排热点，给出了区域水肥总量控制并计算了不同价格水平上的社会经济收益。结果表明，当前玉米产量为 8481kg/hm^2，灌溉量和施氮量分别为 272mm 和 254kg/hm^2，WUE 为 59.72kg/mm，NUE 为 40.41kg/kg N，N 淋溶损失为 4.83kg N/hm^2，N_2O 排放量为 0.90kg N/hm^2，温室其他排放强度为 0.55kg CO_2eq/kg grain。

经过优化，产量基本不变（0.52%），灌溉量和施氮量分别减少了 53.31% 和 29.53%，N 淋溶损失和温室气体排放强度分别降低了 25.88% 和 42.86%。灌溉总量控制为 127mm，西北绿洲灌溉玉米区最高（284mm），两湖玉米区最低（36mm）。氮肥总量控制为 179kg/hm^2，西北绿洲灌溉玉米区最高（260kg/hm^2），北方半湿润玉米区最低（123kg/hm^2）。总量控制下每年总社会经济收益为 365.84 亿元（115.75 亿 ~378.15 亿元），节省的水肥成本贡献最大（71.58%），接着是降低的环境代价（27.85%），产量收入仅占 0.57%。除了四川盆地玉米区和西北引黄灌溉玉米区，其他区域均可推行节水减排氮，特别是黄淮平原玉米区和西北绿洲灌溉玉米区。若只控制这两个区域的水肥用量，玉米产量可以小幅提升（0.32%），N 淋溶损失可以减少 5.79 万 t，温室气体排放可以减少 3.75 10^3万 tCO_2eq，每年环境收益达 5.25 亿元。

第 6 章　未来三大作物的品种适应性评估

前文系统地研究历史气候变化对三大作物生产的影响，甄别关键影响因子，并以玉米为例，提供节水减氮、丰产减排的生产方案。“认清历史”的最终目的是“应对未来”，下一个亟须解决的问题是预测气候变化对粮食生产的影响，探索趋利避害的适应性措施。前文及前人的研究证实了品种对作物生长发育的重要影响，指出品种改良是提高粮食产量的首要选择（Bailey-Serres et al.，2019；Parent et al.，2018）。世界各地的作物育种专家也一直致力于培育优良品种来应对气候变化，但是何时何地现有品种的适应性将被打破，需要更换品种却不清楚。此外，由于理想品种的性状是非常复杂的、多基因控制的且表观遗传变异高，因此通常需要多轮杂交实验（Cooper et al.，2016）。一个品种从培育、审定到真正投入生产一般需要 10～20 年的时间（Challinor et al.，2016），这个过程是不可逆的且需要大量的人力和财力投入。因此，提前给出品种适应的时间和地点以及有望适应气候变化的品种性状对节省育种投入、加速育种进程，精准应对气候变化至关重要。回答上述问题的前提是系统评估气候变化对当前品种的影响。

国内外学者通过统计分析、模型模拟就气候变化对农业生产的影响这一问题已经开展了大量研究，也有了较为全面的认识，但是仍然存在一些局限性。首先，品种的气候敏感性是存在差异的（Rezaei et al.，2018），基于单一品种的研究可能高估或低估气候变化的影响。其次，高分辨率的气候数据是准确评估气候变化影响的基础，但当前研究主要用全球气候模式（global climate models，GCMs）的输出，区域尺度的评估结果存在较大的不确定性（Xie et al.，2018；Maraun et al.，2017）。再次，统计方法虽然相对容易操作和计算，但是将历史“气候因子-作物产量”响应关系（主要是线性关系）外推到未来气候条件会引入一些偏差。最后，统计关系缺乏机理，难以分离气候和人为管理的影响和评估适应性措施的优劣。格点模型虽然能够刻画作物生长过程，却简化了栽培管理特别是品种的影响；站点作物模型在田块尺度的确能够很好地刻画 G×E×M 交互关系，但是复杂的输入数据阻碍了其大尺度应用。如何在区域尺度评估气候变化对不同品种的影响是一个难题。

近年来，人工智能技术迅猛发展，且被成功应用到农业研究，如作物分类、产量预测、极端气候事件影响评估等方面（Crane-Droesch，2018；Wang et al.，2019b；Feng et al.，2019），为改进气候变化影响研究方法提供了契机。机器学习的本质是统计分析，只是其依据特征的重要性权重而不是样本的可能性分布，能够对训练样本进行学习，完成推理和决策等行为。其中的集成学习算法能够捕捉不同要素之间的分层的和非线性关系，表现通常优于统计回归，而且时空泛化性能强，运算效率高，与作物模型具有很强的互补性。耦合作物模型和机器学习不仅能够降低作物模型的计算成本，而且能够提高模拟结果在尺度变换中的稳健性（Peng et al.，2020；Reichstein et al.，2019；Feng et al.，2020）。

基于此，本章尝试耦合作物模型和机器学习进行混合建模，构建可扩展的代理模型，由点到面系统地评估气候变化对我国三大主粮作物品种的影响，并预测品种适应的时间、地点和品种培育的方向旨在回答以下 3 个问题：①气候变化对玉米生产的影响是否与品种有关？②现有品种能否应对未来气候变化？③如果不能，何时何地需要品种适应以及怎样的品种有望适应未来气候条件？

6.1 材料与方法

本章的材料与方法仍以玉米为例进行详细说明，小麦和水稻类似，不再赘述。用到的数据包括校准 CERES-Maize 模型的生态联网实验数据、土壤数据和气象观测数据，验证混合评估模型的农业气象站观测数据，评估未来气候变化影响的气候情景数据。由于生态联网实验在西北玉米区只有新疆奇台和宁夏银川两个站点，品种实验数据不足以支撑气候变化影响的多品种评估，因此本章研究区为玉米种植带。

研究流程包括四步，首先根据当地实际生产情况设置大量的 G（genotype，基因） E（environment，环境） M（management，管理）交互情景，利用本地化的 CERES-Maize 模型模拟不同情景下的玉米生长发育状况，然后利用模拟样本训练机器学习模型，构建区域最佳混合评估模型，接着提取未来格点尺度的特征，输入代理模型评估气候变化对不同品种的影响，最后利用交叉阈值分析（Threshold-crossing analyses）预测不同风险水平上品种适应的时间、地点和有望适应气候变化的品种性状。

6.1.1 CERES-Maize 模型多情景模拟

利用精细校准 CERES-Maize 模型模拟每个区域历史时期（1986 ~ 2005 年）每个站点不同品种、种植日和种植密度下的玉米物候和产量。种植日在实际播期范围内每隔 3 天均匀产生，种植密度在观测范围内随机生成，品种是从田间实验数据中选出的区域 3 个熟期的 6 个代表性品种。每个站点产生了 30 种以上 G E M 生产情景，每个区域至少产生了 25 200（30 个情景 20 年 7 个站点 6 个品种）个样本。

6.1.2 构建混合评估模型

本文耦合 CERES-Maize 模型和两种经典的集成学习算法，RF、XGBoost 或者光梯度提升机 LightGBM 构建可扩展的混合评估模型实现由点到面的气候变化的影响。在机器学习中，集成学习算法将多个弱监督模型组合成一个更好、更全面的强监督模型，而且在各种规模的数据集上都有很好的建模策略。当样本量大时，会划分多个小数据集，构建多个模型，最后对结果进行综合；当样本量小时，会进行自助法（bootstrap）抽样，分别训练模型，最后进行组合，因此通常能获得较理想的结果。两种算法的原理及超参数介绍见附录 E-文 S1 和文 S2。

首先利用皮尔逊相关分析剔除存在多重共线性及与产量不显著相关的变量，选择关键输入特征，最终通过筛选的有 5 个农气指标、10 个表层（0～20cm）土壤属性、3 个空间位置信息、品种的生育期长度（DOY）和 CO_2浓度（表 6.1）。其中，农气指标包括 GDD、冷积温（total cold degree days，TCD）、高温天数（frequency of temperature above 30℃，OCA）、累积降水量（cumulative precipitation，Pgs）和标准化降雨指数（standardized precipitation index，SPI），计算公式见附录 E-表 S1。然后将每个区域的模拟样本以 7∶3 的比例随机划分为训练集和测试集，利用十折交叉验证分别优化 RF 和 XGBoost 的超参数，得到在测试机集上表现最佳的模型，并通过“留一站点”验证对模型时空泛化性能进行评价。利用最常用的 3 个统计指标——MAE（mean absolute error）、RMSE 和 R^2评估模型精度。模型的构建通过 scikit-learn 机器学习框架中的 randomForest and XGBoost 回归器实现。MAE 的计算公式如下：

$$\mathrm{MAE}=\frac{\sum_{i=1}^{n}\left|Y_{\mathrm{pred},i}-Y_{\mathrm{simu},i}\right|}{n} \tag{6-1}$$

式中，Y_{pred}为混合模型预测值；Y_{simu}为 CERES-Maize 模型模拟值；n 为样本量。

表 6.1 训练机器学习的关键特征和目标变量

缩写		类型	全称	含义	单位
农气指标	GDD	动态	growing degree days	积温	℃
	TCD		total cold degree days	冷积温	℃
	OCA		frequency of temperatures above 30℃	高温天数	天
	Pgs		cumulative precipitation	累积降水量	mm
	SPI		standardized precipitation index	标准化降雨指数	—
土壤属性	SLLL	静态	lower limit	凋萎点含水量	cm^3/cm^3
	SDUL		drained upper limit	田间持水量	cm^3/cm^3
	SSAT		saturated upper limit	饱和含水量	cm^3/cm^3
	SSKS		saturated hydraulic conductivity	饱和导水率	cm/h
	SBDM		bulk density	容重	g/cm^3
	SLOC		organic carbon	有机碳含量	%
	SLCL		clay（<0.002mm）	黏粒含量	%
	SLSI		silt（0.05～0.002mm）	砂粒含量	%
	SLHM		pH in water	pH	—
	SCEC		cation exchange capacity	阳离子交换量	cmol/kg

续表

缩写		类型	全称	含义	单位
地理位置	Lat	静态	latitude	纬度	十进制度
	Lon		longitude	经度	
	Ele		elevation	高程	
品种特性	DOY	动态	growth duration	生育期长度	天
目标变量	Y	动态	yield	产量	kg/hm^2

注："动态"表示变量随时间变化，"静态"则相反。

6.1.3 评估未来气候变化对玉米生产的影响

在区域尺度评估气候变化影响的第一步是提取格点尺度的输入特征。首先模拟每个区域每个站点的6个品种在基准年（1986～2005年）、RCP4.5和RCP8.5情景下2021～2040年和2041～2060年的物候。栽培管理（种植日、种植密度、行距等）为历史观测的平均值，无灌溉和施肥胁迫，代表无其他适应性措施。基准年的CO_2浓度设置为380ppm、RCP 4.5和RCP 8.5情景下2021～2040年（2041～2060年）的CO_2浓度分别为447（499）ppm和470（571）ppm。然后利用克里金法（Kriging）将模拟物候插值到0.5°×0.5°格点，提取格点尺度的农气指标，与其他特征一起输入区域最佳代理模型预测每个品种未来气候情景下产量，计算相对于基准年的产量变化。

$$Y_c=\frac{Y_f-Y_b}{Y_b}\times 100\% \tag{6-2}$$

式中，Y_c为产量变化比例；Y_f和Y_b分别为未来和基准时段的产量。

6.1.4 筛选适应未来的品种

交叉阈值分析是气象学领域的一种经典方法，被广泛用于气候变化相关研究，例如预测什么时候全球升温将超过2℃（Joshi et al.，2011），甄别气候变化影响热点（Rippke et al.，2016）。本研究将其应用到农业领域，以15%、10%和5%的产量损失为阈值预测高、中、低3个风险水平上品种适应的时间和地点。例如，在RCP 4.5情景下，对于1个玉米种植格点，2021～2060年如果在20年的滑动窗口内有10年以上6个品种的平均产量损失超过了阈值，则该格点需要品种更新，时间为滑动窗口的中间时刻。20年能够充分反映气候和适应的渐进变化，50%的风险是根据各个区域的损失情况确定的。此外，本章还以每个区域6个品种的最大、最小产量损失为标准预测最早和最晚的品种适应时间。最早适应代表最坏的情况，即所有格点种植了最不适宜的品种，最晚适应则与之相反，代表最理想的情况。

6.2 主要发现

6.2.1 混合评估模型的精度

混合模型是作物模型的代理，其可靠性依赖于作物模型的准确性。三大主产区 18 个代表性玉米品种 CERES-Maize 模型的校准结果见 4.2.2 节，所有品种物候模拟误差在 8 天以内，产量误差<9%（图 4.3 和附录 C-表 S1），表明精细校准的 CERES-Maize 能够很好地刻画玉米多对复杂环境的响应，多情景模拟可用于训练机器学习模型。如表 6.2 所示，两种混合模型均捕捉了 85% 以上的模拟产量变异，RRMSE 小于 7%，RMSE 低于 940kg/hm^2，MAE 为 516～806kg/hm^2，不及模拟产量的 6%。预测产量的分布与模型模拟产量的分布也非常接近，虽然轻微低估了谷值而高估了峰值（附录 E-图 S1）。

表 6.2　RF 和 XGBoost 模型预测每个区域模拟产量的表现

区域	RF			XGBoost		
	R^2	RMSE/(kg/hm^2)	MAE/(kg/hm^2)	R^2	RMSE/(kg/hm^2)	MAE/(kg/hm^2)
Ⅰ	0.86	961.02	683.18	0.87	853.45	634.76
Ⅱ	0.9	1065.26	806.12	0.92	910.9	654.25
Ⅲ	0.85	793.49	586.94	0.88	644.17	516.01
平均	0.87	939.92	692.08	0.89	802.84	601.67

注：Ⅰ北方春玉米区，Ⅱ黄淮平原春夏播玉米区，Ⅲ西南山地丘陵玉米区。

本章进一步用 121 个农业气象站不同地点不同年份的观测数据对混合评估模型的时空泛化性能进行了严格验证，结果显示耦合模型能够捕捉将近一半的实际产量变异，RF 模型 R^2 的范围为 0.45～0.50，XGBoost 模型的 R^2 在 0.49～0.54，与先前作物模型模拟、作物模型同化或作物模型结合线性回归产量预测方法的精度相当甚至略有提高（Lobell et al., 2015；Burke and Lobell, 2017；Huang et al., 2015）（图 6.1）。每个区域产量散点均匀地分布在1∶1线两侧，没有明显的高估或低估。综合整个玉米种植带，XGBoost 的 R^2 达到了 0.56，RF 的 R^2 为 0.48，RRMSE 均低于 20%，表明混合模型具有很好的外推性，能够代替作物模型在区域尺度上评估气候变化的影响。相比之下，XGBoost 模型的精度更高，预测产量与模拟产量分布更吻合，结果更为稳健，因此下面将利用 XGBoost 模型在格点尺度上评估气候变化的影响。

同样地，相对于水稻的混合模型而言，LightGBM 和 RF 模型成功捕获了 CERES-Rice 模型在不考虑和考虑 CO_2 施肥效应的情况下模拟水稻产量方差的 80% 以上（表 6.3）。RMSE 范围为 248～735kg/hm^2，低于模拟产量的 9%。MAE 低于 615kg/hm^2 或模拟产量的

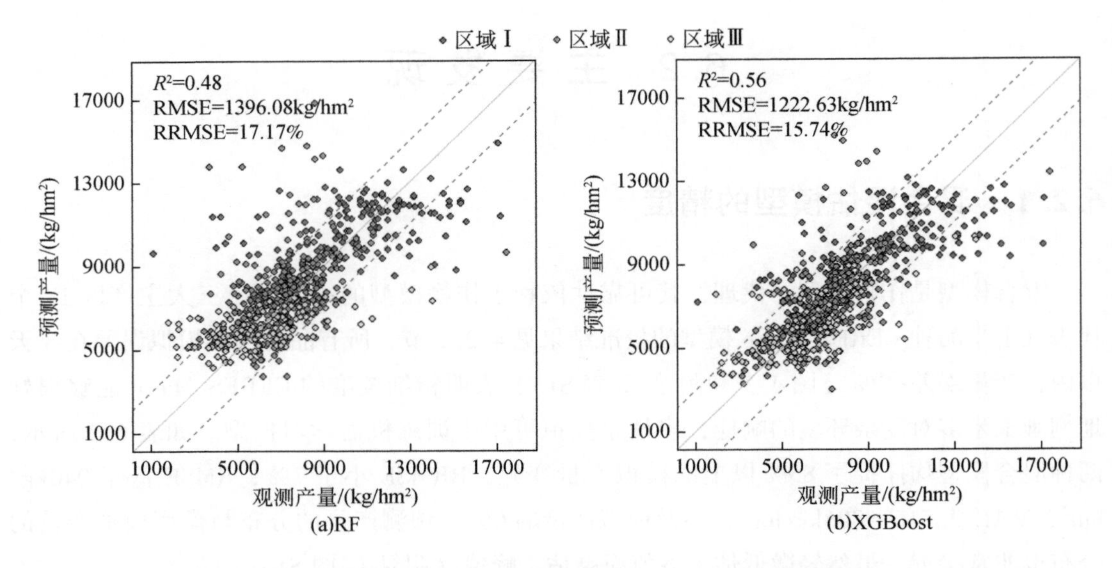

图 6.1 RF 和 XGBoost 模型预测玉米种植带 121 个农业气象站观测产量的表现

7.5%。尽管对峰值和谷值的估计略有偏差，但替代模型预测的品种特定产量的概率分布与 CERES-Maize 模型模拟的概率分布相同（图 6.2）。

表 6.3 RF 和 LightGBM 模型预测每个区域模拟产量的表现

区域	不考虑 CO_2 施肥效应						考虑 CO_2 施肥效应					
	RF			LightGBM			RF			LightGB		
	MAE	RMSE	R^2	MAE	RMSE	R^2	MAE	RMSE	R^2	MAE	RMSE	R^2
Ⅰ	464	589	0.83	459	575	0.84	5301	657	0.88	554	698	0.87
Ⅱ	353	443	0.78	344	432	0.81	326	407	0.80	319	404	0.81
Ⅲ	262	318	0.80	243	297	0.82	252	305	0.84	239	293	0.85
Ⅳ	614	735	0.75	572	690	0.79	473	592	0.92	497	625	0.91
Ⅴ	208	248	0.92	215	266	0.90	213	251	0.92	233	291	0.90
Ⅵ	361	439	0.78	332	405	0.83	321	397	0.83	291	360	0.87
均值	377	462	0.81	361	444	0.83	352	435	0.87	355	445	0.87

我们使用未用于校准 CERES-Rice 模型的额外 1147 个现场观测进一步验证了替代模型的可扩展性能。结果表明，混合模型解释了水稻种植区 40% 以上的实际产量变化，RF 模型的 R^2 达到 0.41，LightGBM 模型的 R^2 达到 0.43（图 6.3）。RMSE 低于 904kg/hm²，RRMSE 小于 15%。6 个农业生态区中每个统计指标均略低于所有观测值的统计指标。混合模型达到了与使用类似混合方案或作物模型同化方法来预测作物产量的模型相当的精度（Huang et al.，2015；Lobell et al.，2015；Burke and Lobell，2017；Feng et al.，2020），因

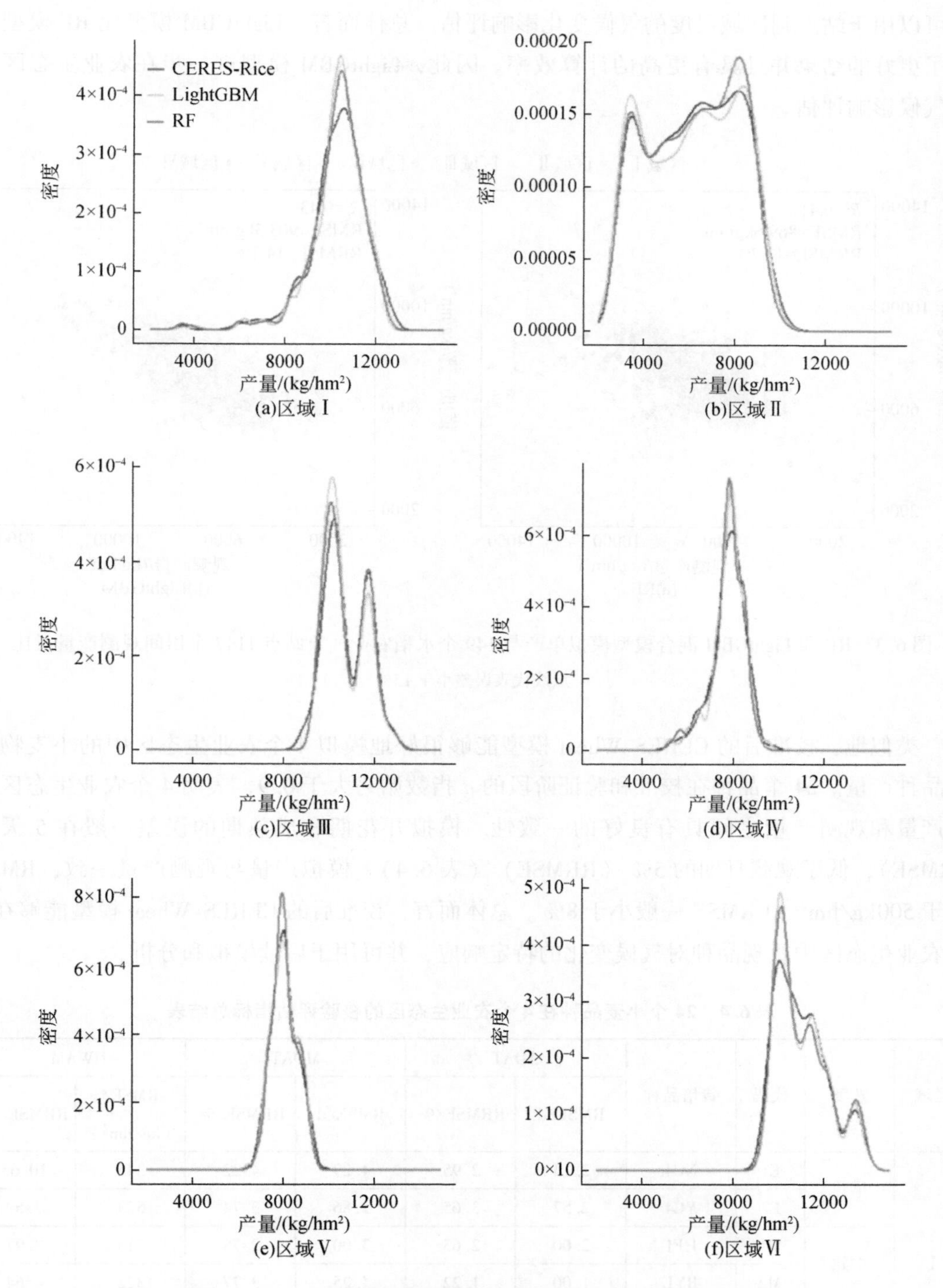

图 6.2　用任一农业生态去随机选取某一品种用 CERES-Rice、机器学习模型（LightGBM 和 RF）模拟单产分布概率曲线

此可以用于站点到区域尺度的气候变化影响评估。总体而言，LightGBM 模型比 RF 模型获得了更好的结果并且具有更高的计算效率。因此，LightGBM 模型进一步在农业生态区进行气候影响评估。

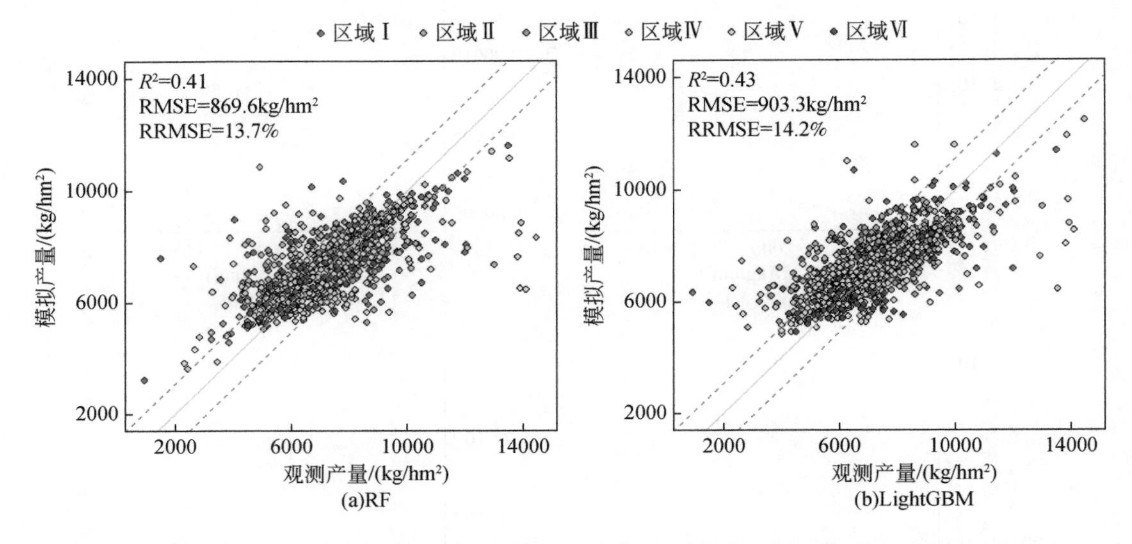

图 6.3 RF 和 LightGBM 混合模型模拟单产与 149 个水稻农业气象站点 1147 个田间观测产量对比

点线代表误差小于 15%

类似地，校准后的 CERES-Wheat 模型能够很好地模拟 4 个农业生态区中的小麦物候和品种产量。24 个品种在校准和验证阶段的 d 指数始终大于 0.9，表明 4 个农业生态区模拟产量和观测产量之间具有良好的一致性。模拟开花期和成熟期的误差一般在 5 天内（RMSE），低于观测日期的 5%（RRMSE）（表 6.4）。模拟产量与观测产量一致，RMSE 小于 500kg/hm²，RRMSE 一般小于 8%。总体而言，校准后的 CERES-Wheat 模型能够在 4 个农业生态区中重现品种对气候变化的特定响应，并可用于后续模拟和分析。

表 6.4 24 个小麦品种在 4 个农业生态区的校验评估指标总结表

区域	熟度	代码	栽培品种	ADAT		MDAT		HWAM	
				RMSE/d	RRMSE/%	RMSE/d	RRMSE/%	RMSE/(kg/hm²)	RRMSE/%
Ⅰ	早熟	E1	NC4	2.14	2.95	4.29	4.22	345	10.65
		E2	YC4	2.57	3.65	3.86	3.74	523	7.59
	中熟	M1	HF1	2.00	2.63	3.00	2.78	215	3.97
		M2	BYL	1.00	1.22	4.25	3.77	322	4.64
	晚熟	L1	XYL	3.00	3.46	4.00	3.32	252	13.65
		L2	YL4	2.71	3.31	2.86	2.39	458	8.71

续表

区域	熟度	代码	栽培品种	ADAT		MDAT		HWAM	
				RMSE/d	RRMSE/%	RMSE/d	RRMSE/%	RMSE/(kg/hm²)	RRMSE/%
Ⅱ	早熟	E1	YM18	6.00	3.67	1.50	0.69	334	10.19
		E2	BN64	9.17	5.34	6.17	2.93	286	6.45
	中熟	M1	XN88	3.60	1.72	3.00	1.24	229	3.55
		M2	WM6	2.25	1.15	1.25	0.54	413	5.96
	晚熟	L1	7578	3.75	1.70	2.00	0.79	382	5.87
		L2	JD8	3.25	1.40	3.50	1.33	166	3.23
Ⅲ	早熟	E1	BM	6.20	4.64	4.80	2.84	197	5.90
		E2	MY12	3.00	2.16	2.67	1.51	278	6.98
	中熟	M1	FY2	3.50	2.15	3.75	1.85	127	4.14
		M2	MY2	3.00	1.97	4.00	2.05	172	9.80
	晚熟	L1	AB	4.50	2.66	3.50	1.70	118	5.76
		L2	GN10	3.33	2.08	3.33	1.65	355	7.39
Ⅳ	早熟	E1	XC8	1.33	1.95	2.67	2.77	392	7.99
		E2	JC2	2.00	2.50	1.00	0.80	359	5.06
	中熟	M1	8511	3.50	4.10	1.50	1.22	481	7.68
		M2	XC6	3.86	4.50	2.00	1.81	243	4.76
	晚熟	L1	86-24	4.00	5.05	3.80	3.02	408	9.16
		L2	XC16	2.67	2.51	0.67	0.49	509	7.12

无论是否考虑CO_2施肥效应，开发的 LightGBM 和 RF 模型捕获了 CERES-Wheat 模型模拟小麦产量方差的 84% ~97%。RMSE 范围为 301.7 ~773.2kg/hm²，MAE 为 207.1 ~656.1kg/hm²。混合模型预测的品种特异性产量的概率分布与 CERES-Wheat 模型模拟的相似（图6.4）。我们还使用了没被用于校准 CERES-Wheat 模型独立的 1147 样点观测值来进一步验证混合模型的性能。结果表明，混合模型解释了小麦种植区实际产量变化的 44% ~47%，RMSE 范围为 880.0 ~907.3kg/hm²，RRMSE 为 20.5% ~21.1%（图 6.5）。4 个农业生态区的统计指标均略低于或高于所有观测值指标（表 6.5）。与之前的许多研究相比（Lobell et al.，2015；Burke and Lobell，2017），混合模型取得了更高的精度，因此适合站点和区域尺度的气候变化影响评估。总体而言，LightGBM 模型比 RF 模型获得了更好的结果并且具有更高的计算效率。因此，LightGBM 模型进一步应用于区域尺度的气候影响评估。

表 6.5 RF 和 LightGBM 模型在 4 个小麦农业生态区估产表现评估结果总结

区域	RF			LightGBM		
	RMSE	RRMSE	R^2	RMSE	RRMSE	R^2
Ⅰ	1125.31	22.07	0.39	1122.37	22.33	0.42
Ⅱ	912.80	20.42	0.36	889.54	19.75	0.42
Ⅲ	679.91	22.30	0.33	715.53	23.91	0.39
Ⅳ	820.40	13.54	0.38	912.27	15.55	0.33
均值	884.60	19.58	0.36	909.93	20.39	0.39

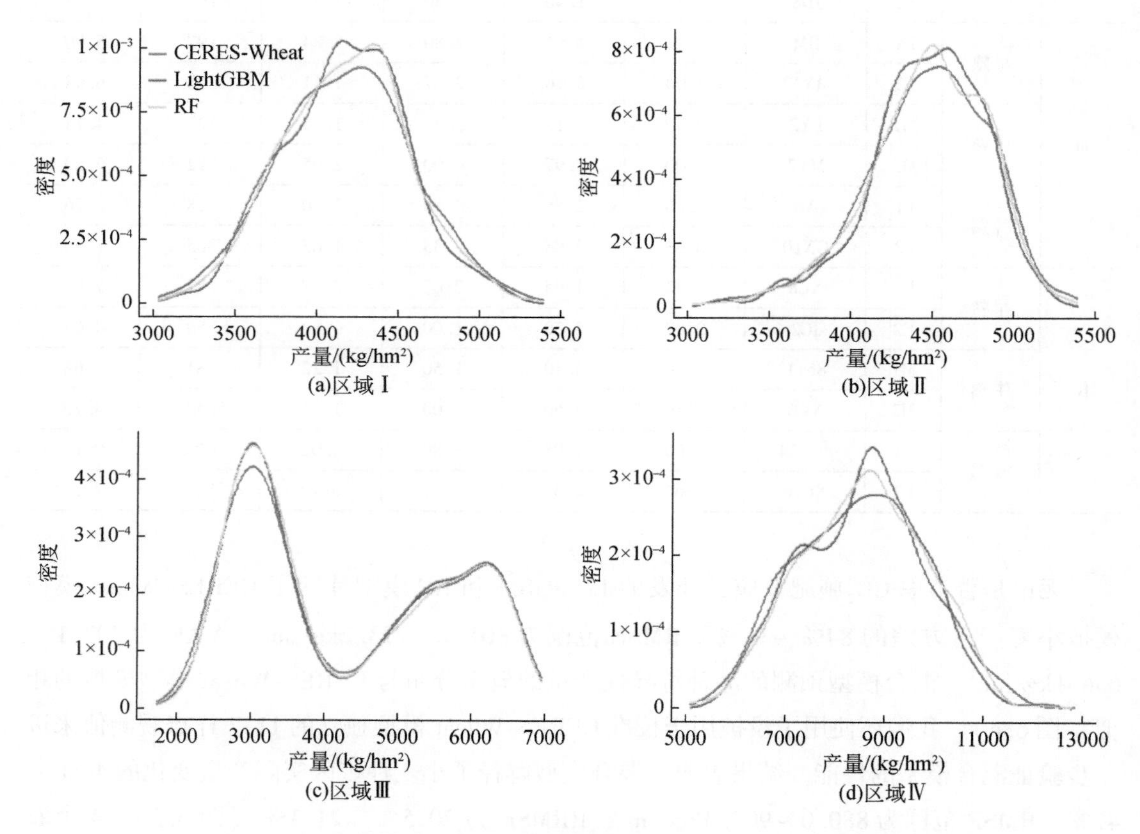

图 6.4 任一农业生态区随机选取品种用 CERES-Wheat、机器学习模型（LightGBM 和 RF）模拟单产的概率分布曲线

6.2.2 未来农业气候条件的变化

RCP4.5 和 RCP8.5 情景下 2021 ~ 2040 年玉米生育期内 GDD 预计平均增加 221℃，

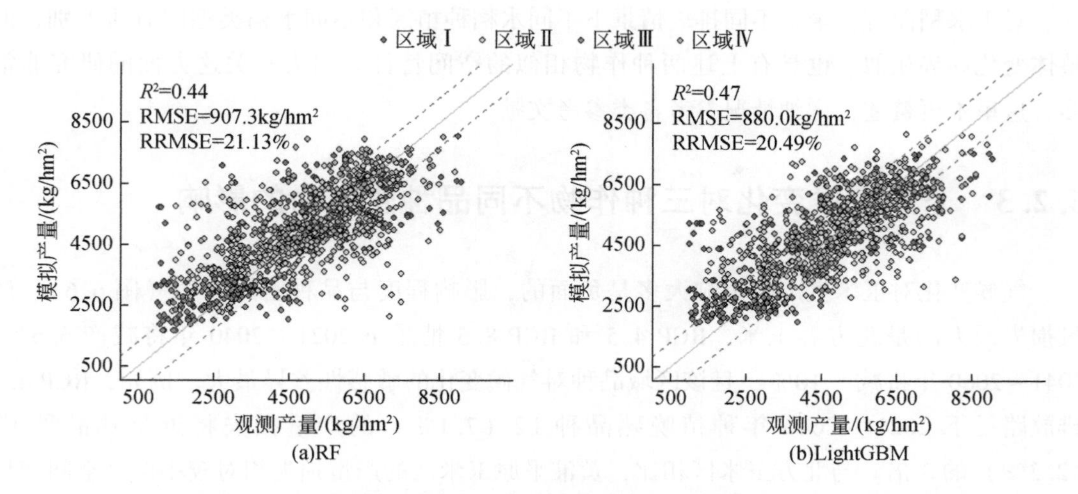

图 6.5 RF 和 LightGBM 模型模拟单产与 149 个小麦农业气象站 1147 个田间观测产量对比

点线代表误差小于 15%

2041 ~ 2060 年将增加 375℃。北方玉米区和黄淮平原玉米区变暖最明显，2041 ~ 2060 年两个区域 GDD 增加均超过了 400℃。Pgs 的变化具有明显区域差异，北方玉米区 RCP 4.5 情景下 Pgs 在 2021 ~ 2040 年将增加 13%，而在 2041 ~ 2060 年将减少 3%。相反，RCP 8.5 情景下 2021 ~ 2040 年将减少 3%，而 2041 ~ 2060 年将增加 4%。在黄淮平原玉米区，RCP 4.5 情景下两个时段的降水量将平均减少 6%，RCP 8.5 情景下将减少 21%。而且降水量变化表现出明显的南北分异，南部的河南和安徽降水量减少 28% 以上。西南玉米区降水量也在明显减少，2021 ~ 2040 年和 2041 ~ 2060 年将分别减少 15% 和 12%。SPI 变化的时空格局与 Pgs 一致，除了黄淮平原东部的部分地区，玉米生育期内的气候趋于干热化，且纬度越低，变化越明显。未来 2041 ~ 2060 年极端高温增加超过了 20 天，其中北方玉米区高温热害增加最为明显，2021 ~ 2040 年 OCA 将增加 11 天，2041 ~ 2060 年将增加 29 天。同样地，未来整个玉米种植带的低温冷害将大幅减少，特别是北方玉米区。总体来看，玉米生育期内气候条件在明显变干变热，将对其生长发育造成严重影响。

对于小麦而言，RCP 4.5 和 RCP 8.5 下 2021 ~ 2040 年和 2041 ~ 2060 年 GDD、Pgs、SPI、HDD、CDD 和 Rad 6 个农业气候指数相对于基准期（1986 ~ 2005 年）也有显著变化。在这两种排放轨迹下，GDD 预计在 2021 ~ 2040 年通常增加到 100.8℃，在 2041 ~ 2060 年增加 211.5℃，且空间差异性明显。各小麦种植区的 Pgs 变化也存在空间异质性，在 RCP 4.5 普遍增加 5.7%，而区域Ⅱ在 RCP 8.5 情景下，主要小麦种植区的 Pgs 变化预计普遍下降 6.4%。SPI 变化的空间模式与 Pgs 的空间模式相似。HDD 在区域Ⅱ中将显著增加 73℃d，但在其他区域中变化较少。CDD 在整个小麦种植区都会降低，尤其在区减Ⅱ少 48℃。整个小麦种植区的太阳辐射预计将在-12.1% ~ 4.9% 变化，但在区域Ⅱ的大部分地区减少（3.1%）最多。

对于水稻而言，未来不同排放情景下不同水稻种植区和不同水稻类型间有所差别，但整体变化趋势相似、也具有上述两种作物相似的空间特征。因为有关这方面的研究非常多，这里不再赘述，详细情况参考各类参考文献。

6.2.3 未来气候变化对三种作物不同品种生产力的影响

气候变化对玉米生产的影响大多是负面的，影响程度与品种密切相关（图 6.6）。产量损失最大的是北方春玉米，RCP 4.5 和 RCP 8.5 情景下 2021 ~ 2040 年将减产 6.6%，2041 ~ 2060 年将减产 10%，且该区域品种对气候变化的敏感性差异最大。例如，RCP 4.5 排放路径下 2021 ~ 2040 年种植晚熟品种 L2（7.1%）的产量损失将近早熟品种 E1（2.3%）的 3 倍。与北方玉米区相比，黄淮平原玉米区的产量损失相对较小但是空间变异较大（箱形图的百分位线较长），而且产量变化与时段相关。2041 ~ 2060 年（RCP 4.5 和 RCP 8.5 分别减产 7.9% 和 6.0%）两种情景的平均产量损失是 2021 ~ 2040 年（分别减产 3.4% 和 2.9%）的 2 倍。气候变化对西南玉米的影响不大，除了晚熟品种 L2，所有品种的产量损失小于 2%。对于整个玉米种植带，如果没有其他适应性措施，两种气候情景下 2021 ~ 2040 年将分别减产 5.8% 和 8.5%，2041 ~ 2060 年将分别减产 4.7% 和 7.8%。

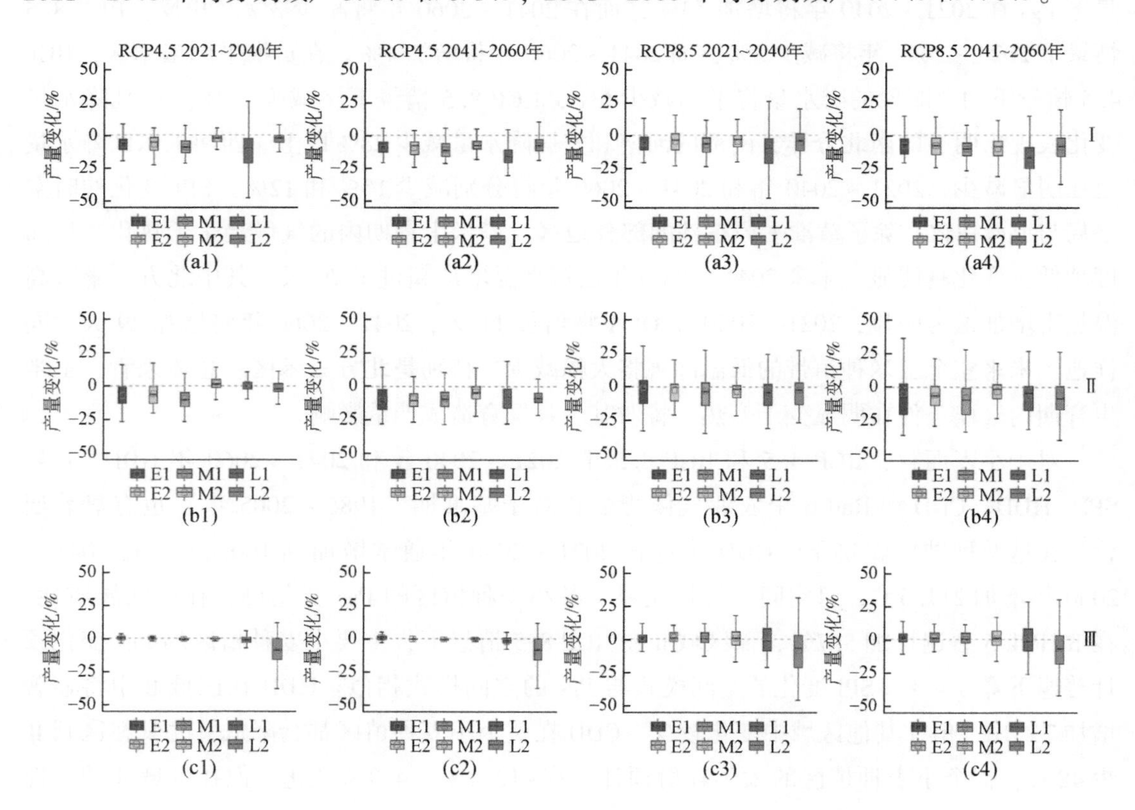

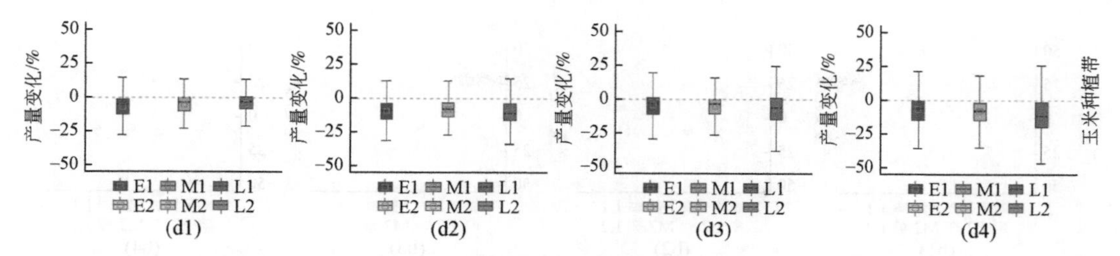

图 6.6 RCP 4.5 和 RCP 8.5 情景下 2021 ~ 2040 年和 2041 ~ 2060 年相对于基准年（1986 ~ 2005 年）不同玉米品种的产量变化

E、M、L 分别表示早、中、晚熟品种；箱形图的上下须分别表示 75th 和 25th 分位数，横线表示中位数，方框表示平均值

不同熟期品种产量变化的空间特征可以参考 Zhang 等（2021，2022）和 Tao 等（2022）发表的论文。RCP 4.5 情景下，2021 ~ 2040 年有 67% 的晚熟品种种植格点的产量损失低于 5%，但随着气候变化的持续，2041 ~ 2060 年早熟和中熟品种占据了优势，特别是北方玉米区南部的吉林和整个黄淮平原玉米区。RCP 8.5 情景下，晚熟品种的产量损失将进一步加重，2021 ~ 2040 年产量损失为 6.8%，2041 ~ 2060 年将达到 10%。相比之下，早熟品种具有较高的气候适宜性，45% 的种植格点产量损失低于其他两个熟期的品种，在东北三省（16%）和黄淮平原的部分地区（23%）产量甚至可增加 5% 左右。西南玉米产量变化不大，其中 22% 种植格点产量有望增加 10%。

RCP 4.5 情景下，大部分种植面积的产量变异超过了 100%，尽管不同品种及不同区域存在一些差异。早熟品种的产量变异普遍低于中熟和晚熟品种；黄淮平原玉米区和西南玉米区的变异普遍高于北方玉米区，两个区域 2021 ~ 2040 年分别有 64% 和 41% 的格点 CV 超过了 100%。2041 ~ 2060 年的区域特征与 2021 ~ 2040 年一致，只是高变异性的格点分别减少了 34% 和 16%。北方玉米区的产量波动较小，两个时段 53% 的种植面积 CV<50%。RCP 8.5 情景下，超过 75% 的区域产量变异有所下降，最明显的是黄淮平原晚熟品种，CV 在超过一半的格点降低了 47% 以上。

同理，对于未来水稻影响的评估，我们将各网格环境参数应用于最佳混合模型，以评估在有无 CO_2 施肥效应以及 RCP 4.5 和 RCP 8.5 排放路径下网格尺度上气候变化对特定水稻品种的影响（图 6.7 和图 6.8）。如果没有 CO_2 施肥效应，预计的气候变化将主要对两种排放情景下整个水稻种植区的水稻生产力产生负面影响，尽管不同栽培品种之间的损害会有显著差异。

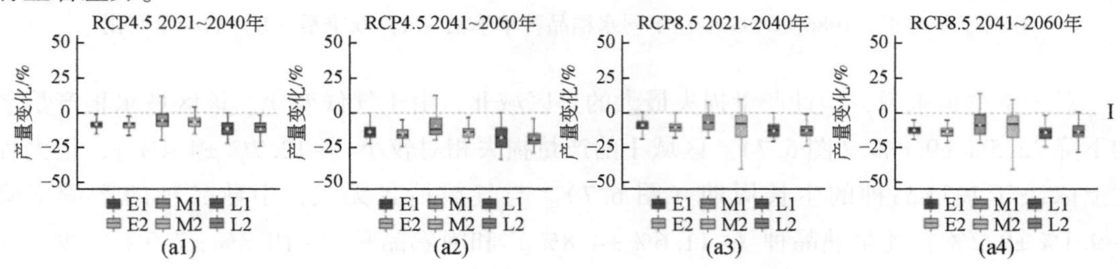

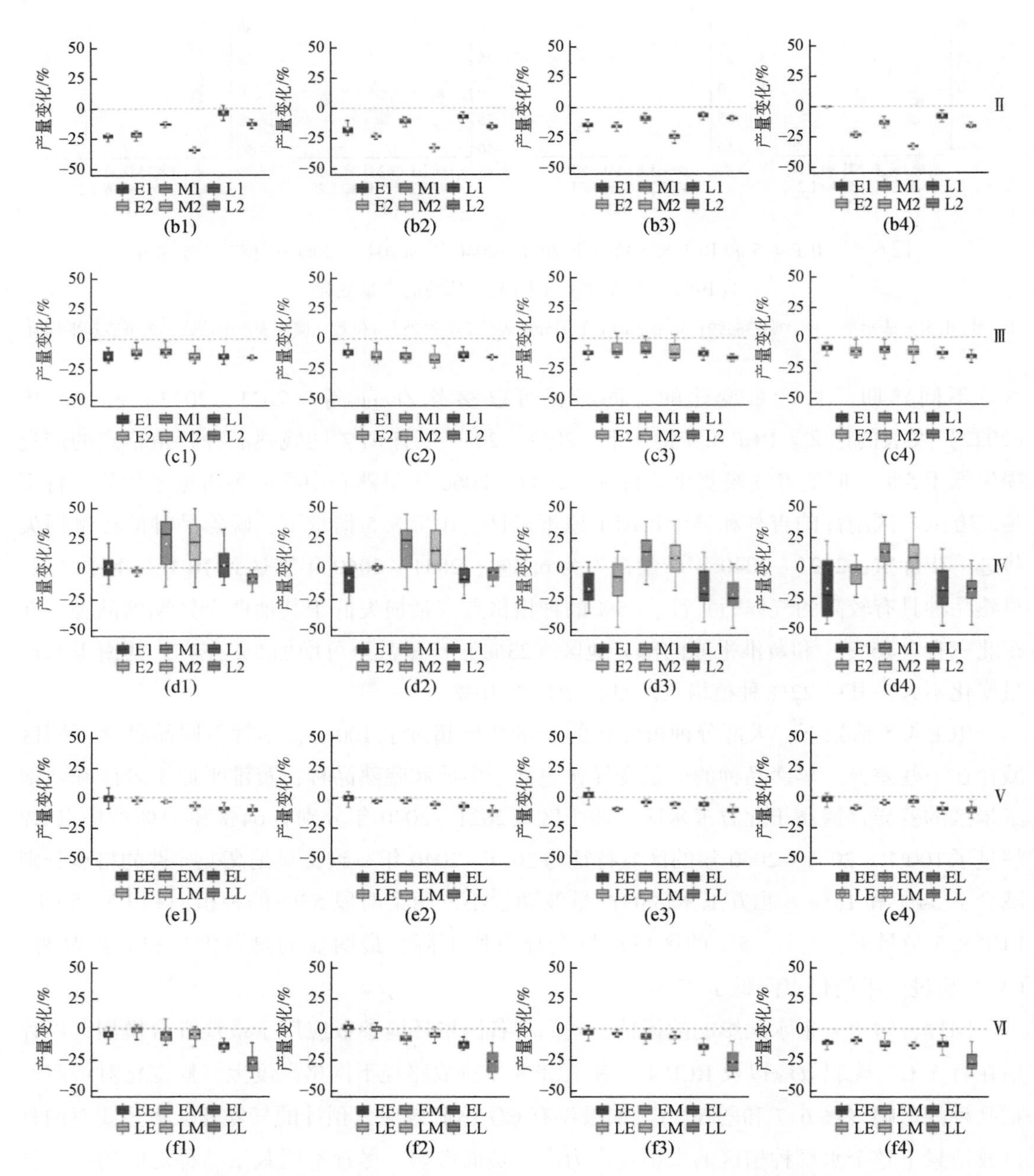

图 6.7 不考虑 CO_2 施肥效应，RCP 4.5 和 RCP 8.5 情景下 2021 ~ 2040 年和 2041 ~ 2060 年相对于基准年（1986 ~ 2005 年）不同水稻品种单季稻（A）双季稻（B）的产量变化

对于单季稻来说，预计产量损失最大的是区域Ⅱ，由于气候变化，该区域水稻产量平均下降 22.5% ±9.8%（图 6.7）。区域Ⅰ的产量损失相对较小（−12.7% ±4.4%），很大程度上取决于栽培品种的生长周期（图 6.7）。与气候情景无关，中熟品种的产量下降（−9.1% ±9.2%）比早熟品种（−11.6% ±4.8%）和晚熟品种（−10.3% ±7.9%）少。区

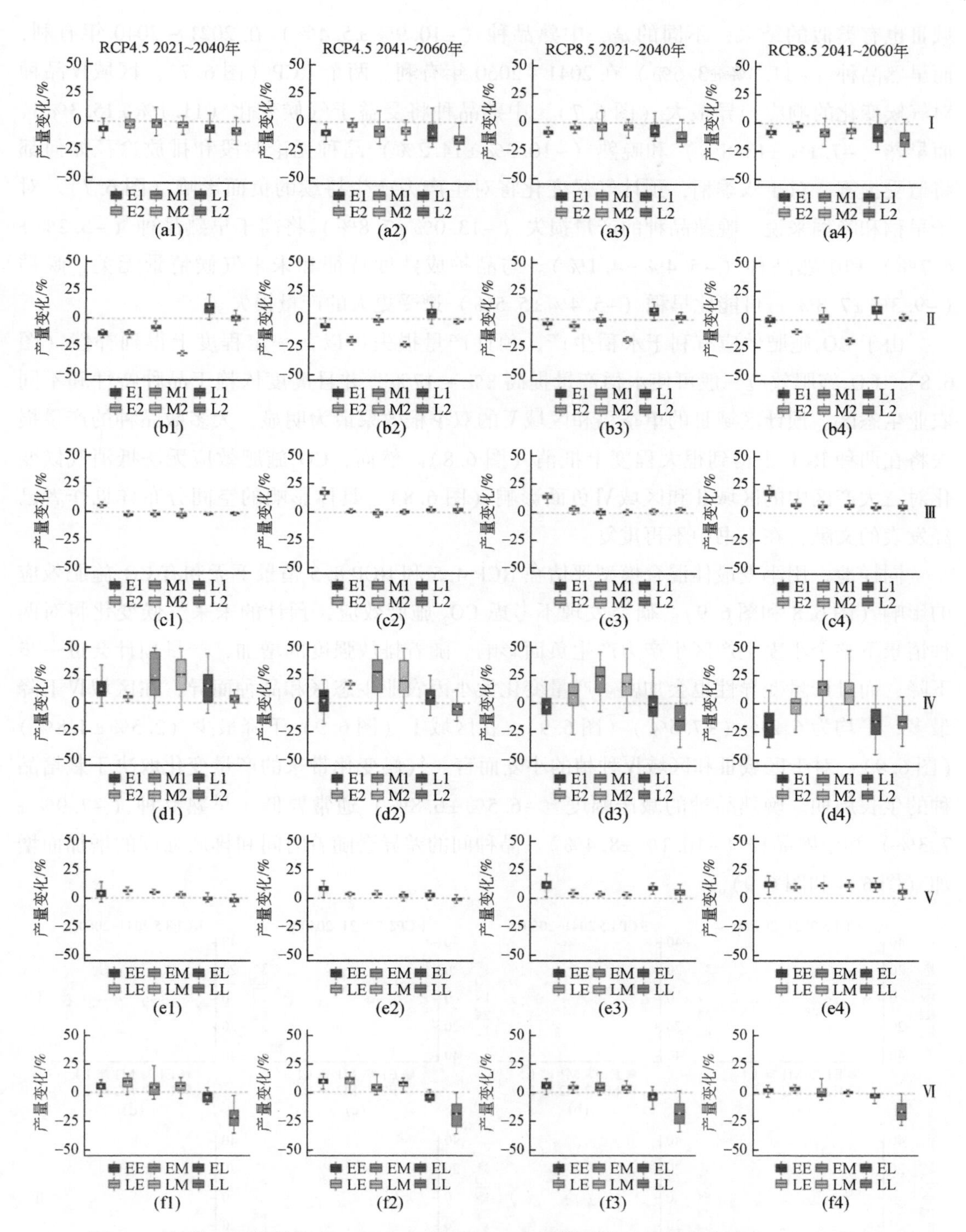

图 6.8　考虑 CO_2 施肥效应，RCP 4.5 和 RCP 8.5 情景下 2021～2040 年和 2041～2060 年相对于基准年（1986～2005 年）不同水稻品种单季稻（A）双季稻（B）的产量变化

域Ⅲ也有类似的结果，不同的是，中熟品种（-10.9%±5.4%）在2021~2040年有利，而早熟品种（-11.3%±3.6%）在2041~2060年有利。两个RCP（图6.7）。区域Ⅳ品种对气候变化的响应差异最大（图6.7）。中熟品种将受益于气候变化（11.1%±15.3%），而早熟（-7.1%±13.8%）和晚熟（-10.3%±14.2%）品种无论时段和排放途径如何都将遭受损害。对于双季稻，预计气候变化将对生产力产生持续的负面影响（图6.7）。对于早稻和晚稻来说，晚熟品种的产量损失（-13.0%±7.8%）将高于早熟品种（-3.2%±4.7%）和中熟品种（-5.4%±4.1%）。与品种成熟度特征和未来气候情景无关，晚稻（-9.3%±7.8%）可能比早稻（-5.4%±5.5%）遭受更大的产量损失。

由于CO_2施肥效应有利于水稻生产，预计产量损失可以在一定程度上得到补偿（图6.8）。CO_2施肥效应一般可使水稻产量提高8%~17%，并且高度依赖于品种特性和不同农业生态区。预计区域Ⅲ的单季稻和区域Ⅴ的双季稻效果最为明显，大多数品种的产量损失将在两种RCP下得到很大程度上抵消（图6.8）。然而，CO_2施肥效应无法抵消气候变化对三大产区中的区域Ⅱ和区域Ⅵ负面影响（图6.8）。具体影响的空间分布详见作者已经发表的文献，在本书中不再重复。

同样地，用小麦最佳混合模型评估在RCP 4.5和RCP 8.5情景下无和有CO_2施肥效应的影响（图6.8和图6.9）。研究发现不考虑CO_2施肥效应，预计的未来气候变化将对两种情景下整个小麦主产区生产力产生负面影响。随着排放强度的增加，产量预计会进一步下降，而且产量变异性也会加剧。产量变化大小因农业生态区和品种而异，在区域Ⅳ下降最多，平均为6.2%（±7.5%）（图6.9），在区域Ⅰ（图6.9）下降最少（2.5%±4.8%）（图6.9）。对于区域Ⅲ和区域Ⅳ种植的小麦而言，气候变化带来的产量变化取决于栽培品种的生长周期。晚熟品种的减产幅度（-6.5%±6.8%）通常要低于早熟品种（-7.9%±7.3%）和中熟品种（-10.1%±8.4%）。品种间的差异会随着时间和排放强度的增加而增加（图6.8和图6.9）。

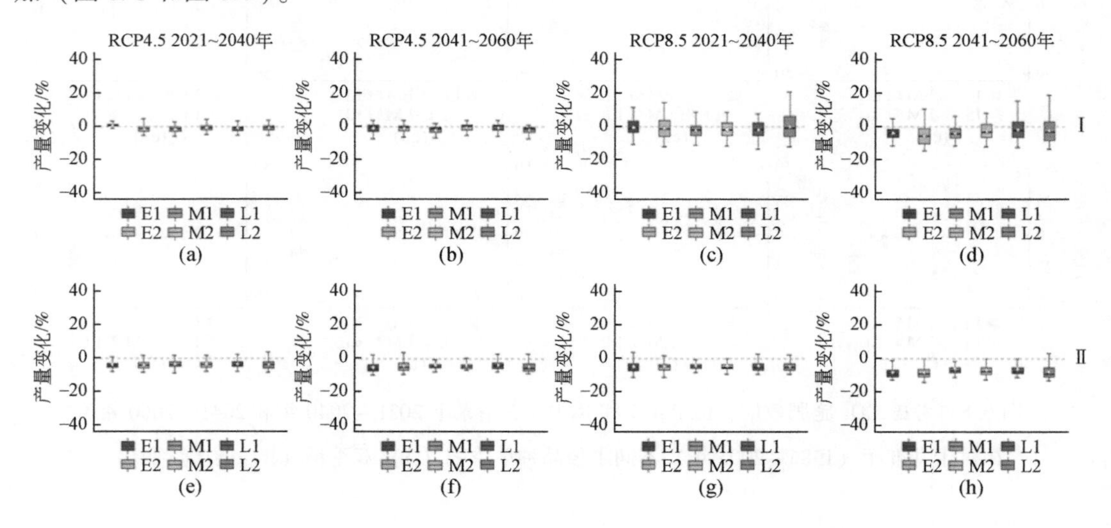

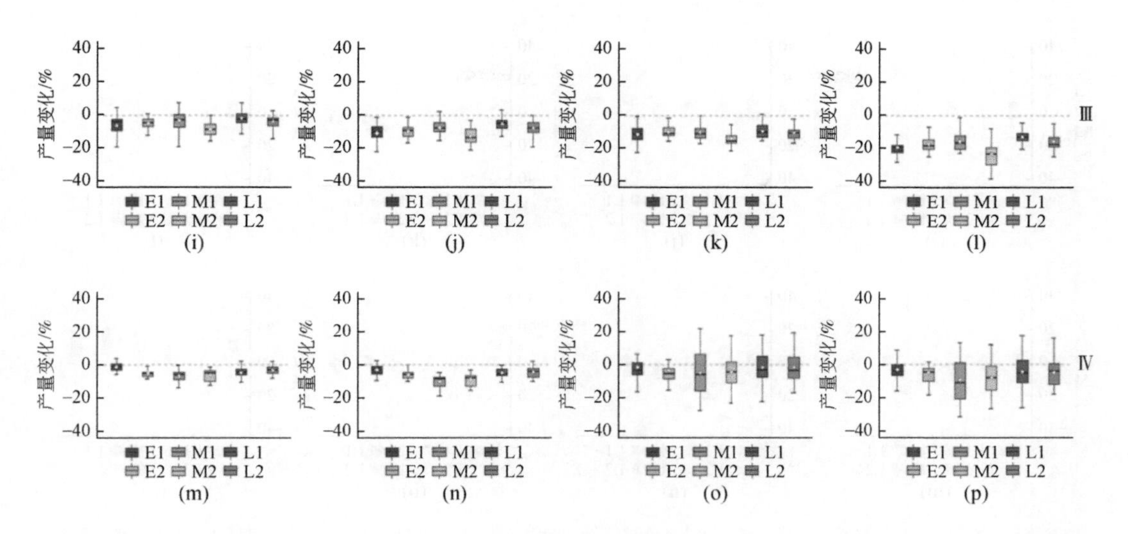

图 6.9 不考虑 CO_2 施肥效应，RCP 4.5 和 RCP 8.5 情景下 2021～2040 年和 2041～2060 年相对于基准年（1986～2005 年）不同小麦品种的产量变化

当考虑 CO_2 施肥效应时，气候变化造成产量损失将在一定程度上得到补偿，根据品种特征和不同分区，通常可使小麦产量增加 0.2%～7.9%。因此小麦产量预计平均变化在区域Ⅰ、区域Ⅱ、区域Ⅲ和区域Ⅳ早熟（晚熟）分别为 10.6%～11.7%（13.4%～14.9%）、7.6%～8.4%（7.9%～8.1%）、1.0%～1.5%（5.1%～7.6%）和 9.4%～11.1%（6.3%～13.5%）；对于中熟品种其相应值分别为 11.3%～13.1%、7.7%～8.9%、-3.3%～4.1% 和 4.8%～6.9%（附录 E、图 S5、图 S6）。尤其在 RCP8.5 情景下区域Ⅲ，以及区域Ⅱ南部和区域Ⅳ预计在 2021～2040 年 RCP4.5 和 RCP8.5 情景下都会减产（图 6.10）。一般来说，晚熟品种的产量比早、中熟品种增产较多或减少相对较少。

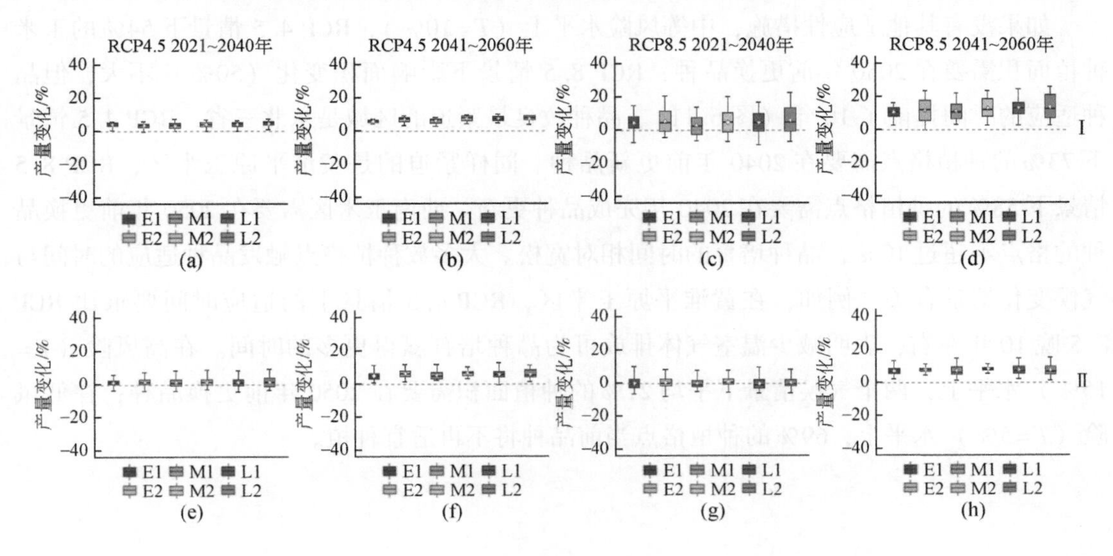

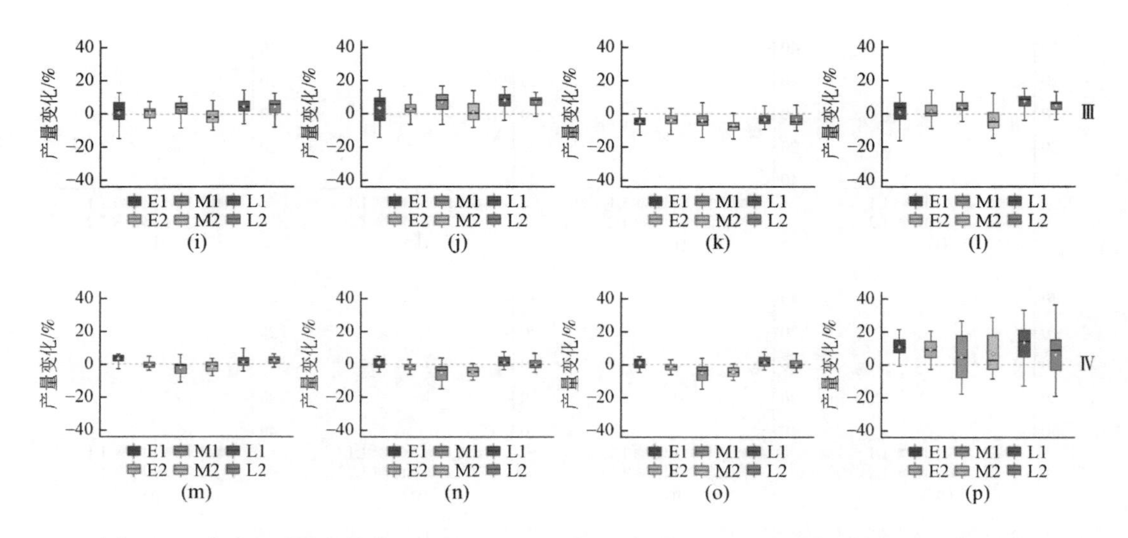

图6.10 考虑CO_2施肥效应，RCP 4.5 和 RCP 8.5 情景下 2021～2040 年和 2041～2060 年相对于基准年（1986～2005 年）不同小麦品种的产量变化

在国家层面，相对于基准期（1986～2005 年），在 RCP 4.5（RCP 8.5）情景且不考虑CO_2施肥效应下，预计小麦产量在 2021～2040 年平均下降 5.3%（6.7%），在 2041～2060 年平均下降6.3%（9.4%）。相比之下，在 RCP 4.5（RCP 8.5）和CO_2施肥效应下，预计2041～2060 年平均增加 1.8%（0.7%），2041～2060 年平均增加 5.7%（8.1%）（图6.10）。

6.2.4 三大作物未来品种适应的时间节点和地点

如果没有其他适应性措施，中等风险水平上（T=10%），RCP 4.5 情景下 54%的玉米种植面积需要在2050 年前更换品种，RCP 8.5 情景下影响面积变化（50%）不大，但品种适应的时间提前了 10 年（图6.11）。品种改良最紧迫的区域是东北三省，RCP 4.5 情景下 73%的种植格点需要在 2040 年前更新品种。同样紧迫的是黄淮平原玉米区，RCP 8.5 情景下 58%的种植格点需要在2040 年完成品种更新。西南玉米区需要在 2050 年前更换品种的格点不超过10%，品种培育的时间相对宽松。大多数种植格点触发品种适应的时间与气候变化情景有关。例如，在黄淮平原玉米区，RCP 4.5 情景下的适应时间要求比 RCP 8.5 晚 10 年左右，表明减少温室气体排放可为品种培育赢得更多的时间。在高风险（T=15%）水平上，两个气候情景下平均 21%的种植面积需要在 2050 年前更换品种；在低风险（T=5%）水平上，69%的种植格点当前品种将不再适宜种植。

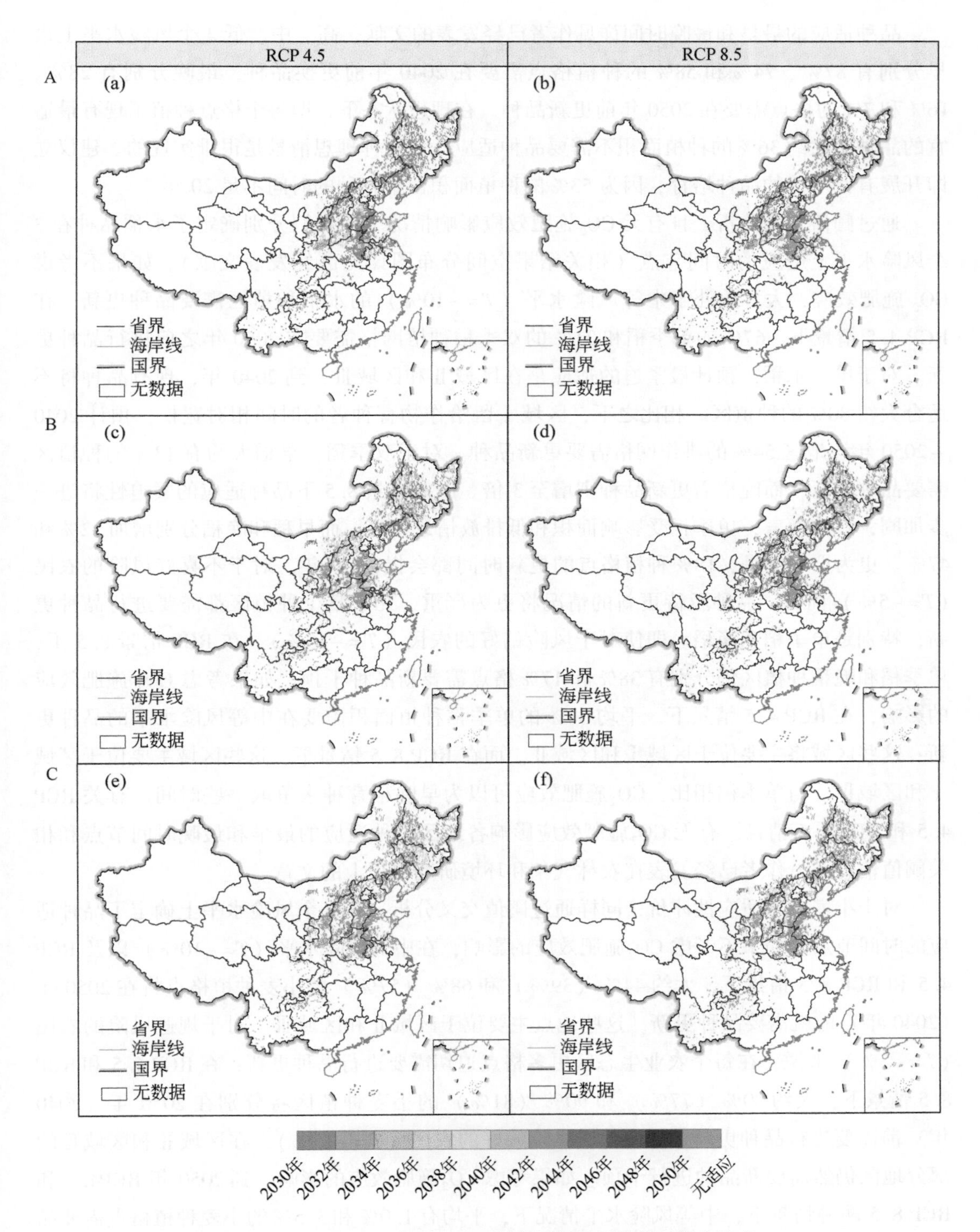

图 6.11 RCP 4.5 和 RCP 8.5 情景下品种适应的时间和地点

A 为低风险，*T*=5%；*B* 为中等风险，*T*=10%；*C* 为高风险，*T*=15%

品种适应的最早和最晚时间详见作者已经发表的文献，高、中、低 3 个风险水平上最早分别有 87%、74% 和 58% 的种植格点需要在 2040 年前更换品种，最晚分别有 28%、16% 和 7% 的格点需要在 2050 年前更新品种。在理想状态下，即每个格点种植了现有最适宜的品种，大约 36% 的种植面积不需要品种适应，但这种理想情景是很难实现的。建议立即开展有针对性的品种培育，因为 53% 的种植面积留给育种的时间不足 20 年。

通过阈值交叉分析，且有无 CO_2 施肥效应影响情况下，我们分别确定了水稻品种在 3 个风险水平上适应的时间节点（相关结果空间分布图详见已经发表文献）。如果不考虑 CO_2 施肥效应，大多数处于中等风险水平（$T=-10\%$）的水稻种植区需要品种更新。在 RCP 4.5 情景下，67% 的单季稻和 31% 的双季稻种植网格需要在 2050 年之前进行品种更新。对于单一水稻，预计最紧迫的适应是在区域Ⅱ和区域Ⅲ，到 2040 年，现有品种将不适合大约 80% 的种植区。相比之下，区域Ⅰ留给作物育种者的时间相对宽松，预计 2040 ~2050 年该地区 54% 的耕作网格需要更新品种。对于双季稻，早稻大约有 13% 的种植区需要品种更新，而晚稻需更新品种则增至 3 倍。RCP 情景 8.5 下品种适应的紧迫性将进一步加剧，具体而言，单季稻受影响面积和低排放情景相当，而早稻和晚稻分别增加 12% 和 47%。更为严峻的是，18% 种植格点的更新时间都会提前 10 年。对于不喜好风险的农民（$T=-5\%$）而言，品种亟待更新的情况将更为严重，几乎整个种植区都需要进行品种更新，特别是单季稻和晚稻。即使对于风险偏好的农民（$T=-15\%$），在 RCP 情景 8.5 下，单季稻和晚稻种植区仍分别有 38% 和 17% 格点需要新品种干预。如果考虑 CO_2 施肥效应的影响，在 RCP 4.5 情景下，平均 38% 的单季稻种植面积需要在中等风险水平的品种更新；这些区域将主要位于区域Ⅰ和区域Ⅱ。而在 RCP 8.5 情景下，这些区域主要位于区域Ⅰ和区域Ⅳ。与单季稻相比，CO_2 施肥效应可以为早晚稻育种多争取一些时间。有关 RCP 4.5 和 RCP 8.5 情景，有无 CO_2 施肥效应影响各地区品种适应的最早和最晚时间节点和相关阈值信息详见作者已经发表在农林气象和环境研究快报上的文章。

对于小麦未来适应性评价，同样通过阈值交叉分析，在 3 个风险水平上确定了品种适应的时间节点。如果不考虑 CO_2 施肥效应的影响，在中等风险水平（$T=-10\%$）以及 RCP 4.5 和 RCP 8.5 情景下，大约 44%（39%）和 68%（57%）的小麦种植格点将在 2050 年（2040 年）前就需要品种更新，这些地点主要位于区域Ⅱ和区域Ⅲ。对于规避风险的农民（$T=-5\%$）来说，在每个农业生态区更多格点迫切需要进行品种更新；在 RCP 4.5 和 RCP 8.5 情景下，大约 80%（77%）和 90%（81%）的小麦种植区将分别在 2050 年（2040 年）前需要进行品种更新。即使对于风险偏好的农民（$T=-15\%$），在区域Ⅱ和区域Ⅲ的部分地区仍然需要新品种进行干预。如果考虑 CO_2 施肥效应的影响，到 2050 年 RCP4.5 和 RCP 8.5 两种情景下，中等风险水平情况下，平均有 1.0% 和 3.5% 的小麦种植格点需要品种更新，且主要位于区域Ⅲ。而在低风险水平下，2050 年（2040 年）前平均分别有 27%（24%）和 17%（16%）种植区需要品种更新，集中在区域Ⅱ、区域Ⅲ和区域Ⅳ。有无

CO_2施肥效应的影响且 RCP 4.5 和 RCP 8.5 情景下，针对不同适应阈值品种适应的最早时间和最晚时间也已经清楚地绘制出来。我们发现，即使考虑 CO_2 施肥效应的影响，对于风险规避的大多数农户而言，最早的品种更新时间将是 21 世纪 30 年代。如果不考虑 CO_2施肥效应的影响，处于低风险水平的区域Ⅱ和区域Ⅲ最晚进行品种适应的时间节点也是 2030s。

6.2.5 理想品种的表型性状

前面基于 CERES-Maize 模型的多情景模拟分析了每个区域 6 个代表品种的产量变化、当前产量及品种性状的相关性，识别了特定区域有望适应气候变化的品种关键表型性状。首先用吉林省公主岭实验站（124°48′33.9″E、43°30′23″N）2009～2016 年‘郑单 958’和‘先玉 335’两个品种的田间实验对模型模拟的产量与性状之间的相关性进行了验证，模拟结果与实验结果一致，玉米产量与 LAI、亩穗数、穗粒数（$p<0.01$）及生物量（$p<0.1$）呈显著正相关，表明 CERES-Maize 模型能够模拟玉米的表观遗传特性，可进行优良性状分析。

综合模拟结果（图 6.12），北方春玉米的产量变化与 LAI、生物量、营养生长期（VGP）和生殖生长期（RGP）长度和百粒重呈显著正相关（$p<0.1$），也就是说，上述性状的数值越高，产量损失越小。结合预测的产量和生育期的变化，该区域应该培育高 LAI（冠层截光能力强）、生物量（高光能利用率）和百粒重（灌浆速率高）的中熟品种。在黄淮平原玉米区，产量变化与当前产量、生物量、生殖生长期的天数、百粒重及收获指数呈显著正相关（$p<0.05$），但与 LAI 和 VGP 呈负相关。因此，该区域应降低品种 VGP/RGP 的比例（延长灌浆期）、减小 LAI（降低水分消耗）、增加生物量（增加光能利用效率）。在西南玉米区，产量变化主要与品种生育期有关。中熟和晚熟品种能够充分利用气

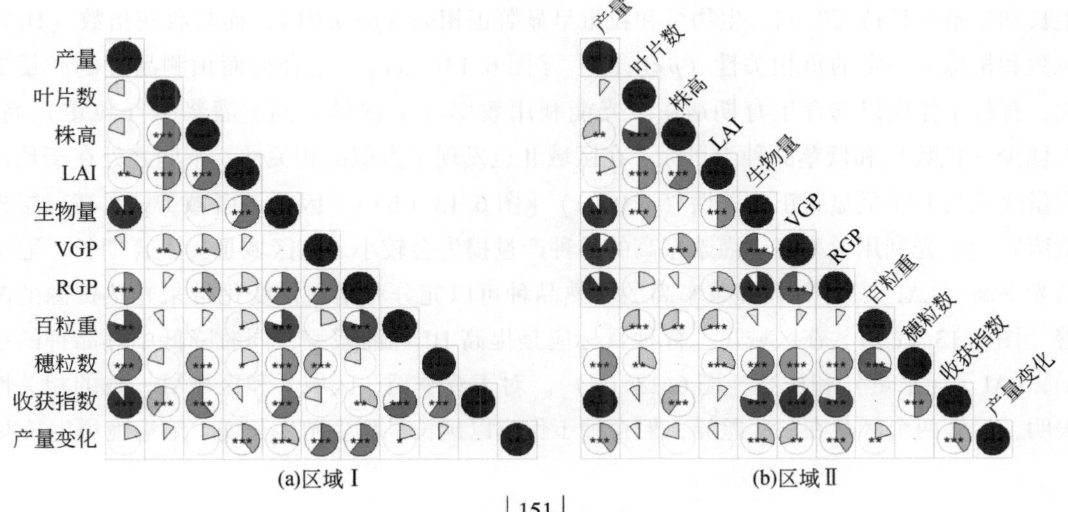

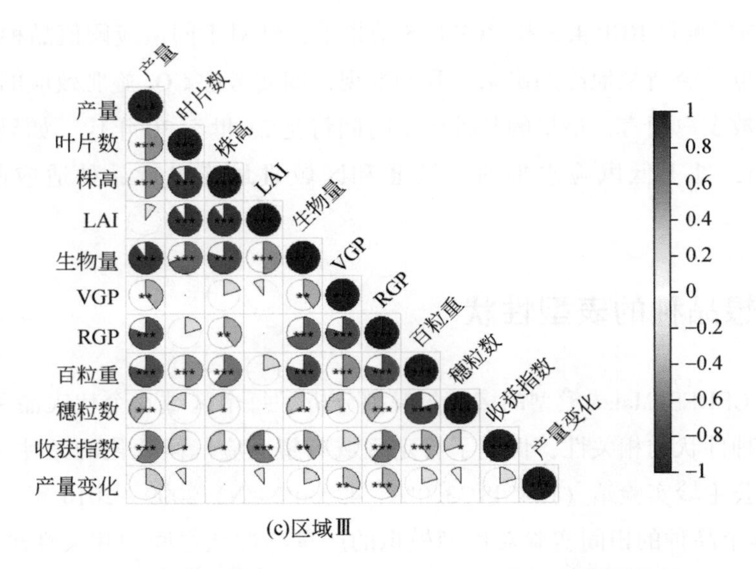

(c)区域Ⅲ

图 6.12　玉米预测产量变化、当前产量和品种性状的关系

*、**、***分别表示显著性 $p<0.1$、$p<0.05$、$p<0.01$。下同

候变化带来的光热资源增加，产量可以维持甚至会有小幅提高。总体来看，灌浆期长、光能利用率高的中熟品种有望适应未来气候变化，但是品种优良性状与环境条件密切相关，需要区域制定有针对性的培育方案。上述结果是统计显著的，识别的优良性状具有坚实的理论基础，与观测的每个区域表现最佳品种的性状一致，因此分析得出的理想品种的表型性状可为中长期的特定区域品种选择提供方向。

我们基于 CERES-Rice 模型对具有不同物候、叶片生长、不同生产情景下的光合作用、籽粒形成、抗倒伏和产量水平等进行了分析。发现与光拦截和光合效率相关的表型性状被确定为育种的优先事项，该相关性具有统计显著性（$p<0.1$），所识别的表型性状对于潜在的长期育种具有深刻的洞察力（图 6.13）。对于区域Ⅰ的单季稻，预计产量变化与营养生长和生殖生长持续时间、生物量和粒重呈显著正相关（$p<0.01$），而与收获指数（HI）、粒数和植株呈一定的负相关性（$p<0.05$）［图 6.13（a）］。结合前面预测品种的产量变化，育种工作应以选育生育期适中、光能利用效率（生物量）高、灌浆率（粒重）高、小穗少（粒数）和低茎品种为目标。在区域Ⅱ也发现了类似的相关性，不同之处在于预计产量变化与 LAI 呈显著正相关性（$p<0.01$）［图 6.13（b）］。因此该区域 LAI（高冠层光截留）大、光利用效率高、灌浆率高的品种产量损失会较小。在区域Ⅲ，生育期长、冠层截光率高（LAI 大）、籽粒灌浆率高的中熟品种可以充分利用气候变化带来光热资源的改善［图 6.13（c）］。在区域Ⅳ，育种目标应是提高 HI 和灌浆率，同时降低中熟品种的小穗、LAI（耗水量）和株高［图 6.13（d）］。对于双季稻，区域Ⅴ和区域Ⅵ一致的相关性表明，尽管两个区存在一些差异，但育种工作应以延长早稻生殖生长期、缩短晚稻生长发

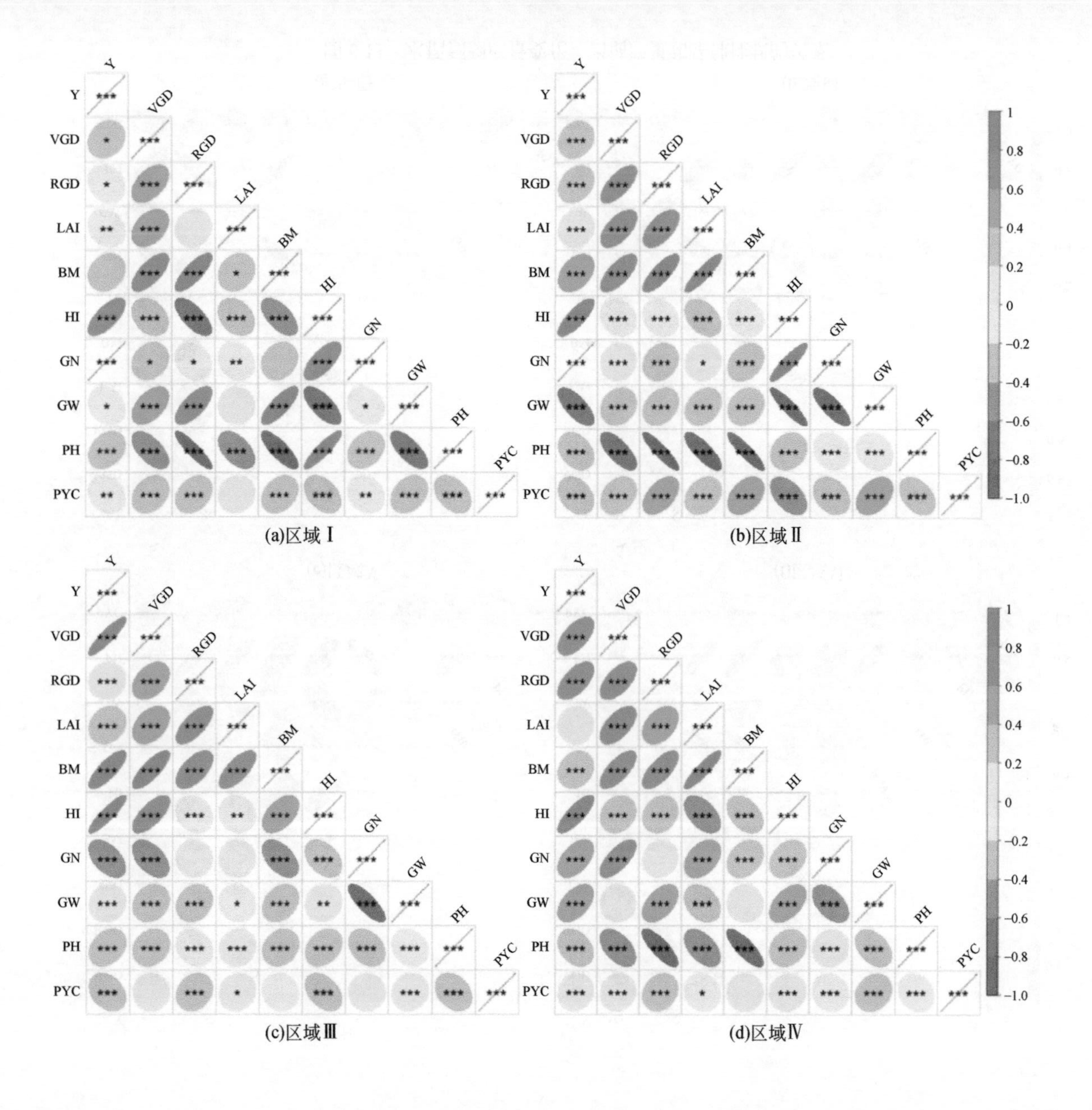

(a)区域Ⅰ (b)区域Ⅱ (c)区域Ⅲ (d)区域Ⅳ

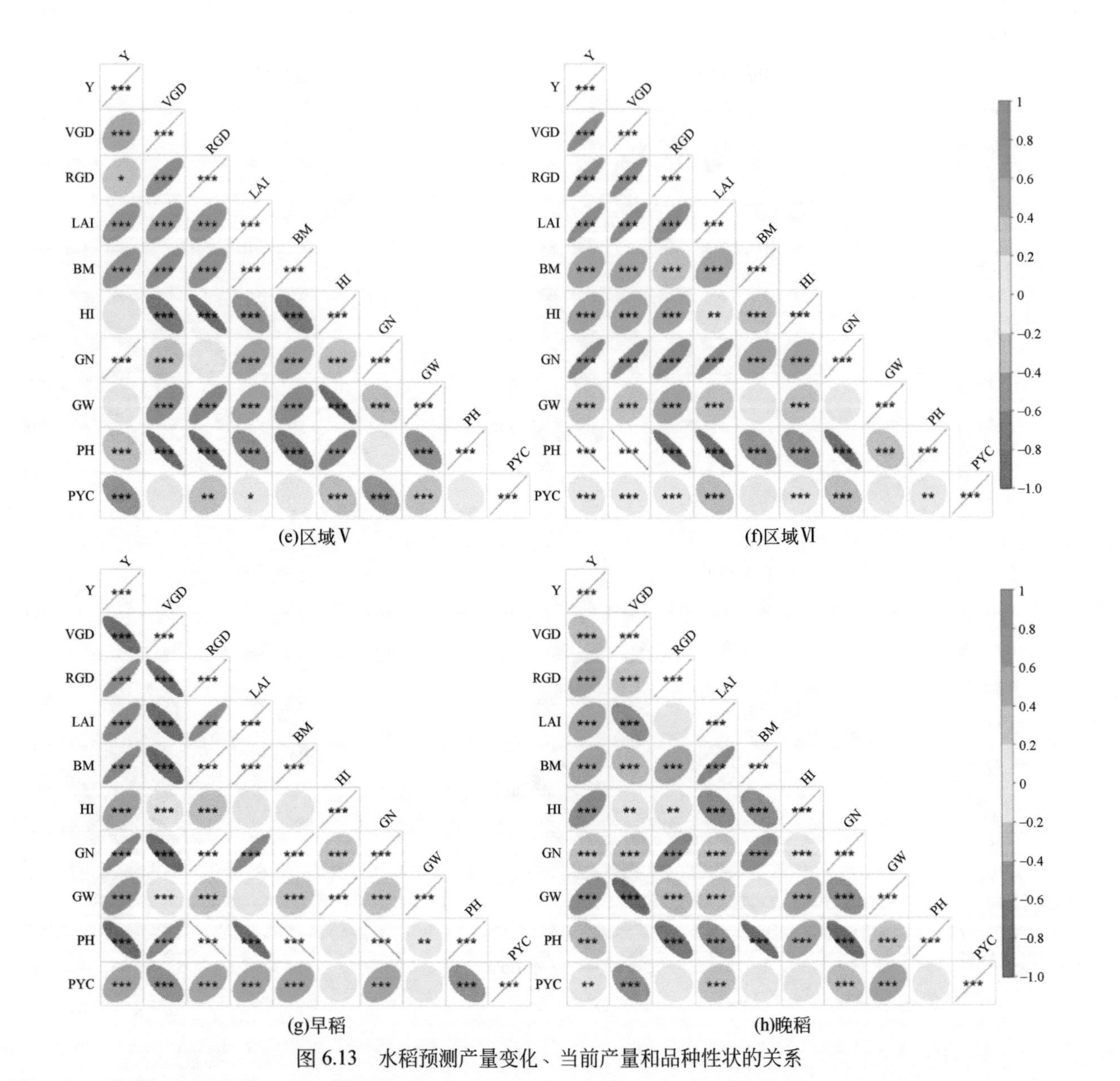

图 6.13　水稻预测产量变化、当前产量和品种性状的关系

育周期为目标［图6.13（e）~（h）］。具体而言，对于早稻和晚稻，预计产量变化与区域Ⅴ的LAI呈负相关，而在区域Ⅵ呈正相关，这表明增加LAI可能是区域Ⅵ的另一个育种目标。值得注意的是，在大多数水稻种植区，预测产量变化与当前产量、HI、株高和粒数呈负相关，这表明当前高产品种在未来气候下将遭受更大的产量损失。值得注意的另外一点是，想通过增加HI来增产很少被我们的研究证实。提高光利用效率和光合能力可能是适应气候变化的潜在育种努力方向，尽管表型特征可能因特定环境而异。

每个农业生态区的6个小麦品种在不同的生产情景下具有不同的物候、叶片生长、光合作用、籽粒形成、抗倒伏和产量水平。在区域Ⅰ，小麦产量与生殖生长期（RGD）、成熟生物量（BM）、收获指数（HI）、粒数（GN）和粒重（GW）呈显著正相关。未来气候下的预计产量变化与营养生长期（VGP）和RGD显著正相关［图6.14（a）］。因此，该区域的品种表型性状包括长RGD、高光合效率和HI。区域Ⅱ育种应培育VGP长、LAI大、光合效率高、HI、GN、GW高、灌浆率高、茎矮、叶数少的品种［图6.14（b）］。在区域Ⅲ，品种表型性状包括VGP短、LAI大、光合效率、HI、GN和GW［图6.14（c）］。区域Ⅳ的品种表型性状包括RGP长、LAI大、光合效率高、HI、茎高、叶数少［图6.14（d）］。

6.3 讨　　论

6.3.1 气候变化的影响及品种适应的紧迫性

与作物模型模拟（Chen et al.，2018）和统计分析（Zhang et al.，2017，2018）结论一致，气候变化对玉米产量造成了严重的负面影响，主要是由于温度升高缩短生育期（附录E-图S7）。未来气候变化的影响程度与种植品种高度相关。例如，RCP 4.5情景下2021~2040年在北方玉米区，种植早熟品种84%的格点的产量损失超过了10%，而种植晚熟品种21%的格点产量损失小于5%。也就是说，气候变化背景下生育期长的品种产量损失并不一定最大，除了生育期长度，其他性状如抗热抗旱性、灌浆速率和光能利用效率对适应气候变化也起到了重要作用。同时也表明气候变化影响评估应该考虑品种等人为管理的影响，否则可能会高估或低估作物生产对气候变化的敏感性（Shew et al.，2020）。如果没有其他适应性措施，RCP 4.5和RCP 8.5情景下将有一半以上的种植格点需要在2050年前更换品种（中等风险水平），影响面积达216亿hm^2，主要分布在东北三省和黄淮平原，这两个区域是我国最重要的产粮区，贡献了全国56%的玉米产量。鉴于本章对区域广泛推广的、最常用的应对气候变化的代表品种进行了全面评估，因此建议立刻开展品种培育，以保障我国及全球未来30年的粮食安全（Challinor et al.，2016；Cowling et al.，2019）。

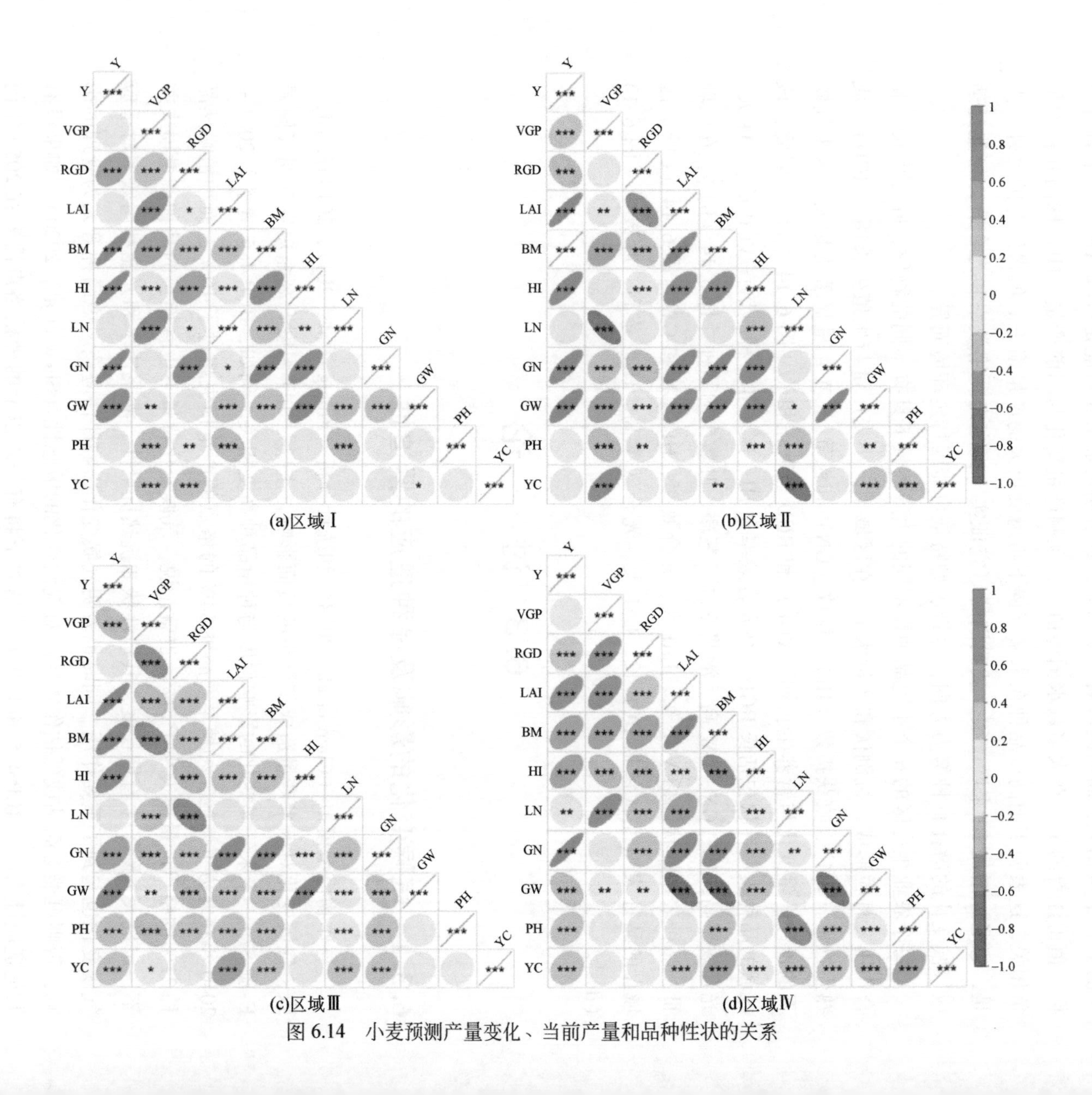

图 6.14 小麦预测产量变化、当前产量和品种性状的关系

6.3.2 耦合作物模型和机器学习精准制定气候变化适应措施

本章耦合作物模型和机器学习构建了可扩展的混合模型，由点到面评估了两个温室气体排放路径下2021～2040年和2041～2060年气候变化对玉米种植带18个代表性品种的影响。代理模型降低了作物模型的数据需求、提高了运算效率，提升了评估结果尺度变换的稳健性（附录E-表S2）。先前研究主要通过大量田间实验识别品种优良性状，不仅耗时、耗力、耗资，而且难以筛选出能够适应未来多变气候条件的理想株型（Rötter et al.，2015；Cooper et al.，2016；Tao et al.，2017）。本章提出的建模框架综合了植物遗传学、生理学、农学、土壤科学、农业生态学、气候科学等多学科知识，不同的学科和方法有其独特的优势，可为精准应对气候变化提供独到见解。作物模型能够很好地模拟各种G　E　M生产条件下的作物生长发育情况，帮助识别特定环境特别是未来气候条件下品种的理想性状（Dingkuhn et al.，1991）。作物生长模型有坚实的植物生物学基础，能够刻画作物生理过程对环境变化的响应，已经被广泛用于设计品种理想株型（Rötter et al.，2015；Tao et al.，2017；Ravasi et al.，2020）。机器学习是数据驱动的，能够对样本特征学习、推理和决策，在泛化性能和运算效率上具有明显的优势。作物模型和机器学习混合建模不仅可以降低过程模型的数据需求、运算成本及尺度变换的不确定性，而且可以提高结果的稳健性和可解释性（Folberth et al.，2019；Feng et al.，2019，2020）。近年来，这种混合建模方法得到了广泛关注并被推荐用于地学研究（Reichstein et al.，2019；Peng et al.，2020），但目前处于起步阶段。本研究发展了这种建模思路，将其应用到了农业领域，证实了其稳健性和可靠性，为制定气候变化适应措施提供了重要思路。

6.3.3 区域玉米生产的胁迫因子及理想品种的性状

每个区域最佳代理模型（XGBoost）对20个特征的重要性排序如图6.15所示。所有区域GDD和Pgs排前二，DOY位列第三，接着是OCA、SPI等其他特征，表明光热资源和品种是玉米产量形成最重要的因素。在北方玉米区，TCD排第4，OCA排第5，表明冷热害是北方春玉米生产的重要胁迫因子。在黄淮平原玉米区，DOY之后是SPI和OCA，且两因子得分相差不大，警示了热害和干旱的协同致害。西南玉米区排在前五的因子与黄淮平原玉米区类似，只是OCA的得分稍微高于SPI，表明西南玉米对高温热害更加敏感。TCD在黄淮平原玉米区和西南玉米区排序均靠后，说明冷害对上述两个区域玉米的影响不大。混合模型识别的区域关键影响因子与实际情况一致，说明机器学习能够对过程模型的机理进行学习和合理推理，进一步证实了混合建模框架的稳健性和可行性。

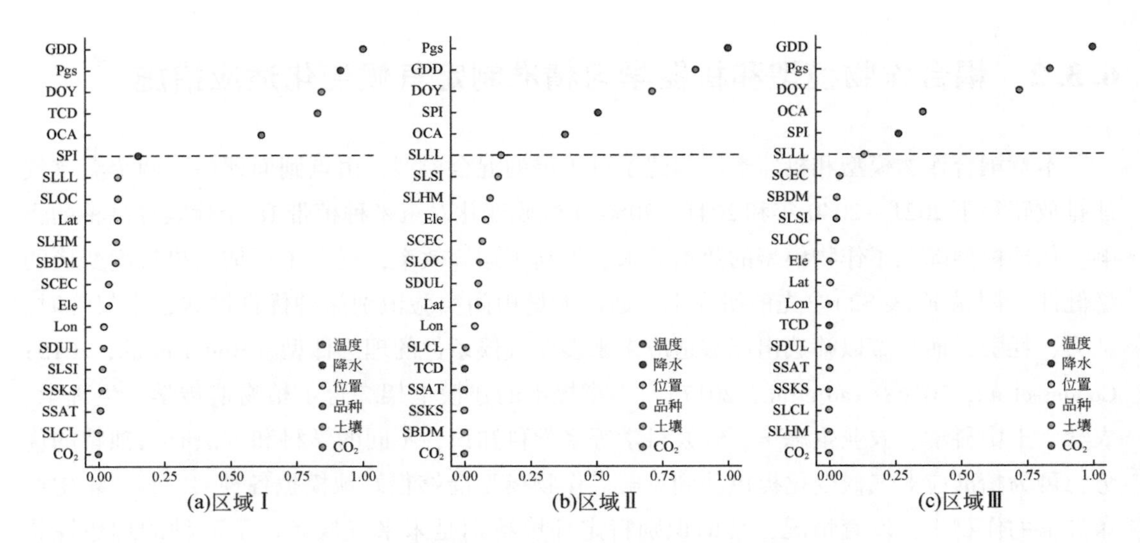

图 6.15 XGBoost 模型的特征重要性得分

本研究识别的品种优良性状具有合理的生理学基础。在北方玉米区，LAI 较大（冠层截光能力强）的中熟品种能够充分利用气候变暖带来的光热资源和降雨，同时避开生长季后期的冷害胁迫（Liu L et al.，2013）。在黄淮平原玉米区，气候变化在增加光热资源的同时也加重了水分胁迫，故营养生长期较短、LAI 较小（水分消耗少）的品种干旱的影响相对较小（Tao et al.，2015b；De Souza and Long，2018）。在西南玉米区，气候变暖改善了玉米生育期的气候条件，中熟和晚熟品种的资源利用效率更高，有望提高玉米产量（Chen et al.，2018）。每个区域优良品种性状与环境变化密切相关，其响应关系是可论证的，因此本章识别的关键性状可作为区域品种培育的依据。

6.3.4 不确定性分析

本章虽然用大量的田间实验数据对作物模型进行精细校准，利用超过 25 000 个 G E M 情景训练机器学习为每个区域构建最佳混合模型，用高密度气象观测订正的区域气候情景数据评估气候变化对区域 3 个熟期 6 个代表性品种的影响，并预测两个温室气体排放路径下 3 个风险水平上品种适应平均、最早和最晚的时间，但是仍然存在一些不确定性。首先，GCMs 本身的系统偏差导致气候变化情景数据及后续估计的影响可能存在一些不确定性。后续研究可以利用多个高分辨率气候模式的集合预测数据提高结果的可靠性。其次，作物模型和机器学习算法的选择可能会带来一定的不确定性，因为不同模型的侧重点不同，其中的函数关系存在一定的差异，多种作物模型的模拟构建混合模型可获得更稳健的评估结果。最后，预测的品种适应时间可能比较保守，因为没有考虑未来极端气候事件、病虫害和社会经济条件的影响。此外，本章只分析了与冠层结构和光合作用有关的品种关键表型性状，其遗传学和生物学基础还需深入研究。尽管存在一些局限，但据作者所知，本研究首次回答了气候变化背景下中国当前玉米品种何时何地将不再适宜种植、需要品种更新以及应该培育怎样的品种，并发展了一种“作物模型-机器学习”建模框架，实现了由站点到区域的气候变化影响评估，为精准应对气候变化提供了新思路。

6.4 本章小结

“认清历史”之后的另一核心问题是评估未来气候变化的影响并给出趋利避害的适应性措施。本书第 3 章 ~ 第 5 章明晰了历史气候变化对玉米物候、产量的影响，识别了关键影响因子并给出了可持续的生产方案，结果表明品种是影响玉米生产力的主要因素，是应对气候变化的首要选择。世界各地的作物育种专家也长期致力于培育高产高抗逆性的品种来适应气候变化，但是何时何地气候变化将打破现有品种的气候适宜性，需要品种更新却不清楚。回答上述问题的前提是系统评估气候变化对现有品种的影响。先前的研究主要利用作物模型或统计方法评估气候变化的影响，但是考虑人为管理特别是品种的作物模型大多是基于田间实验开发的，在站点尺度虽然能够很好地模拟作物生长发育状况，但是大量的数据需求使其难以在大尺度应用。统计模型虽然可操作性强，但是机理性不足的缺点也同样明显。机器学习是一种高级的统计算法，能够学习数据的复杂关系，在计算效率和泛化性能上有独特优势。本章综合了不同方法的优势，发展了一种“作物模型-机器学习”混合建模框架，构建区域最佳代理模型基于精细订正的区域气候模式数据系统评估了气候变化对玉米种植带 18 个代表性品种的影响，并将气候学领域的交叉阈值分析应用到了农业研究，预测了不同风险水平上品种适应的平均、最早和最晚的时间、地点及有望适应气候变化的品种性状。

结果表明，气候变化对玉米生产的影响大多是负面的，影响幅度取决于种植的品种。现有品种的更换只能减轻但不能抵消气候变化导致的减产。如果没有其他适应措施，RCP 4.5 和 RCP 8.5 情景下玉米产量将平均下降 8.3%。中等风险水平（10%）下，预计 53% 的种植格点需要在 2050 年前更换品种，其中最为紧迫的是东北和黄淮海玉米区，留给品种培育的时间已不足 20 年。理想品种的性状与环境条件密切相关，北方玉米区应培育 LAI 较大、生物量较高、灌浆速率较高的中熟品种以充分利用气候变化带来的光热资源同时避开生长季后期的冷害胁迫。黄淮海玉米区应通过缩短营养生长期、延长灌浆期、减小 LAI 来减轻干旱和热害导致的损失。在西南玉米区，气候变化改善了玉米生长季的环境条件，种植中熟和晚熟产量可以维持甚至会有小幅提高。虽然优良品种具有明显的区域特征，总体来看，灌浆期长、光能利用率高的中熟品种减产风险小，有望适应未来气候条件。本章首次回答了现有品种何时何地将不再适宜种植、需要进行品种更新以及应该培育怎样的品种，为气候变化研究提供了新思路，为精准应对气候变化提供了新视角，对保障我国乃至全球粮食安全具有重要的指导意义。

第7章 未来热害保险产品设计

近50年来，我国长江流域发生的重大水稻高温热害事件约6次，其中，2003年全流域受灾面积保守估计达3000万 hm^2，损失的稻谷产量约5180万t。在全球气候变暖背景下，我国水稻主产区内极端高温发生的频次和强度均显著增加，尤其是长江中下游流域水稻种植区，高温热害已经严重影响了当地水稻安全生产。极端温度灾害已经成为威胁水稻生产的主要限制因素，并随着全球变暖的加剧而进一步增大了极端高温热害的威胁程度。因此，目前亟须明确水稻损失与灾害强度之间的定量关系，全面评估未来水稻所面临的热害损失风险，进而提出适应性对策，为我国粮食生产宏观政策的制定提供科学依据。

农业生产无法避免自然灾害，但可以通过多种防范措施降低和分散自然灾害带来的损失风险，这也是在识别和评估农业自然灾害风险后的最终目的。目前国内外面对农业自然灾害风险所采用的防范措施主要包括防灾减灾基础设施的建设、现代化高新技术的运用、农业灾后救助管理、农业保险再保险体系的完善等多方面。在建设工程性防灾减灾方面。以水稻为主粮作物之一的众多亚洲国家普遍通过加强农田水利基础建设，完善农业气象监测预警体系等方式来推进防灾减灾基础建设。与工程性防灾减灾措施相辅相成的是现代高新技术的应用，如国内外多个研究通过遥感监测、大数据计算、作物模型模拟和云计算等手段提高了农业生产的机械化程度及智能田间管理水平，并开展了自然灾害预测及实时动态风险模拟等工作。此外，相关的生物高新技术还被用于选拔改良作物品质方面，有效提高了作物的抗虫、抗病毒、抗寒抗旱等特征，降低了潜在威胁造成的损失。

灾害救助是国家对因灾遭遇生活困境而进行抢救和援助的一项社会救助制度，农业灾害救助即是其中的一项常规工作。我国主要通过推进农业灾害救助信息化建设、完善灾害救助队伍体系和加强灾害救助物资保障来开展农业灾害救助管理建设。国外研究多侧重于对多样化救助手段的探讨，如政府补贴、市场调控、税收调控和法律保障等。但灾后救助的最大弊病在于其是一项延后兜底的措施，往往容易造成政府财政负担过大和农户消极应对自然灾害的局面，所以往往只适用于大灾风险。相比于灾后救助，灾前投资农业保险及再保险则是一项集管理自然灾害风险、转移收入、稳定分配、促进经济发展以及社会保障和管理等多功能于一体的金融风险分散工具。国内外多个国家均兴起多项政府与市场相互合作的政策性或商业化农业保险再保险项目，例如印度实行的天气指数保险试点基于降水量指数来赔付雨季作物的干旱损失风险。但就国内而言，时至今日我国农业保险行业面临着保险费率居高不下、政策性农业保险财政补贴难以执行、道德风险和逆向选择等问题，使农业保险整体陷入了保障水平发展不均衡，保障广度进入瓶颈期，保障深度持续低迷的困难局面。伴随着全球气候变化，自然灾害防范应对形势更加严峻复杂，从多方面加强完善建设农业自然灾害风险防范体系是必经之路，从国内外自然灾害风险防范措施来看，辅助以高新现代化科技的基础防范措施的建设目前已经具有较为成熟的发展局面，灾后救助多用于大灾之后的兜底策略，而积极发展农业保险再保险风险分散体系则是目前的新兴方向，值得进一步开展相关研究。

7.1 材料与方法

7.1.1 新数据和资料

所使用数据资料的来源及其预处理方式和前面章节雷同，唯一区别是本章使用了最新的未来情景数据，具体如下。

19世纪20年代法国数学家、物理学家傅里叶发现了温室效应；此后的一个半世纪里，人们通过不同手段确认并估算了CO_2的温室效应，并通过观测证实了人类大量使用化石燃料造成大气CO_2浓度稳步上升的事实；进入70年代后，全球温度开始快速升高，气候变暖的影响逐步凸显，这促使科学界酝酿发起全球变化研究。1980年，世界气象组织（World Meteorological Organization，WMO）和国际科学理事会（International Council for Science，ICSU）联合设立了“世界气候研究计划”（World Climate Research Programme，WCRP），旨在回答气候是否在变化、气候变化能否被预测，以及人类是否在其中负有一定程度的责任等关键科学问题。从90年代初，WCRP陆续发起了国际大气模式比较计划（AMIP）和耦合模式比较计划（CMIP），大致每5年一个阶段，目前已经发展到第六阶段（周天军等，2019，2021）。

CMIP6是CMIP计划实施20多年来参与的模式数量最多、设计的数值试验最丰富、所提供的模拟数据最为庞大的一次。这些数据将支撑未来5~10年的全球气候研究，基于这些数据的研究成果将构成未来气候评估和气候谈判的基础。其利用6个综合评估模型（IAM）、基于不同的共享社会经济路径（SSP）及最新的人为排放趋势，提出了新的预估情景，并将其列入CMIP6模式比较子计划，称为情景模式比较计划（ScenarioMIP）（O'Neill et al.，2016；张丽霞等，2019）。

ScenarioMIP由美国国家大气研究中心的Brian C. O'Neill和Claudia Tebaldi以及荷兰环境评估局的Detlef P. van Vuuren共同发起，利用6个综合评估模型（IAM）、基于不同的共享社会经济路径（SSP）及最新的人为排放趋势进行设计，包含3个主要科学目标：①便于不同领域的综合研究，以期能更好地理解不同情景对气候系统物理过程的影响以及气候变化对社会的影响；②针对情景预估中某种特定强迫的气候影响，为 ScenarioMIP 及 CMIP6 其他科学计划的特定科学问题提供数据基础，包含辐射强迫突然显著减少带来的气候影响，土地利用及近期气候强迫因子（简写为 NTFC，即对流层气溶胶、臭氧化学前体、甲烷）的不同假设的气候效应及影响；③为采用多模式集合发展定量评估预估不确定性的新方法提供基础，以期扩展基于 CMIP6 核心试验和历史模拟试验得到的科学认识，实现不同时间尺度不确定性的定量估计。

相比于 CMIP5，CMIP6 ScenarioMIP 在保留 CMIP5 的 4 类典型排放路径的基础上，新增了 3 种新的排放路径，具体如表 7.1 所示。

表 7.1　CMIP6 中 SSP 的主要情景设计

分类	名称	描述	2100 年辐射强度/(W/m^2)
核心试验 (Tier-1)	SSP1-2.6	低强迫情景	2.6
	SSP2-4.5	中等强迫情景	4.5
	SSP3-7.0	中等至高强迫情景	7.0
	SSP5-8.5	高强迫情景	8.5
二级试验 (Tier-2)	SSP4-3.4	低强迫情景	3.4
	SSP5-3.4-OS	辐射强迫先增加再减少	4.5
	SSP4-6.0	中等强迫情景	5.4
	SSPa-b	低强迫情景试验组合，*a* 代表所选择的 SSP 情景，*b* 代表 2100 年的辐射强迫强度	*b*≥2.0

除以上两级试验的主要 SSP 情景外，ScenarioMIP 还具有初始场扰动集合试验 SSP3-7.0，它与核心试验中的 SSP3-7.0 的基本设置相似，只是至少需要 9 个成员。长期延伸试验中的 SSP1-2.6-Ext、SSP5-3.4-OS-Ext 和 SSP5-8.5-Ext，它们的试验均延续至 2100 年后。其中，SSP1-2.6-Ext 保持 2100 年的碳排放下降速率不变至 2140 年，然后碳排放线性增加到 2185 年使其增速为 0，之后排放和土地利用保持在 2100 年水平；SSP5-3.4-OS-Ext 在 2100 年后辐射强迫继续减少至与 SSP1-2.6-Ext 相当为止；SSP5-8.5-Ext 在 2100 年后 CO_2 排放线性减少至 2250 年使其低于 10Gt/a，其他排放保持 2100 年的水平。与 CMIP5 相比，在表 7.1 中的 SSP1-2.6、SSP2-4.5、SSP4-6.0 和 SSP5-8.5 可分别视为更新后的 CMIP5 RCP2.6、RCP4.5、RCP6.0 和 RCP8.5 情景。

7.1.2　保险费率的厘定

在农业保险活动中，农户一般需要在耕种前购买给定保障水平下的保险合同，当作物成熟后农户的产量低于预期保障水平时，保险公司将对农户进行保险赔付。即“预先支付保费”和“灾后赔付损失”是农业保险活动中最重要的两个行为过程。在天气指数保险中，保险公司可根据脆弱性曲线估计由气象灾害带来的产量损失；而农户需要预先支付的保费与保障水平的比值为保险费率，实际上其又可分为纯费率和附加费率两部分。附加费率是指保险公司根据实际运行成本和经验附加的营业费用和稳定系数等，常取值为纯费率的某一倍数。因此，纯费率的计算至关重要。农业保险纯费率的厘定与一般财产保险本质上是一致的，按照大数定理和极限中心逼近的原则，Goodwin 和 Ker（2000）提出了保险费率厘定方法，具体形式如下：

$$R=E(\text{loss})/(\lambda\times\mu)\times 100\% \tag{7-1}$$

式中，R 为保险纯费率；E（loss）表示期望产量损失；λ 为保障水平；μ 为无灾害发生时的产量。由式（7-1）可知，当保障水平 λ 为 100% 时，可认为产量损失率即为保险纯费率。

7.1.3 保险产品的效益分析

在实施天气指数保险前后，农户收入的变化是衡量天气指数保险效益的最直接手段。农户收入计算为

$$I_{\text{before}}=P\times Y \tag{7-2}$$

$$I_{\text{after}}=P\times Y+\beta-\theta \tag{7-3}$$

式中，I_{before}和I_{after}分别为实施天气指数保险前后农户的收入；P 为水稻最低收购价格；Y 为水稻单产；β 为水稻热害致损后的保险赔付，也就是$P\times Y_{\text{Hloss}}$；θ 为每年支出的保费，等于保额×费率。这里，我们不考虑附加费率和运行成本等因素，将保险纯费率 PPR 视为保险费率。在本书中，保额可认为是最大水稻可达产量的价值，也就是$P\times Y_{\text{no-stress}}$。因此，式(7-3）也可被写为

$$I_{\text{after}}=P\times(Y+Y_{\text{Hloss}}-\text{PPR}\times Y_{\text{no-stress}}) \tag{7-4}$$

其中，对于未来每年的保险纯费率 PPR，我们均按照相关公式进行计算。

在得到I_{before}和I_{after}后，我们将对I_{before}和I_{after}的未来时间序列进行分析，通过比较两列时间序列的均值和波动性，分析农户收入的变化。其中，以边际尾部期望［conditional tail expectation，CTE；式（7-5)］来衡量时间序列的均值，以均方根损失［mean root square loss，MRSL；式（7-6）］来衡量时间序列的波动性。这样，我们得到了$\text{CTE}_{\text{before}}$、$\text{CTE}_{\text{after}}$、$\text{MRSL}_{\text{before}}$ 和$\text{MRSL}_{\text{after}}$；相应地，CTE 差值（$\text{CTE}_{\text{after}}-\text{CTE}_{\text{before}}$）为正，MRSL 差值（$\text{MRSL}_{\text{after}}-\text{MRSL}_{\text{before}}$）为负代表实施天气指数保险后，农户收入水平上升且更加稳定。

$$\text{CTE}=\frac{1}{T}\times\sum_{t=1}^{T}I \tag{7-5}$$

$$\text{MRSL}=\sqrt{\frac{1}{T}\times\sum_{t=1}^{T}\left[\max(P\times\bar{Y}-I,0)\right]^2} \tag{7-6}$$

7.2 主要发现

7.2.1 未来热害的发展趋势

图7.1展示了CMIP6全球气候模式下长时期历史（1960~2000年）与未来（2021~2100年）水稻主产区的每十年平均热害积温指标（heating growing degree days，HGDD）及变化趋势。在长历史时段内，我国水稻主产区的平均极端热害强度HGDD整体处于一个相对较低的水平，平均强度低于5℃；仅有一季稻的长江中下游和川渝地区在20世纪末时出现较高的强度，略高于5℃。但整体而言，所有水稻主产区的HGDD已经表现出明显的增长趋势。

从21世纪的20年代开始，使用未来情景气象数据计算得到的未来的HGDD强度在SSP3-7.0和SSP5-8.5升温情景下开始一路飞涨，呈现出陡峭的增长趋势，对于一季稻、早稻和晚稻等不同种植制度下的HGDD最高可分别达到70℃、43℃和66℃［SSP5-8.5情景下的一季稻川渝地区，图7.1（a1）］；但在SSP1-2.7的情景下，水稻主产区的HGDD平均强度甚至在21世纪末出现下降的情况［如SSP1-2.7情景下的早稻华南地区，图7.1（b4）］。

从不同种植地区的角度来看，未来极端热害强度最高的地区集中在中低纬度地区，而不是在纬度最低的地区。以SSP5-8.5情景为例，一季稻［图7.1（A）］的未来极端热害强度HGDD数值最高的地区是川渝地区（HGDD：70℃），其次是长江中下游地区（HGDD：55℃），最南端的湘贵地区的平均HGDD反而只有33℃。相似地，晚稻［图7.1（C）］的未来极端热害强度HGDD最高值出现在两湖地区（HGDD：66℃），紧随其后的是沿江地区（60℃），最南端的华南地区的平均HGDD是39℃，而浙闽地区最低，只有26℃。而对于早稻［图7.1（B）］，未来极端热害HGDD的极高值（HGDD：43℃）出现在两个地区，分别是两湖和华南地区；其次是沿江地区（HGDD：33℃），最后是浙闽地区（HGDD：16℃）。

最后，从不同种植制度来看，未来一季稻和晚稻所面临的热害威胁要普遍高于早稻。同一地区，如沿江和两湖地区，在早稻和晚稻时期所面对的极端热害强度HGDD差值甚至可高达30℃。早稻的未来极端热害强度HGDD在不同升温情景下的差距也是最小的，例如早稻的浙闽地区［图7.1（b3）］在3种升温情景下的HGDD到21世纪末均低于20℃，相邻升温情景下的差值不足10℃。

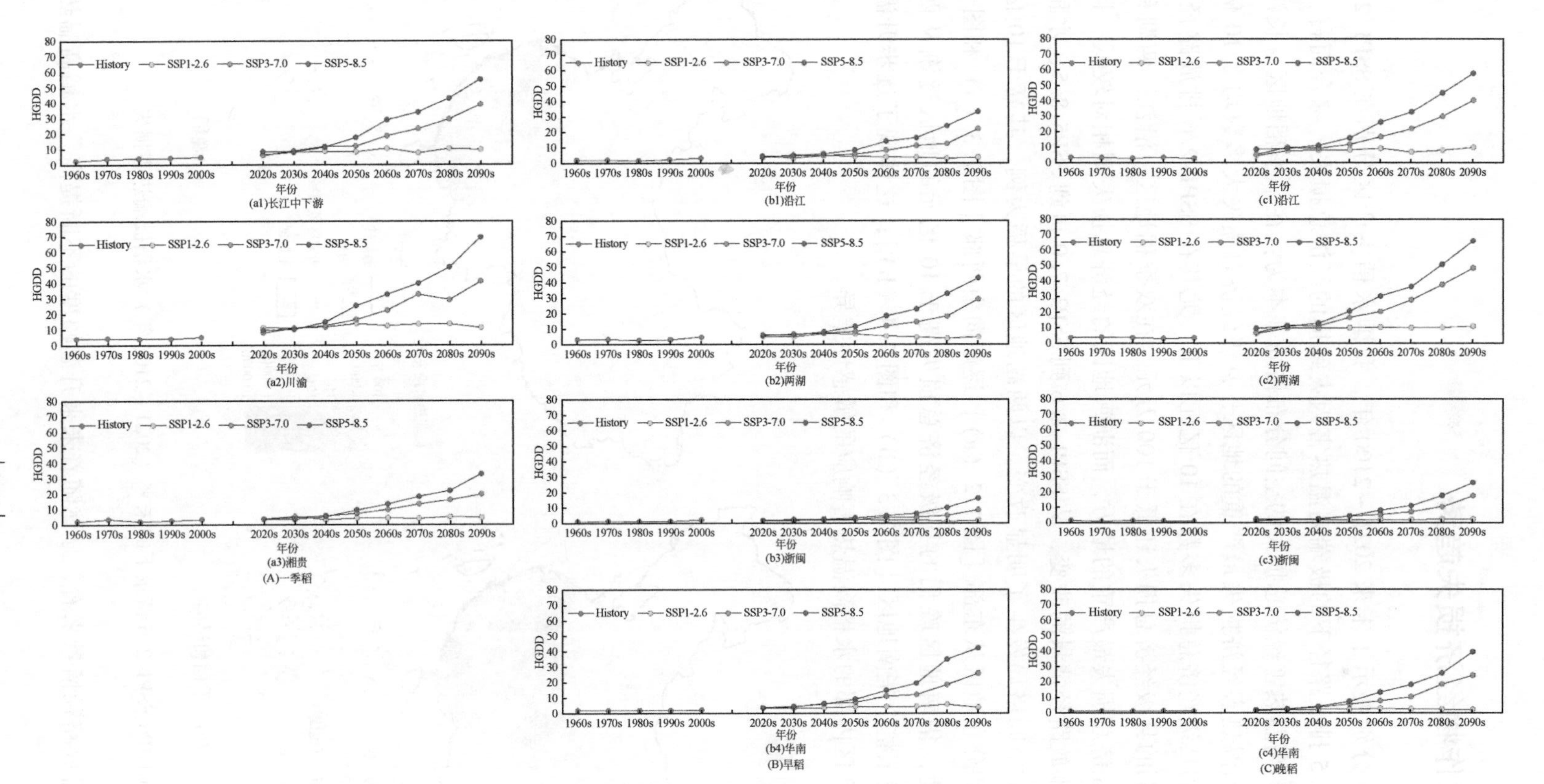

图7.1 CMIP6历史与未来时期的极端热害事件强度HGDD的变化趋势

1960s、1970s、1980s、1990s、2000s分别代表20世纪60年代、20世纪70年代、20世纪80年代、20世纪90年代、21世纪前10年；2020s、2030s、2040s、2050s、2060s、2070s、2080s、2090s分别代表21世纪20年代、21世纪30年代、21世纪40年代、21世纪50年代、21世纪60年代、21世纪70年代、21世纪80年代、21世纪90年代

7.2.2 未来农作物经济损失趋势

图 7.2～图 7.4 分别展示了未来 2021～2100 年，我国水稻主产区分别在 SSP1-2.6、SSP3-7.0 和 SSP5-8.5 排放路径下的极端高温热害因灾致损的经济总损失。综合而言，未来我国水稻主产区的高温热害经济总损失的空间分布格局基本为：在一季稻地区，长江中下游和川渝地区是高温热害经济损失最严重的地区，县级经济总损失大多数均在 10 亿元以上；而湘贵地区的县级经济总损失多数在 10 亿元以下，尤其在 SSP1-2.6 排放路径下，甚至相当一部分比例的县级经济总损失还低于 100 万元。在双季稻地区，沿江、两湖和华南地区是高温热害经济总损失最严重的地方，而浙闽地区的经济总损失则相对较低。且在双季稻地区，随着排放路径情景的改变，从 SSP1-2.6 到 SSP3-7.0 再到 SSP5-8.5，水稻高温热害经济总损失的空间格局发生了明显改变。以两湖地区的早稻为例，其高于 10 亿元的县级经济总损失的分布地区从东部［图 7.2（a）］逐渐向中西部［图 7.3（a）和图 7.4（a）］扩展；相似地，华南地区晚稻的县级经济总损失高于 10 亿元的地区逐渐从西部［图 7.2（b）］扩展至整个华南地区［图 7.3（b）和图 7.4（b）］；这体现了逐步升温情况下，同一水稻主产区内部的水稻高温热害响应的敏感性差异。

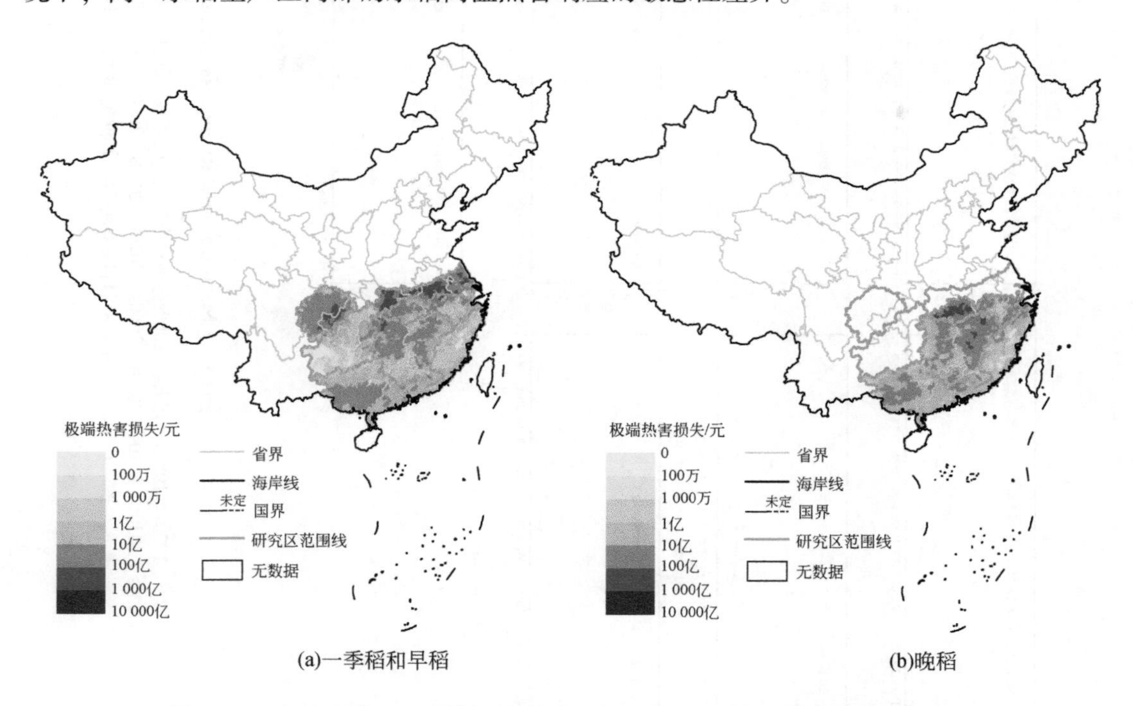

图 7.2 CIMP6 SSP1-2.6 情景下的未来（2021～2100 年）水稻极端热害损失

从不同的未来排放路径情景来看，显然随着未来升温幅度的不断提高，水稻高温热害

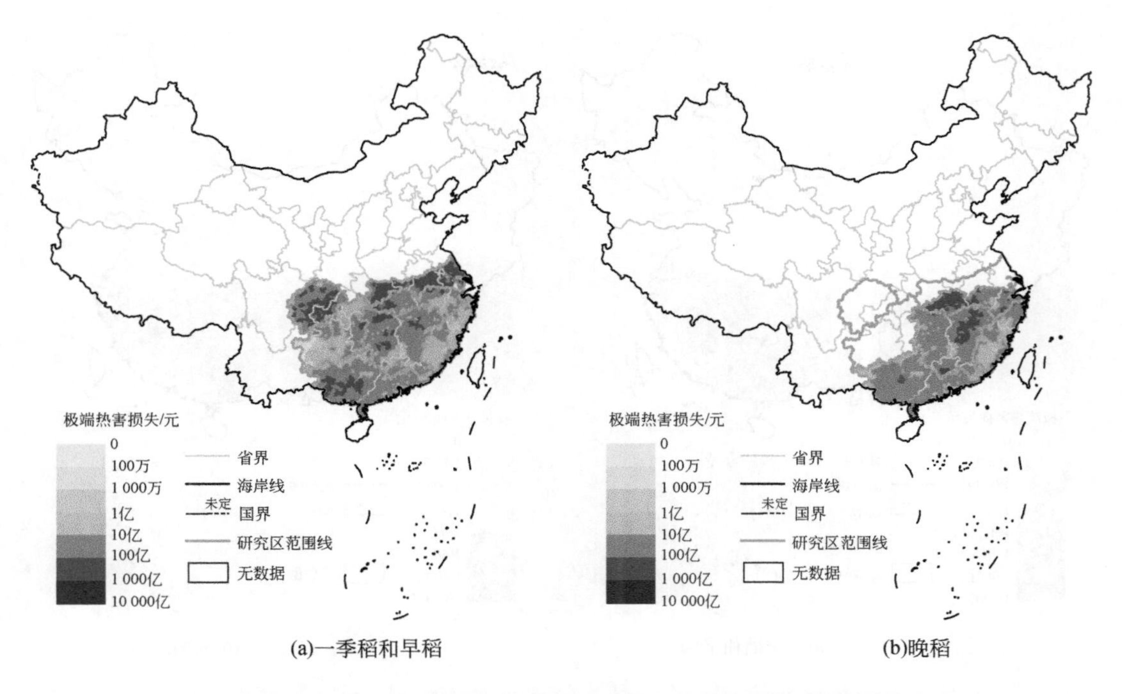

图 7.3　CIMP6 SSP3-7.0 情景下的未来（2021 ~ 2100 年）水稻极端热害损失

的经济总损失是不断攀升的。在 SSP1-2.6 情景下，大部分的县级水稻高温热害经济总损失位于百亿元以下；而在 SSP3-7.0 和 SSP5-8.5 情景下，百亿元以上的县级水稻高温热害经济总损失占主流。甚至在 SSP5-8.5 情景下，长江中下游地区的县级水稻高温热害经济总损失几乎都是千亿元级别［图 7.4（a）］。综合来看，未来全球气候变暖带来的水稻高温热害经济总损失随着地域、时间、种植制度和可能增温的不同，而呈现出空间上差异性。通过在县级尺度上展现并讨论这种差异性，为后续因地制宜地开展适应性措施提供了指导方向。

在最新 CMIP6 的典型气候情景路径下（SSP1-2.6、SSP3-7.0 和 SSP5-8.5），我们综合了经过气象数据校正且最具有代表性的 5 个模型的未来预测结果，量化了未来具体潜在的水稻极端热害损失风险。研究结果表明，在未来极端热害日益严重的情况下，未来水稻的极端热害损失也一路水涨船高；尤其是进入中长期未来时段后（2050 年以后），除 SSP1-2.6 外的其他未来情景下水稻极端热害增长趋势均猛然陡峭，这预示着及时采取应对性措施降低温度升高的趋势可以有效避免更多更严峻的极端热害，但我们始终要警惕可能面临的最糟糕的情况。同时，未来水稻极端热害的因灾致损情况同时也为我们打开了改变我国种植格局的新思路。

随着全球变暖情势加剧，部分种植地区水稻灾损程度甚至可能达到绝收的程度，为了避免面对此种窘境，通过改良水稻品种来提高水稻的耐热性是一种解决办法，但改种其他

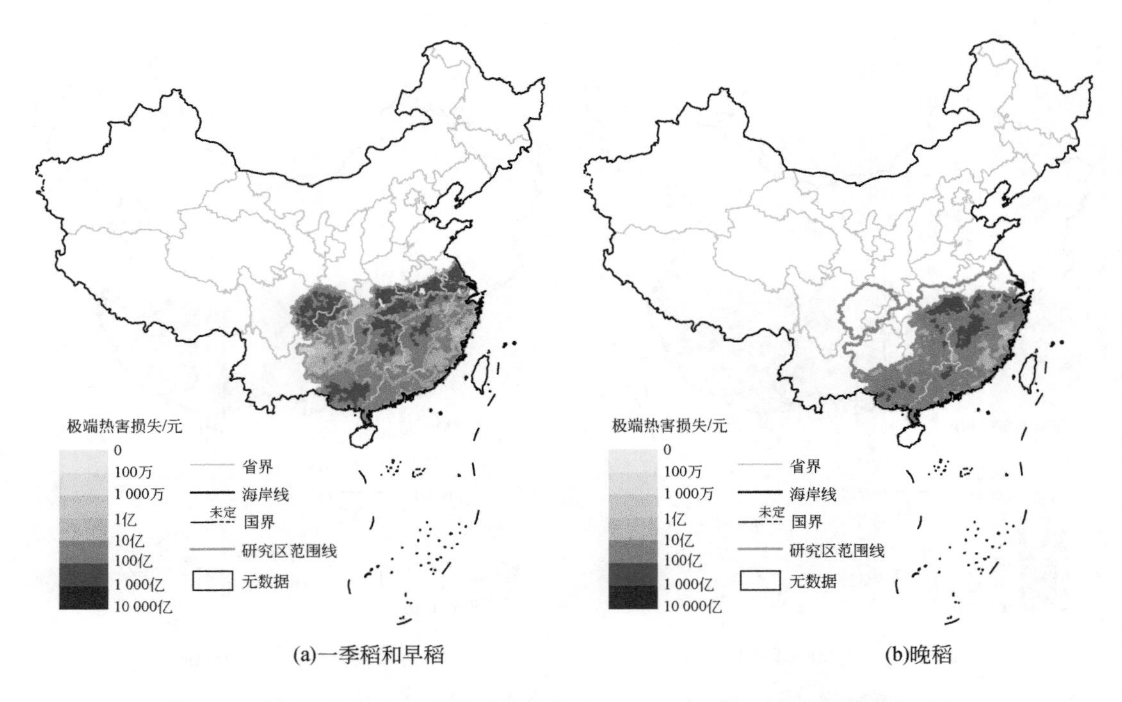

图 7.4 CIMP6 SSP5-8.5 情景下的未来（2021 ~ 2100 年）水稻极端热害损失

高耐热性作物也是一种潜在的解决方案。因此，如何构建未来农作物种植新格局是一项值得持续研究的新方向。

7.2.3 未来天气指数保险的纯费率

根据未来极端热害损失估计结果，代入式（7-1）后，我们得到了未来多种升温情景下的天气指数保险纯费率，如图 7.5 所示。

本书在 7.2.1 节和 7.2.2 节中已经分析未来极端热害 HGDD 的强度在 SSP5-8.5 情景下最高且对应的水稻热害损失也最大，与之相似的是，天气指数保险的纯费率也是在 SSP5-8.5 情景下最高。到 21 世纪末，一季稻、早稻和晚稻的极端热害保险纯费率在 SSP5-8.5 情景下均可达 30%，如一季稻的长江中下游地区［图 7.5（a）］、早稻的华南和两湖地区［图 7.5（b）］和晚稻的沿江和两湖地区［图 7.5（c）］等，远远高于历史时期 5% 左右的数值。此外，随着 SSP1-2.7 情景下升温程度的有效控制，天气指数保险的纯费率的增长趋势十分平缓，多数地区到 21 世纪末尚未超过 10%，甚至与历史时期持平。

有趣的是，我们同样也发现不同地区和升温情景的组合下，天气指数保险纯费率可处于同一水平。例如，到 21 世纪末，一季稻的川渝地区在 SSP5-8.5 情景下的保险纯费率相当于长江中下游地区在 SSP3-7.0 情景下的保险纯费率［24%，图 7.5（a）］；相似的还有早稻的沿江地区在 SSP5-8. 5 情景下和华南地区在 SSP3-7. 0 情景下的天气指数保险纯费率相近 [分别为 23% 和 21%，图 7. 5 (b)]，晚稻的浙闽地区在 SSP5-8. 5 情景下和华南地区在 SSP3-7. 0 情景下的天气指数保险纯费率相近 [分别为 15% 和 14%，图 7. 5 (c)]。

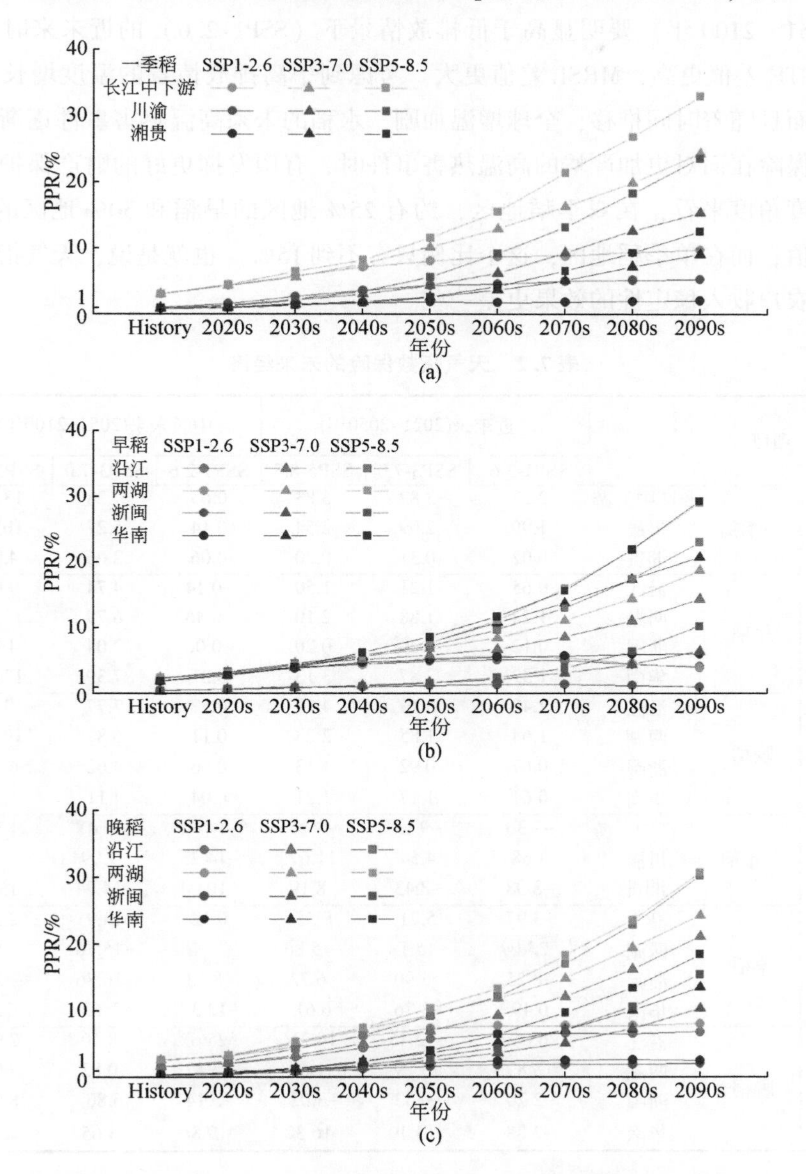

图 7. 5 CMIP6 历史与未来时期的极端热害天气指数保险纯费率变化

7. 2. 4 未来天气指数保险的效益分析

从表 7. 2 可以发现，几乎全部的 CTE 差值都是正值，60% 的 MRSL 差值是负值，这代表着在大部分地区，天气指数保险都能够有效地提高农户实际收入，并降低农户收入长年的不稳定性，有效地发挥农业保险的社会保障作用。从不同的时期和可能的排放路径来看，天气指数保险的实际保障效益在中高排放情景（SSP3-7.0 和 SSP5-8.5）下的中长未来时期（2051～2100 年）要明显高于低排放情景下（SSP1-2.6）的近未来时期（2021～2050 年），CTE 差值更高，MRSL 差值更大。考虑到中高排放情景的温度增长普遍高于低排放情景，而且随着时间推移，全球增温加剧，水稻的未来高温热害事件逐渐增多，这表明天气指数保险在面对更加严峻的高温热害事件时，有望发挥更好的财产保护作用。从不同的种植制度角度来看，在双季稻地区，约有 25% 地区的早稻和 50% 地区的晚稻 MRSL 差值都是正值；而在单季稻地区，这个比例只有不到 15%。也就是说，天气指数保险在双季稻地区对农户收入稳定性的效果更差一些。

表 7.2　天气指数保险的未来经济

项目			近未来(2021~2050年)			中长未来(2051~2100年)		
			SSP1-2.6	SSP3-7.0	SSP5-8.5	SSP1-2.6	SSP3-7.0	SSP5-8.5
(a)CTE差值(%)	一季稻	长江中下游	2.22	3.82	3.83	0.65	7.28	13.46
		川渝	1.99	2.09	2.54	0.14	5.27	10.64
		湘贵	0.02	0.31	0.20	0.06	2.66	4.94
	早稻	沿江	0.65	1.21	1.50	−0.14	4.74	9.09
		两湖	1.24	1.88	2.10	−0.46	6.79	13.33
		浙闽	0.12	0.29	0.20	−0.06	2.04	4.12
		华南	1.32	2.87	3.13	0.37	7.39	13.00
	晚稻	沿江	2.48	3.13	4.13	0.57	7.77	13.17
		两湖	1.64	1.85	2.23	0.11	6.87	10.87
		浙闽	0.67	0.92	1.13	0.06	4.62	6.73
		华南	0.61	1.17	1.21	0.04	4.11	6.71
(b)MRSL差值(%)	一季稻	长江中下游	−7.36	−9.15	−8.26	−14.34	−25.48	−17.31
		川渝	3.68	4.54	11.67	−14.25	−7.99	−2.89
		湘贵	−8.08	−8.43	−8.19	−10.04	−14.94	−15.10
	早稻	沿江	−3.97	5.71	9.35	0.12	−13.91	2.37
		两湖	−25.09	−15.18	−15.86	−23.18	−15.76	2.54
		浙闽	−8.25	−5.90	−6.72	−8.83	−16.76	−20.17
		华南	0.49	−3.76	6.61	−12.37	−9.63	−7.96
	晚稻	沿江	6.06	−12.45	10.21	−25.62	−8.40	2.93
		两湖	18.89	15.29	21.61	22.17	−0.82	7.09
		浙闽	−2.20	−0.33	−3.02	−5.14	6.86	8.02
		华南	−7.88	−14.40	−16.32	−19.86	−3.65	2.20

30%　20%　0%　−20%　−40%

7.3 讨论与小结

根据上文分析可以发现，随着全球变暖情形加剧，未来水稻高温热害经济总损失将会达到惊人的千亿万亿数字级别；而加以应用天气指数保险后，即便是每年都会额外增加一笔保费支出，但农户的收入将会由于保险赔付而得到一定的保障：相比于不进行天气指数保险保障前的收入，农户收入将会整体稳定升高。

除了天气指数保险这一金融工具的使用以外，通过在农业管理方面施用其他适应性措施也同样能增强农户抵抗极端天气事件的能力。例如，加强极端天气事件的监测预警工作，做好灾害来临前的主动防御以及灾害来临时的即时防御。根据实施性质可将防御措施分为工程措施、生物措施、技术措施三大类：①工程措施包括建立水稻生育期监控系统和灾害性天气预警预报机制、兴修水利、加强农田建设，从种植环境上维护水稻的正常生长发育，进而提高其抗逆性能；②生物措施包括培育耐冷（热）性强的水稻新品种、研发植物生长调节剂等；③技术措施包括培育壮秧提高秧苗素质、调整播种期确保安全齐穗、科学施肥、以水控温等。我国稻作区域辽阔，各地自然条件、栽培方法、品种类型和稻作制度相差较大，在具体选择冷热害防御对策时应根据当地情况来综合分析。例如，在长江中下游地区，极端高温致损显著严重于其他地区，可以采取的措施主要包括主动防御措施和应急防御措施。其中前者包括加强极端高温天气的预警预报机制、合理筛选使用抗高温能力强的品种、选择适宜的播种期以调节开花期避开高温。后者包括在遇到极端高温天气时进行喷灌、雾灌，降低田间气温；通过喷洒化学药剂来减轻高温热害等措施。

需要注意的是，尽管引入了多个气候模式以降低未来影响评估的不确定性，但由于采用的气候模式和脆弱性构造本身还存在一定的局限性，因此还有很多问题需要探索，例如，通过引入其他种类的气候模式和作物模型来共同开展影响研究，通过多模式及多模型结果的对比分析来加深对未来气候情景下极端温度影响的认识。此外，未来各类适应措施的实行可能会改变水稻的生长发育期、耐冷（热）能力等特征，这些都会影响评估结果，在具体应用本章结果时需结合未来的实际情况。

无论如何，我们基于最新的 CMIP6 未来气候情景数据，使用脆弱性曲线评估了未来不同升温情景（SSP1-2.6、SSP3-7.0 和 SSP5-8.5）下的水稻极端高温热害发展趋势和对应的经济总损失。评估结果显示，在有效控制全球变暖的情景（SSP1-2.6）下，未来水稻极端高温热害可整体与历史水平持平，所付出的经济代价也相对较小，过半地区的水稻极端高温热害经济总损失低于 10 亿元级别；但在最高升温情景（SSP5-8.5）下，近半地区的水稻极端高温热害经济总损失可达百亿元级别；更补充了高社会脆弱性情景（SSP3-7.0）下的未来水稻极端高温热害的损失格局，填补了之前对于最新未来情景下的非工程性适应措施研究的空白。通过对比应用天气指数保险前后农户收入的均值与波动性的差值，我们发现，天气指数保险都能够有效地提高农户实际收入（可达 13%），并降低农户收入长年的不稳定性（可达 36%），充分发挥了其作为金融避险工具的作用。但同样不容忽视的是，天气指数保险的纯费率也将水涨船高，最高可在 21 世纪末达到 30%，从而对农户和政府财政造成沉重负担。因此，天气指数保险的实际推广应用还需各部门协力合作，从而发挥最大效益。

附　录

附录 A：玉米研究区

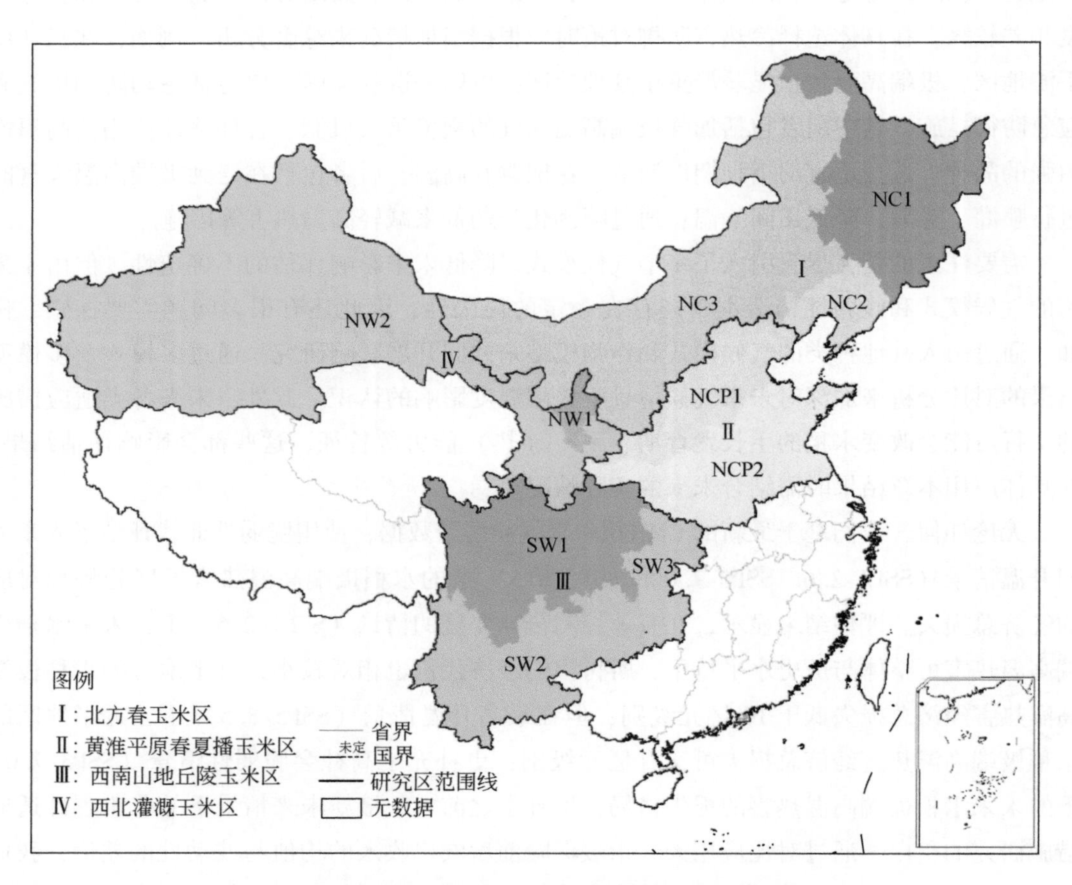

图 S1　4 个农业生态区和 10 个生态亚区的空间分布

生态亚区全称见表 2.1

附录 B：气候变化对玉米物候的影响

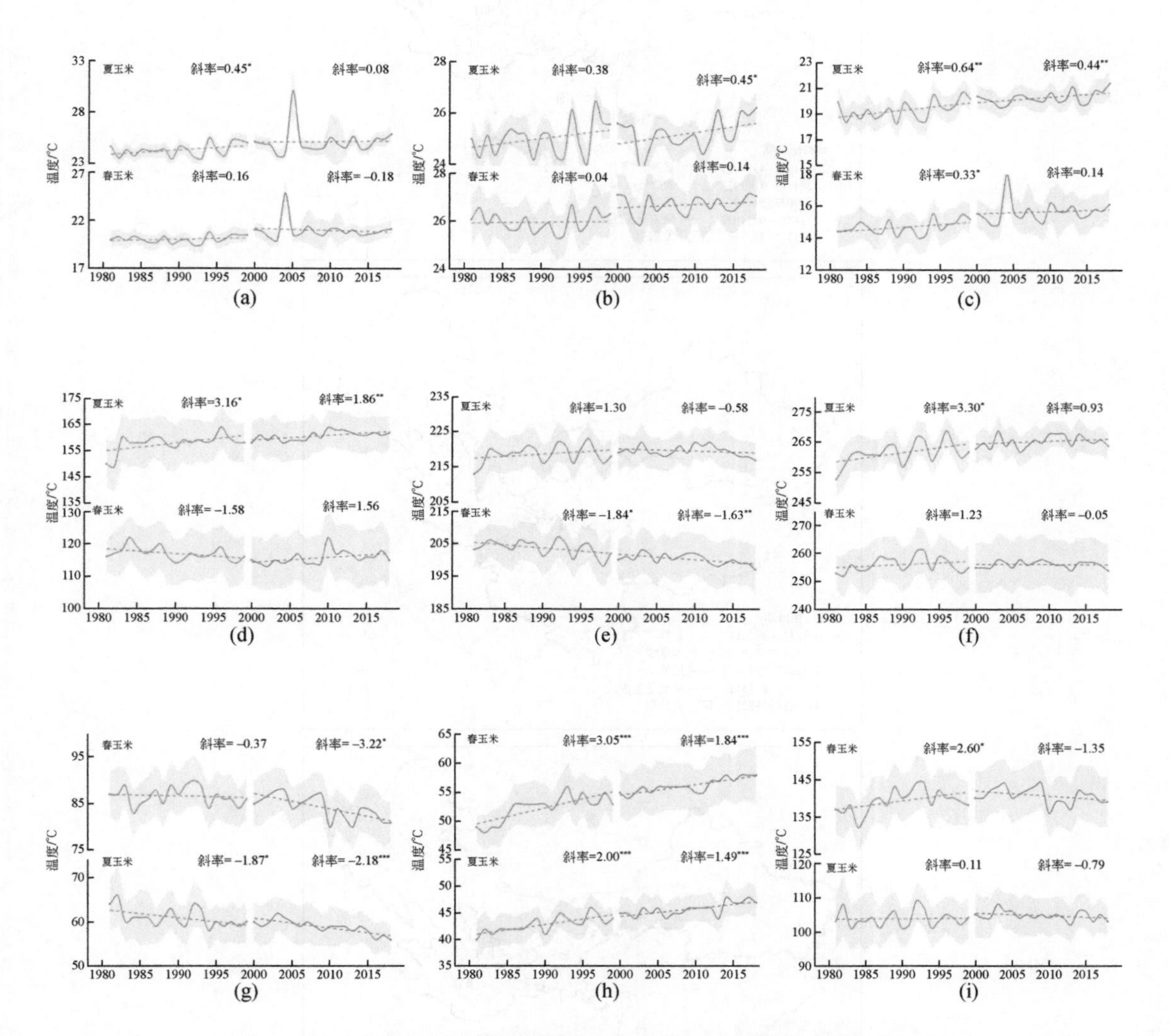

图 S1　1981～1999 年和 2000～2018 年温度、物候期和生育期的变化趋势

（a）～（c）温度（℃/10a），（d）～（f）物候（d/10a），（g）～（i）生育期（d/10a）；

＊、＊＊和＊＊＊分别表示显著性 $p<0.1$、$p<0.05$ 和 $p<0.01$

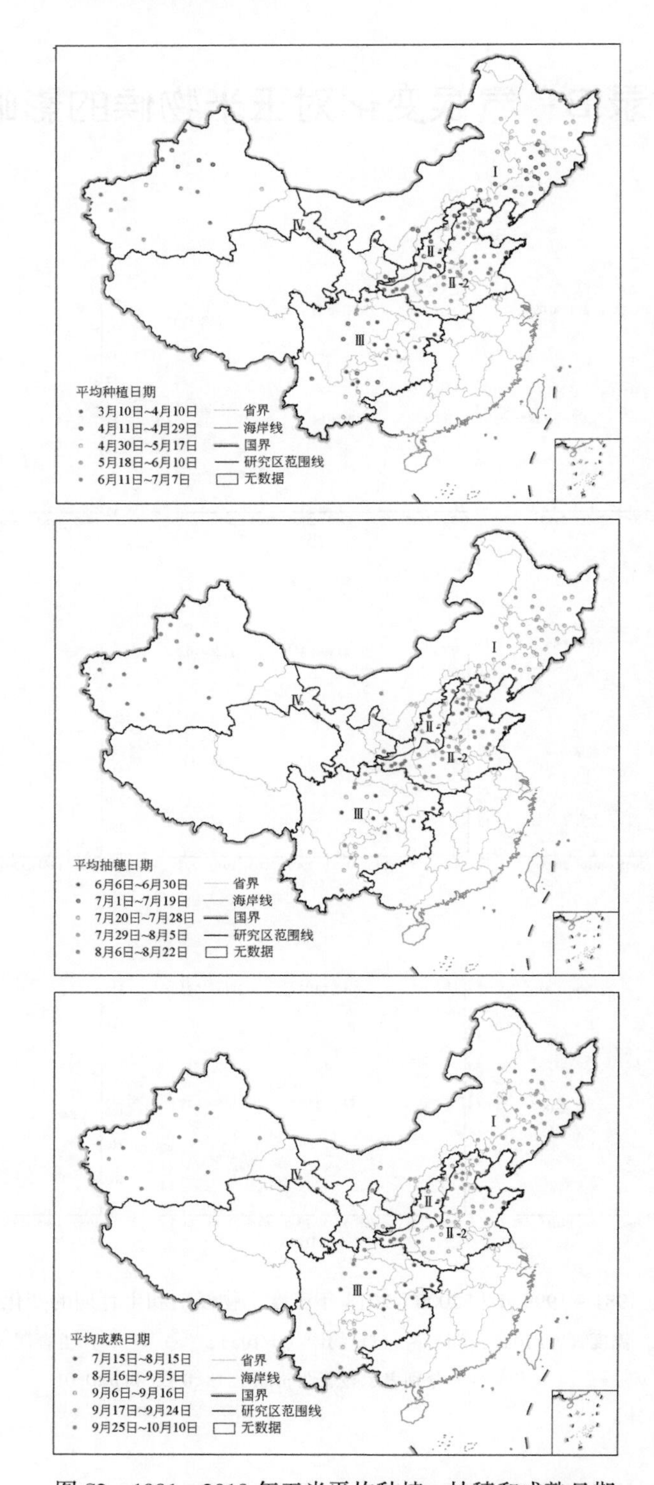

图 S2　1981 ~ 2018 年玉米平均种植、抽穗和成熟日期

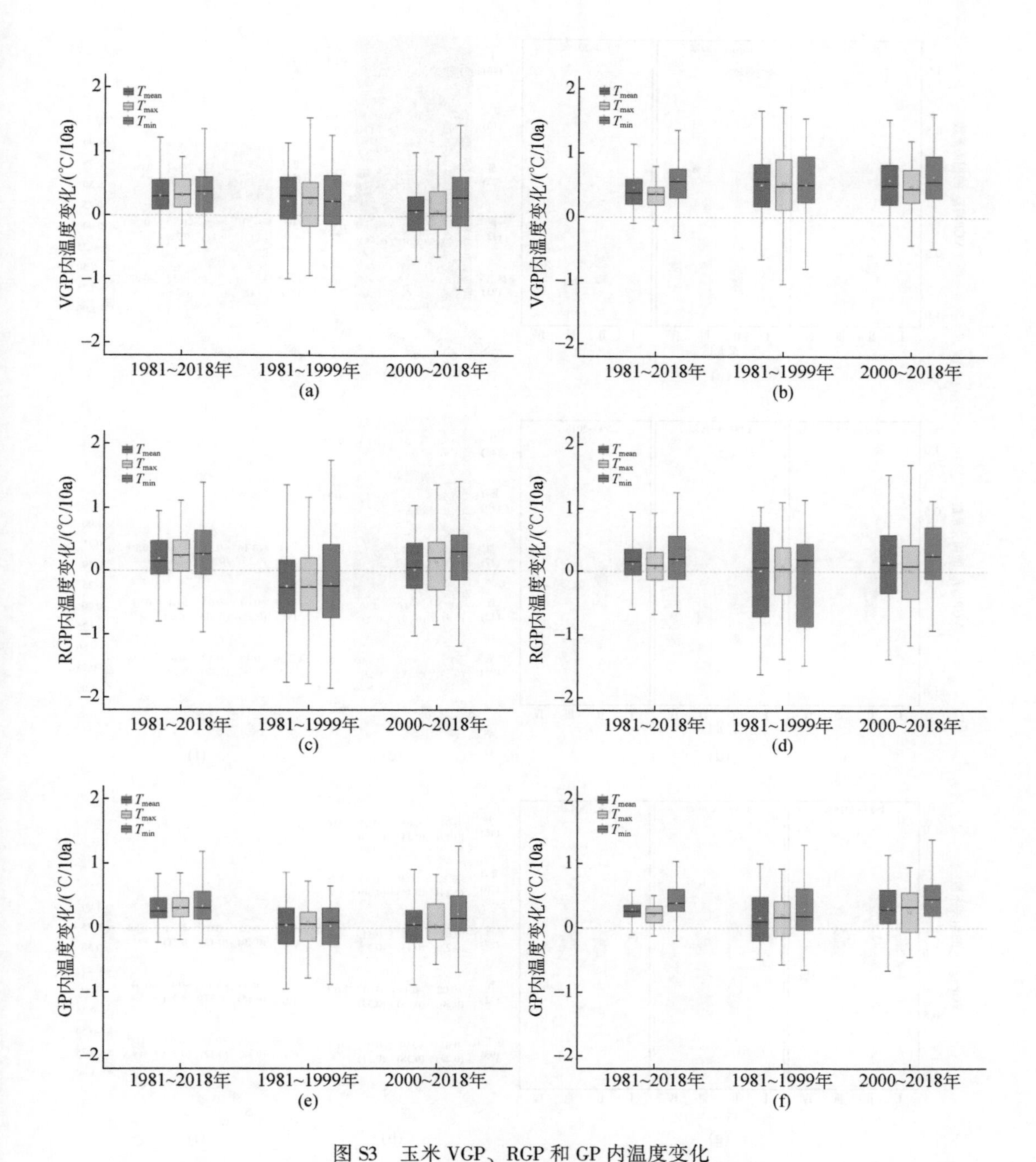

图 S3 玉米 VGP、RGP 和 GP 内温度变化

（a）、（c）和（e）为春玉米，（b）、（d）和（f）为夏玉米；箱形图的上下须分别为75th和25th分位数，加粗横线为中位数，白点为平均值

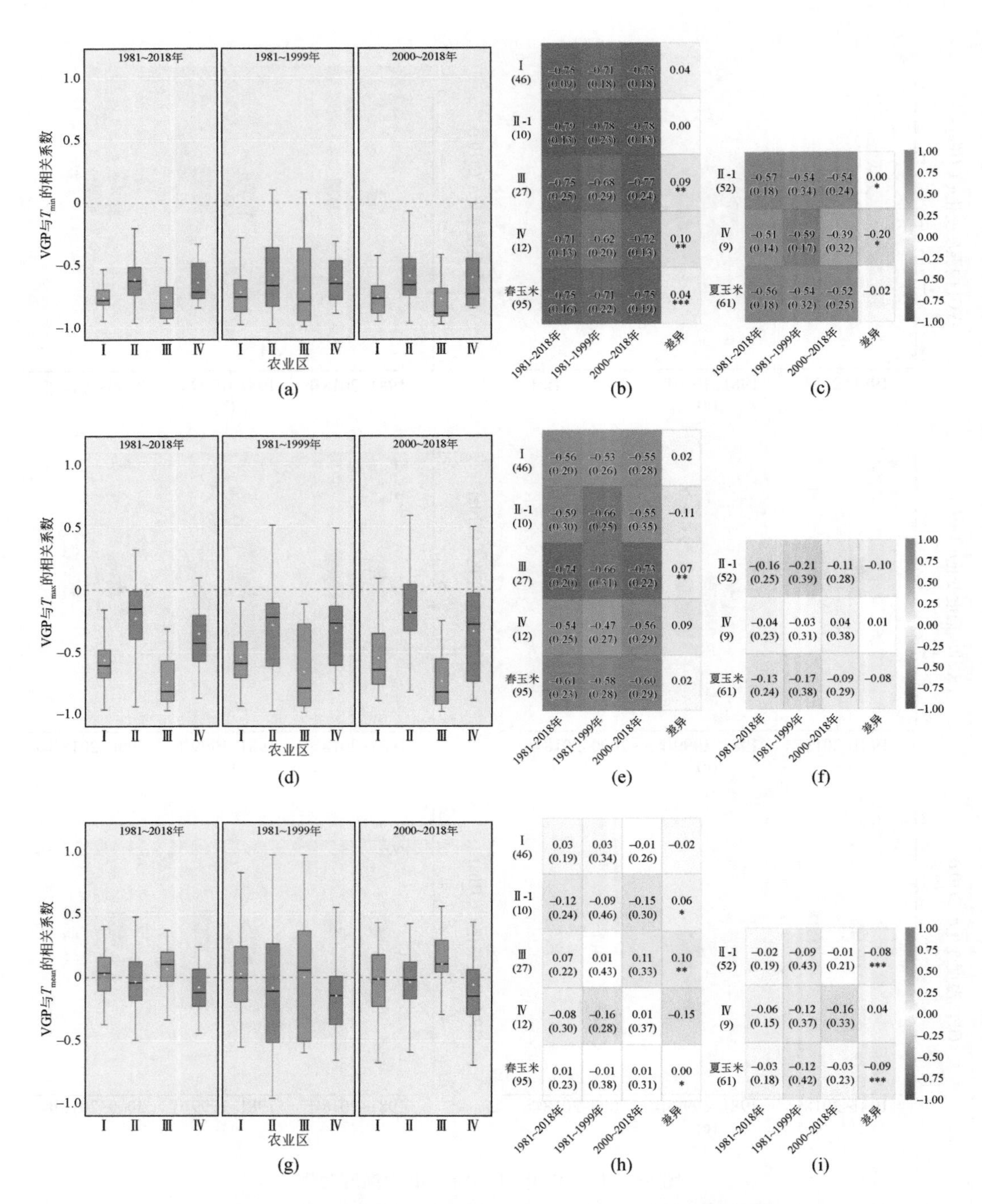

图 S4　1981～2018 年 VGP 与 T_{min}、T_{max}和 T_{mean}的偏相关系数

(a)～(c) 种植日，(d)～(f) 抽穗日期，(g)～(i) 成熟日期；(a)、(d)、(g) 中“+”表示显著性 $p<0.05$；热力图中 (b)、(e)、(h) 为春玉米，(c)、(f)、(i) 为夏玉米，括号中的数值为变化趋势的标准差，差异为两个时段的绝对值之差

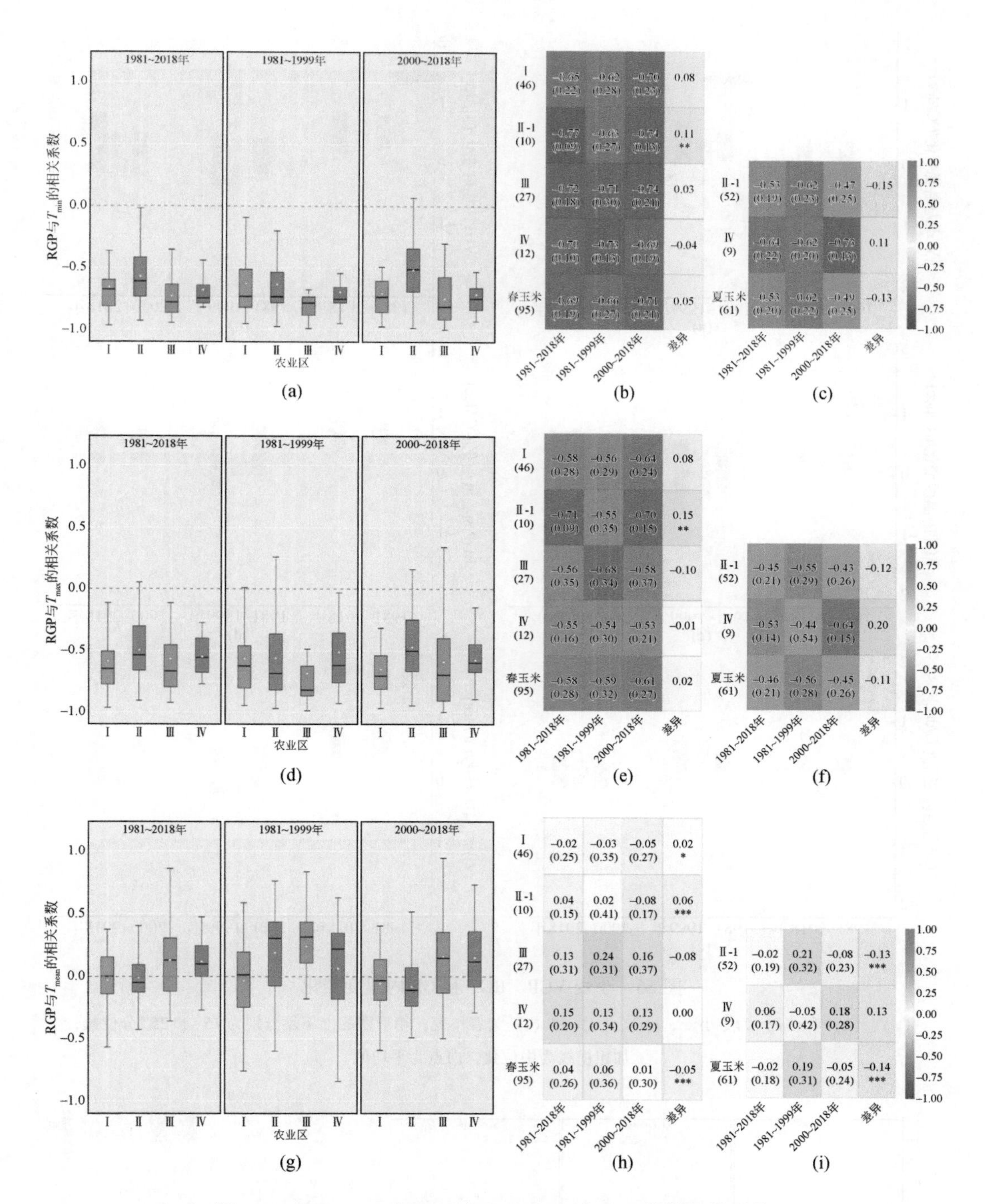

图 S5 1981~2018 年 RGP 与 T_{min}、T_{max}和 T_{mean}的偏相关系数

(a)~(c) 种植日，(d)~(f) 抽穗日期，(g)~(i) 成熟日期；(a)、(d)、(g) 中"+"表示显著性 $p<0.05$；热力图中 (b)、(e)、(h) 为春玉米，(c)、(f)、(i) 为夏玉米，括号中的数值为变化趋势的标准差，差异为两个时段的绝对值之差

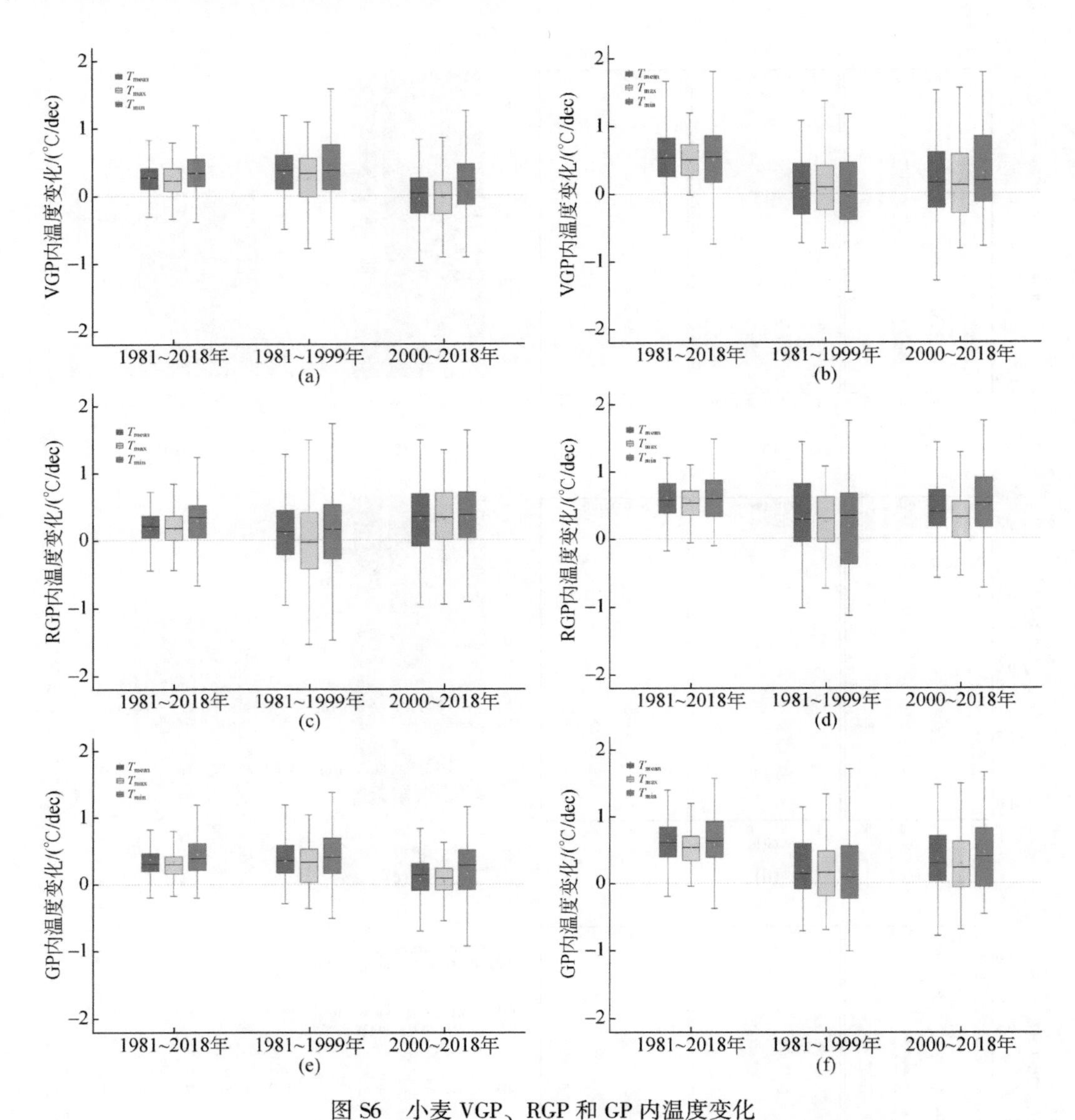

图 S6 小麦 VGP、RGP 和 GP 内温度变化

(a)、(c) 和 (e) 为冬小麦，(b)、(d) 和 (f) 为春小麦；箱形图的上下须分别为75th和25th分位数，加粗横线为中位数，白点为平均值

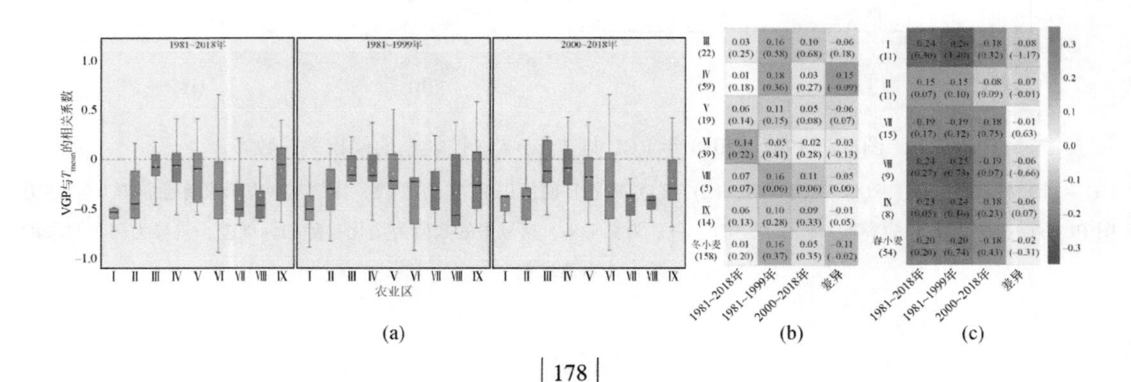

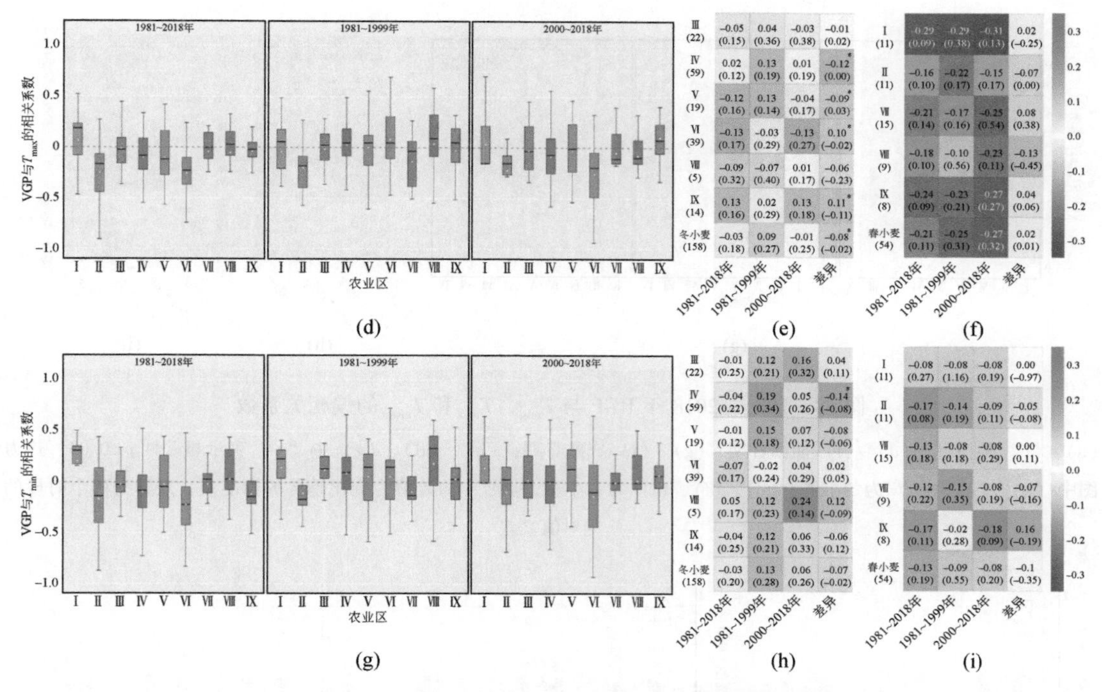

图 S7 1981～2018 年 VGP 与 T_{min}、T_{max} 和 T_{mean} 的偏相关系数

(a)～(c) 种植日，(d)～(f) 抽穗日期，(g)～(i) 成熟日期；(a)、(d)、(g) 中“+”表示显著性 $p<0.05$；热力图中 (b)、(e)、(h) 为冬小麦，(c)、(f)、(i) 为春小麦，括号中的数值为变化趋势的标准差，差异为两个时段的绝对值之差

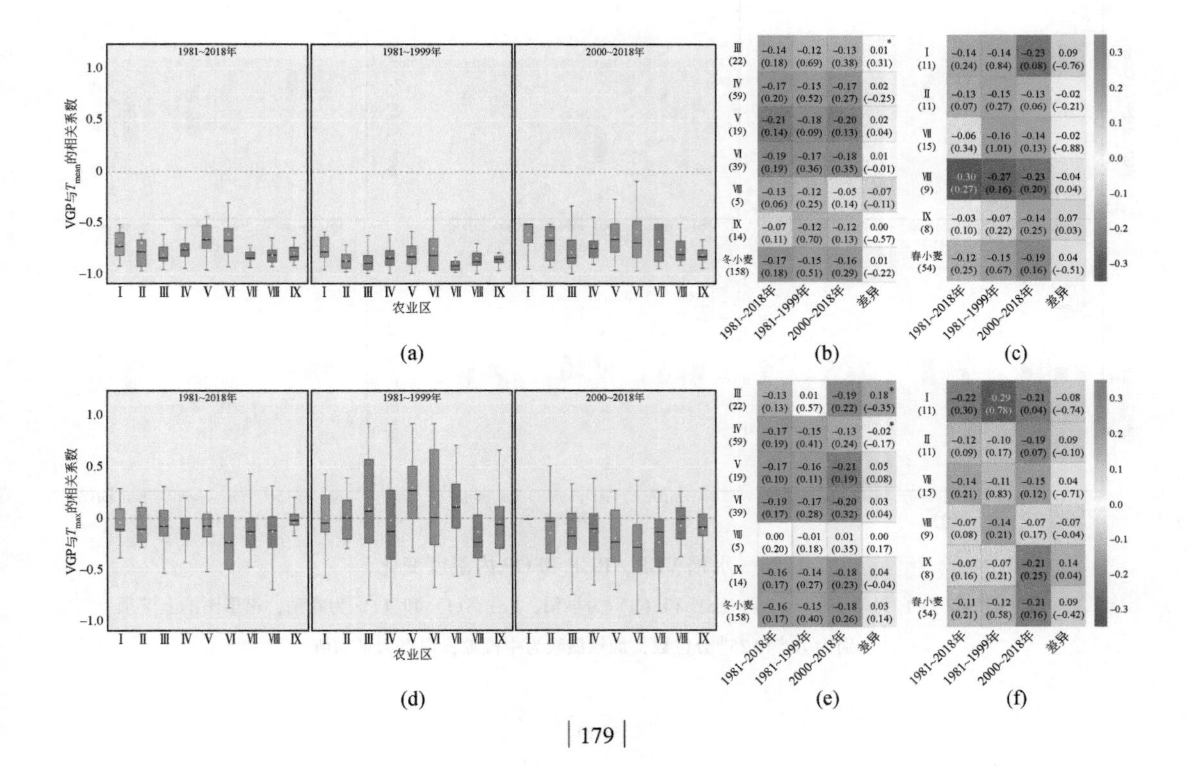

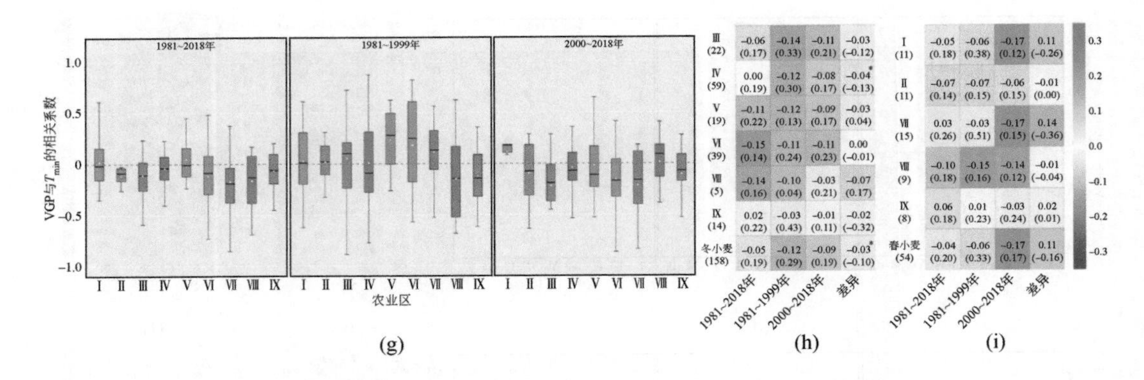

图 S8　1981～2018 年 RGP 与 T_{min}、T_{max} 和 T_{mean} 的偏相关系数

(a)～(c) 种植日，(d)～(f) 抽穗日期，(g)～(i) 成熟日期；(a)、(d)、(g) 中 “+” 表示显著性 $p<0.05$；热力图中 (b)、(e)、(h) 为冬小麦，(c)、(f)、(i) 为春小麦，括号中的数值为变化趋势的标准差，差异为两个时段的绝对值之差

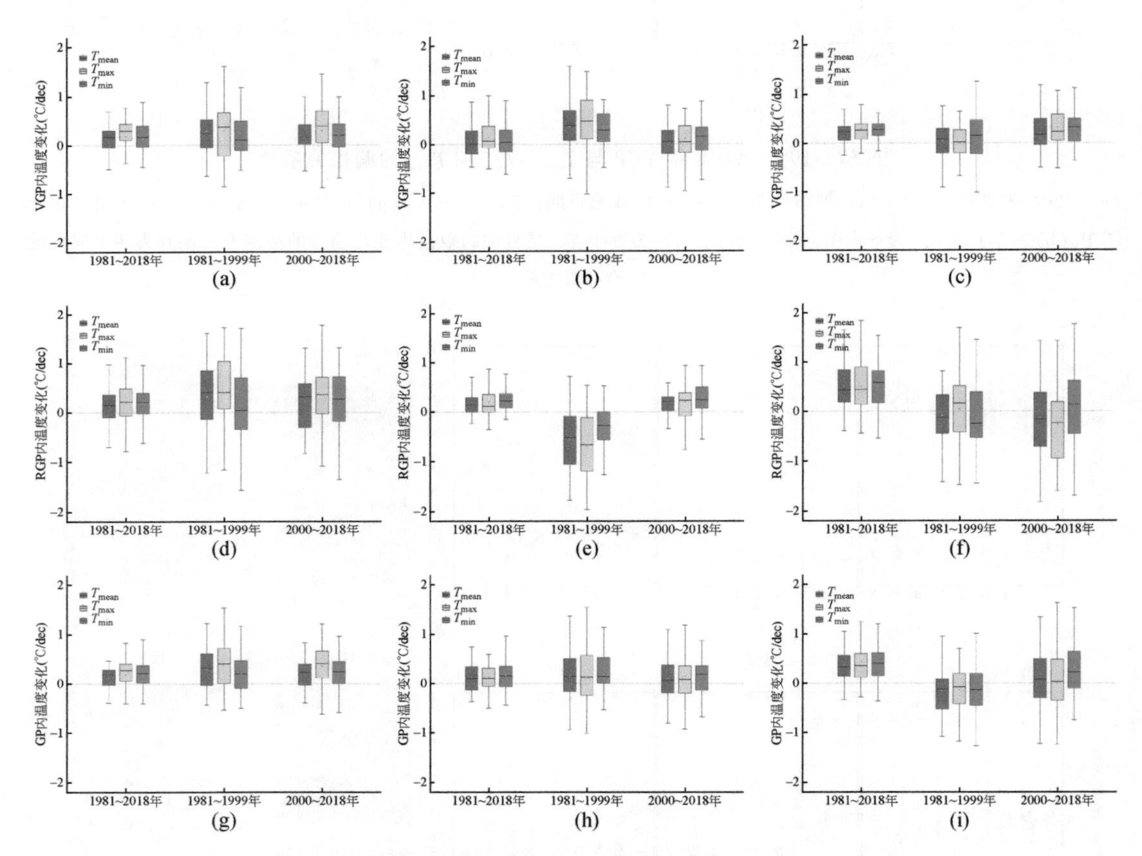

图 S9　水稻 VGP、RGP 和 GP 内温度变化

(a)、(d) 和 (g) 为单季稻，(b)、(e) 和 (h) 为早稻，(c)、(f) 和 (i) 为晚稻；箱形图的上下须分别为 75th 和 25th 分位数，加粗横线为中位数，白点为平均值

附录 C：气候变化对玉米产量的影响

表 S1　4 个区域 24 个品种的验证精度

区域	熟性	品种	ADAT		MDAT		HWAM	
			RMSE/d	RRMSE/%	RMSE/d	RRMSE/%	RMSE /(kg/hm²)	RRMSE/%
Ⅰ	早熟	JD27	0.5	1.2	1.7	1.4	481.6	6.1
		XX1	5.0	5.9	1.0	0.8	824.0	8.9
	中熟	XY987	1.5	2.0	4.0	3.1	476.5	4.7
		XY335	2.0	2.4	4.2	2.9	690.0	5.1
	晚熟	JK968	1.5	1.7	5.0	3.3	1146.1	8.2
		ZD958	3.8	4.5	4.0	2.8	747.6	6.6
Ⅱ	早熟	DK516	0.5	0.8	2.0	1.6	252.1	2.3
		NH101	3.0	4.8	5.2	4.7	1003.5	8.6
	中熟	XY987	4.0	5.3	4.5	3.1	646.5	5.2
		XY335	2.0	1.6	1.5	2.3	588.5	6.4
	晚熟	JK968	1.0	1.5	4.5	3.3	269.5	2.9
		ZD958	2.5	3.9	5.0	4.4	758.5	6.8
Ⅲ	早熟	CD30	5.0	5.6	1.3	0.9	518.6	5.2
		ZD958	2.5	4.1	2.0	1.5	294.1	2.3
	中熟	YD30	3.0	4.3	2.5	2.1	321.0	2.7
		YR8	1.5	1.7	3.0	2.4	507.5	6.9
	晚熟	JD13	1.5	2.4	4.4	3.8	776.5	8.5
		GD8	7.5	8.0	5.0	3.6	194.0	2.5
Ⅳ	早熟	CC 706	3.3	4.1	6.1	5.8	367.9	4.3
		CD 17	1.3	1.5	2.8	2.1	428.2	5.7
	中熟	XY 335	2.6	2.7	5.6	3.5	701.8	7.6
		DH 1	4.0	4.5	3.2	1.9	838.6	4.8
	晚熟	LY 296	2.7	2.9	5.0	3.1	502.7	4.5
		SY 2002	2.6	3.4	6.5	4.5	451.0	6.5

注：ADAT 代表开花日期；MDAT 代表成熟日期；HWAM 代表产量。

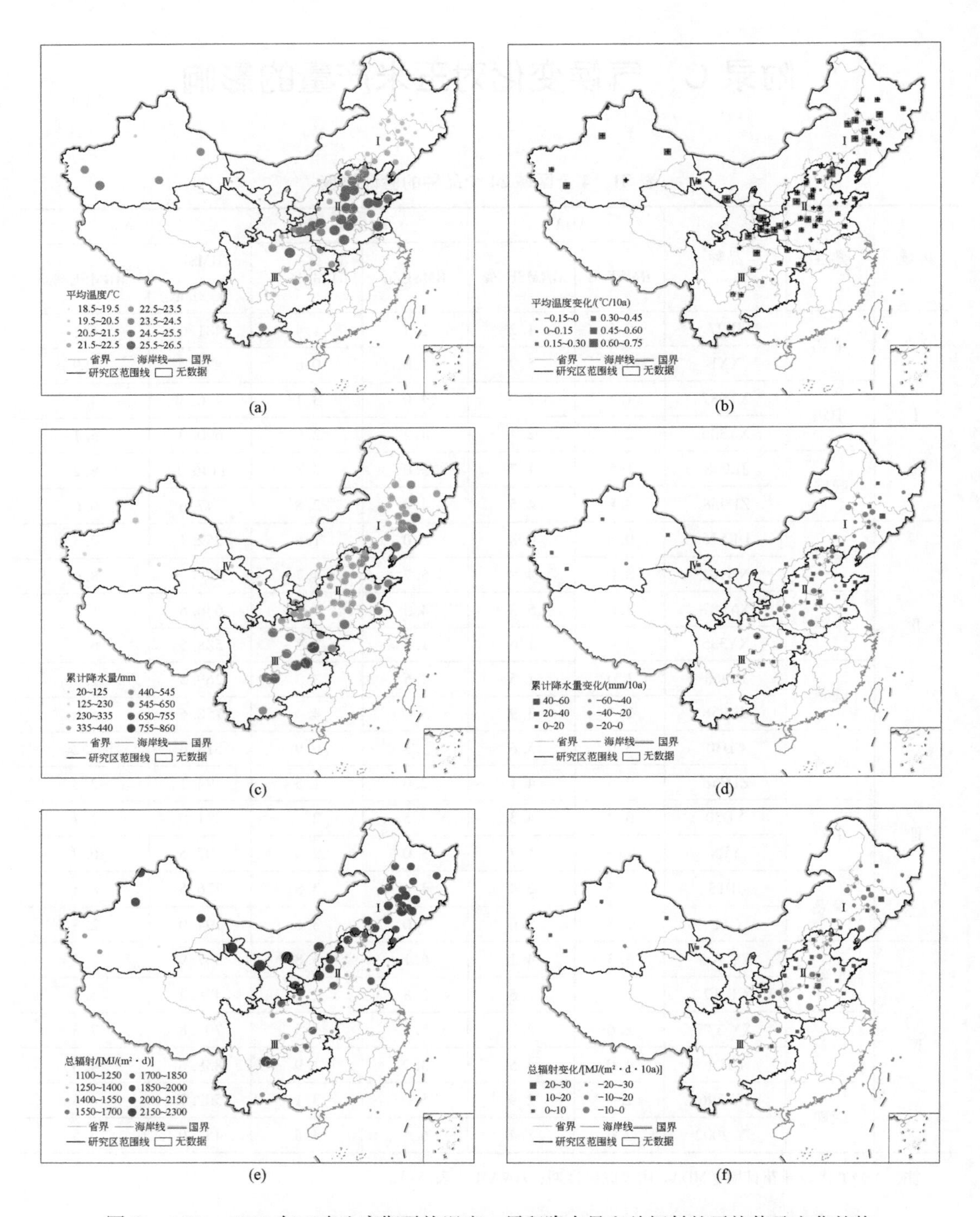

图 S1　1981～2018 年玉米生育期平均温度、累积降水量和总辐射的平均值及变化趋势

(b)、(d)、(f) 中 “+” 表示显著性 $p<0.05$

附录 D：多目标优化及其环境效益

表 S1　每个区域玉米产量、水肥用量、资源利用效率、N 淋溶、N_2O 和温室气体排放

区域	站点数	产量/(kg/hm²)	灌溉量/mm	施氮量/(kg/hm²)	WUE/(kg/mm)	NUE/(kg/kg N)	N 淋溶/(kg N/hm²)	N_2O/(kg N/hm²)	GHG 排放强度/(kg CO_2 eq/kg 籽粒)			
									氮肥施用	氮肥生产	灌溉用电	全部
Ⅰ	36	10014	156	225	77.39	51.55	2.75	0.88	0.03	0.19	0.16	0.38
Ⅱ	33	7254	142	245	63.01	36.26	4.09	0.83	0.03	0.28	0.20	0.51
Ⅲ	13	6125	137	229	45.95	30.86	7.34	1.70	0.08	0.32	0.25	0.65
Ⅳ	14	9283	594	369	17.35	29.01	9.92	0.47	0.02	0.34	0.68	1.04
全国	96	8481	272	254	59.72	40.41	4.83	0.90	0.03	0.25	0.27	0.55

表 S2　玉米产量、资源投入、环境影响、社会收益和总收益变化的标准差

区域	产量/%	资源投入/%		环境影响/%		社会收益/(元/hm²)				总收益/亿元
		灌溉	施肥	N 淋溶	GHG	B_{maize}	C_{input}	C_{eco}	NSB	
Ⅰ	3.28	13.93	26.43	11.92	13.81	89.31	463.07	463.07	672.39	117.77
Ⅱ	2.16	15.03	24.65	21.08	13.10	199.16	378.03	138.77	633.53	63.49
Ⅲ	1.12	15.77	22.50	17.33	16.68	116.64	448.24	201.03	707.45	15.61
Ⅳ	5.39	9.67	16.62	10.70	7.09	802.86	747.53	335.96	1303.95	60.82
全国	3.24	15.30	24.61	27.50	13.20	339.62	610.98	251.83	931.65	320.55

注：B_{maize}为产量收入，C_{input}为水肥成本，C_{eco}为环境代价，NSB 为单位面积净收益。

表 S3　不同价格情景下的产量收入、水肥成本、环境代价、单位面积净收益和总收益的变化

价格情景	社会收益/(元/hm²)				总收益/亿元
	B_{maize}	C_{input}	C_{eco}	NSB	
HH	196.47	-1179.08	-785.03	2160.58	378.15
HM	196.47	-788.51	-328.50	1313.47	229.89
HL	211.12	-454.46	-192.18	857.76	150.13
MH	132.08	-1179.08	-785.03	2096.19	366.88
ML	132.08	-421.16	-166.46	719.71	125.97
LH	74.30	-1179.08	-785.03	2038.41	356.77
LM	74.30	-788.51	-328.50	1191.30	208.51
LL	73.29	-421.38	-166.50	661.33	115.75

注：“XX”中第一个字母表示玉米产量价格水平，第二个字母表示资源和环境成本的价格水平，H、M、L 分别代表高、中、低；B_{maize}为产量收入，C_{input}为水肥成本，C_{eco}为环境代价，NSB 为单位面积净收益。

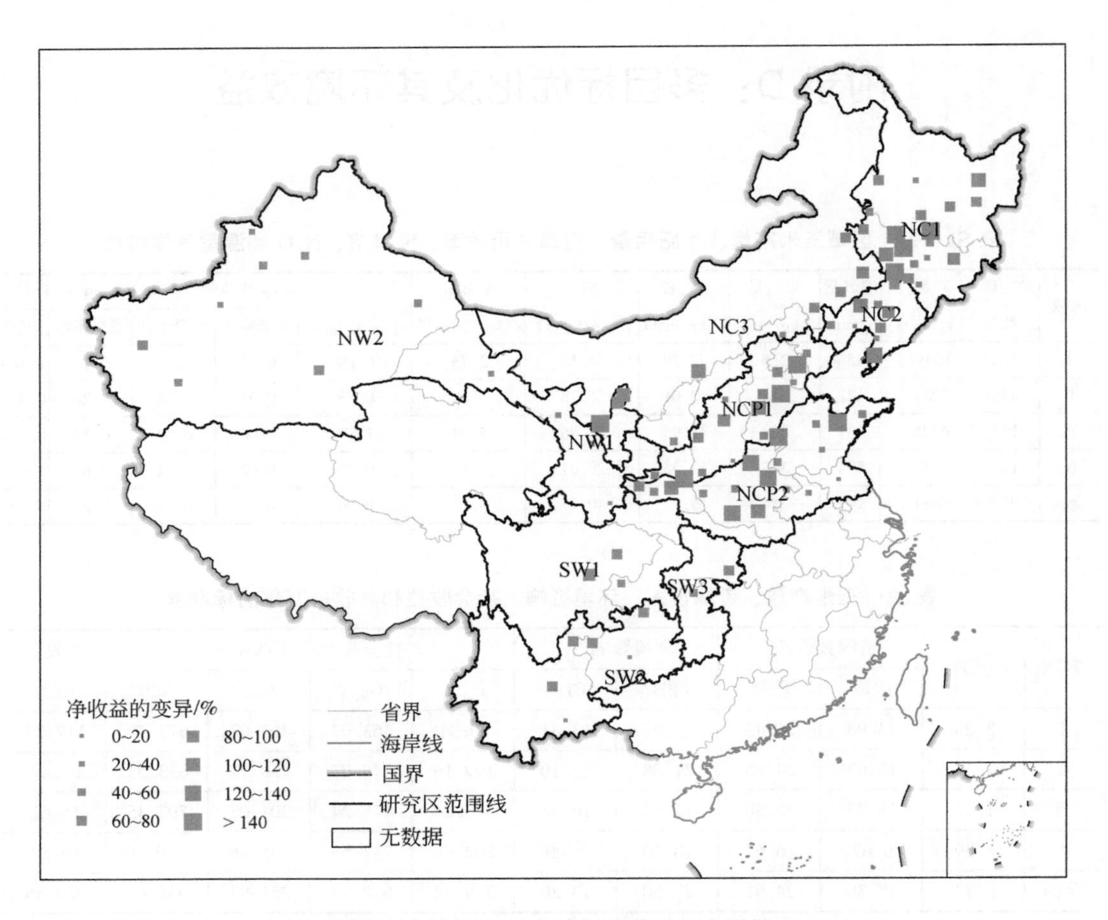

图 S1　1981 ~ 2018 年净社会收益的变异性

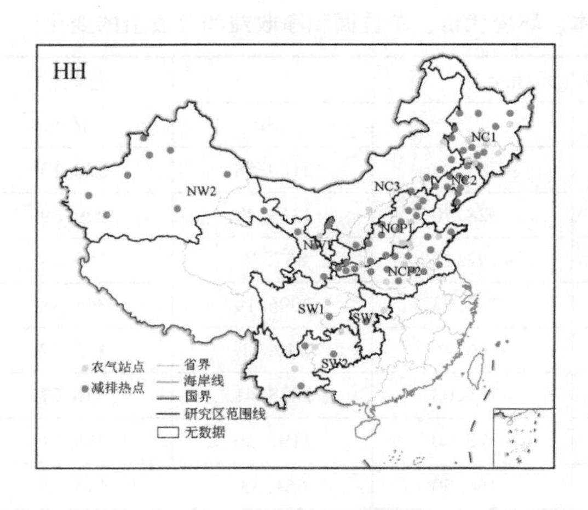

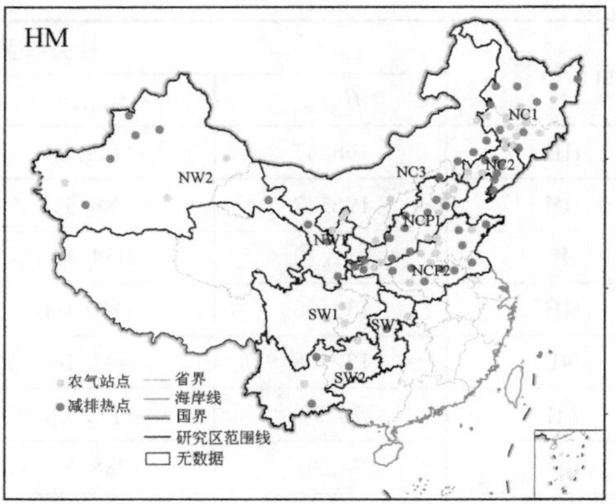

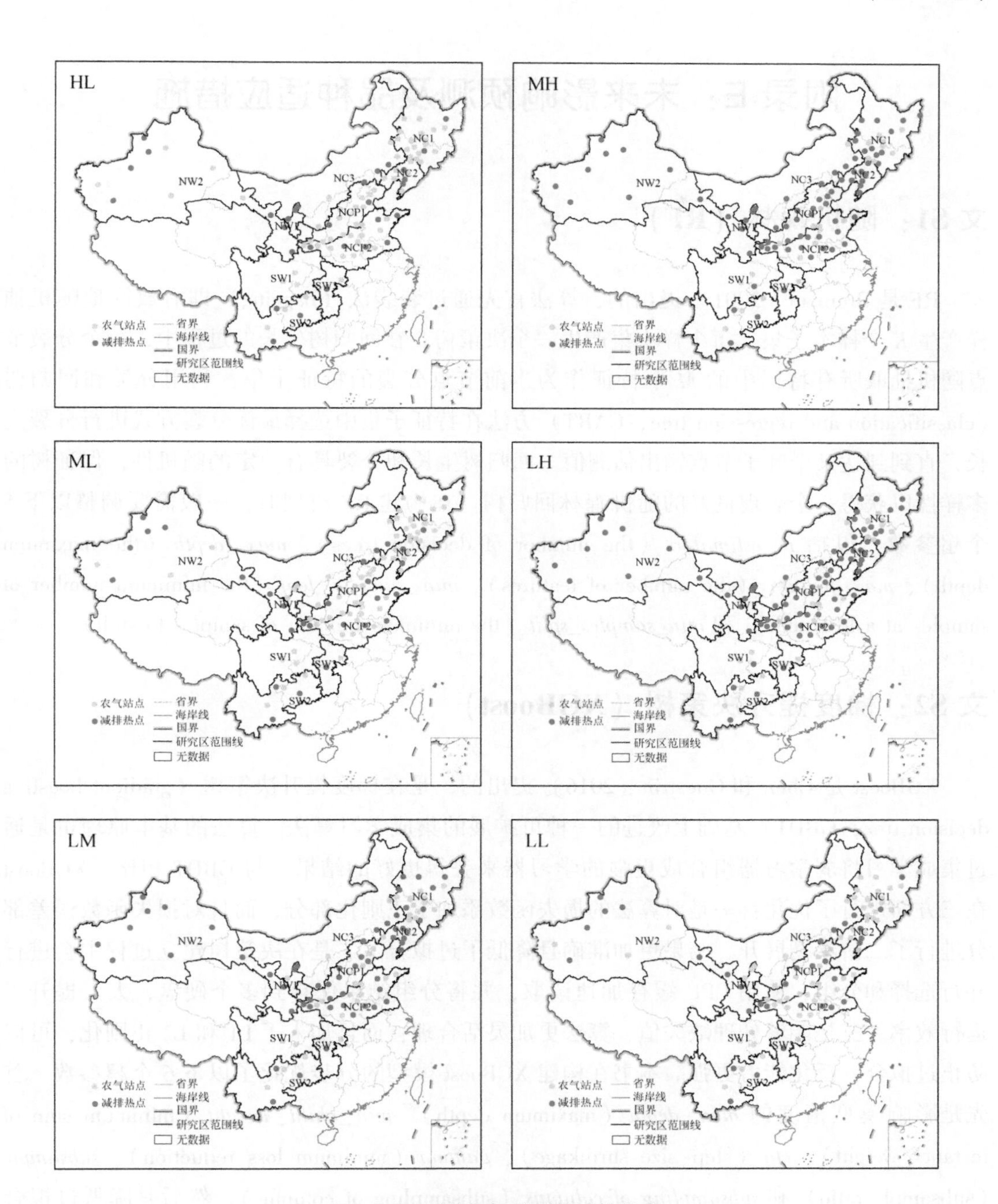

图 S2　不同价格情景下的减排热点

“XX”中第一个字母表示玉米产量价格水平，第二个字母表示资源和环境成本的价格水平，H、M、L分别代表高、中、低

附录 E：未来影响预测及品种适应措施

文 S1：随机森林（RF）

RF 是 Breiman（2001）提出的，算法首先通过装袋法（bagging）即有放回地随机抽样产生 *K* 个样本子集，每个样本集产生一个决策树，在回归树生长的过程中，每个分裂节点随机抽取所有特征中的 *M* 个特征作为当前节点分裂的特征子集，利用分类和回归树（classification and regression tree，CART）方法在特征子集中选择最优分裂方式进行分裂生长，直到到达某个叶子节点输出估测值。回归树生长和分裂具有一定的随机性，保证树的多样性以获得一个表现良好的随机森林回归树。在构建 RF 模型时，一般需要调整以下 5 个超参数，包括 *n_estimators*（the number of decision trees）、*max_depth*（the maximum depth）、*max_features*（the number of features）、*min_samples_leaf*（the minimum number of samples at a leaf node）和 *min_samples_split*（the minimum number of samples to spilt）。

文 S2：梯度提升决策树（XGBoost）

XGBoost 是 Chen 和 Guestrin（2016）提出的，是在梯度提升决策树（gradient boosting decision tree，GBDT）基础上改进的一种可扩展的集成学习算法。算法的基本原理也是通过集成学习将弱学习器组合成更强的学习器来获得更好的结果。与 GBDT 相比，XGBoost 在三方面进行了优化：一是对算法的损失函数添加了正则化部分，而且对损失函数误差部分进行了二阶泰勒展开，结果更加准确且降低了过拟合。二是在决策树建立过程中会进行并行选择和分组，使用 CPU 缓存加速读取，并将分组结果保存到多个硬盘，大大提升了运行效率。三是能够处理缺失值，算法更加灵活合理；而且加入了 L1 和 L2 正则化，可以防止过拟合，泛化能力更强。本书在构建 XGBoost 模型的分步优化了以下 6 个超参数，首先是影响模型精度的 *max_depth*（maximum depth）、*min_child_weight*（minimum sum of instance weight）、*eta*（step- size shrinkage）、*gamma*（minimum loss reduction）、*subsample*（subsample ratio）和 *subsampling of columns*（subsampling of columns），然后是降低过拟合 *alpha* 和 *lambda*。

表 S1 农气指标的计算

缩小	全称	公式	单位
GDD	growing degree days	$\mathrm{GDD}=\sum_{i=s}^{m}\mathrm{DD}_i$ $\mathrm{DD}_i=\begin{cases}T_{\mathrm{avg}_i}-10, & T_{\mathrm{avg}_i}>10℃\\ 0, & T_{\mathrm{avg}_i}<10℃\end{cases}$	℃d
TCD	total cold degree days	$\mathrm{TCD}=\sum_{i=s}^{m}\mathrm{TCD}_i$ $\mathrm{TCD}_i=\begin{cases}0, & i=s\\ \max(0, \mathrm{TCD}_{i-1}+\mathrm{DF}_i), & i>s\end{cases}$ $\mathrm{DF}_i=\mathrm{CD}_i-\mathrm{DD}_i$ $\mathrm{CD}_i=\begin{cases}0, & T_{\mathrm{avg}_i}\geqslant 5℃\\ \lvert T_{\mathrm{avg}_i}-5\rvert, & T_{\mathrm{avg}_i}<5℃\end{cases}$ $\mathrm{DD}_i=\begin{cases}0, & T_{\mathrm{avg}_i}\leqslant 5℃\\ T_{\mathrm{avg}_i}-5, & T_{\mathrm{avg}_i}>5℃\end{cases}$	℃d
OCA	frequency of temperatures above 30℃	$\mathrm{OCA}=\sum_{i=s}^{m}\mathrm{TSUP30}_i$ $\mathrm{TSUP30}_i=\begin{cases}1, & T_{\max_i}>30℃\\ 0, & T_{\max_i}\leqslant 30℃\end{cases}$	天
Pgs	cumulative precipitation	$\mathrm{Pgs}=\sum_{i=s}^{m}P_i$	mm
SPI	standardized Precipitation Index	Zarch et al., 2015	—

注：s 为种植日，m 为成熟日期，T_{avg_i} 和 $T_{\max_i}$ 分别为第 i 天的平均温度和最高温度，P_i 为第 i 天的降水量。

表 S2 RF 和 XGBoost 模型预测每个区域观测玉米产量的表现

区域	RF			XGBoost		
	R^2	RMSE	RRMSE	R^2	RMSE	RRMSE
Ⅰ	0.5	2022.53	16.59	0.54	1905.7	16.36
Ⅱ	0.45	1206.05	17.91	0.52	1120.7	14.62
Ⅲ	0.46	1532.73	16.71	0.49	1486.83	15.47
平均	0.47	1587.1	17.07	0.52	1504.41	15.48

注：Ⅰ为北方春玉米区，Ⅱ为黄淮平原春夏播玉米区，Ⅲ为西南山地丘陵玉米区。

表 S3　3 个农业生态区 18 个代表性品种的性状

区域	品种	代码	熟性	产量/(kg/hm²)	生育期/d	叶片数量	株高/cm	LAI	生物量/(kg/hm²)	收获指数	千粒重/g	秃尖长*/cm	穗位高*/cm	穗长*/cm	穗粗*/cm	穗行数*	每行穗粒数*	灌浆速率*/%	抗倒伏*
Ⅰ	JD27	E1	早熟	7 773	125	20	301	5.71	15 001.89	0.51	388	1.2	127.13	22.3	5.1	15	35	78	HR
	XX1	E2	早熟	8 429.33	127	18	278.75	5.63	15 847.15	0.52	325.12	1.64	110.75	15.6	4.89	14.5	42.75	40.78	MR
	XY987	M1	中熟	9 783.67	140	19	335	5.62	17 904.11	0.53	323	1	129	20	5.2	18	37	90.29	MR
	XY335	M2	中熟	13 539.25	143	20	342.18	5.82	25 318.4	0.53	393	0.59	136.27	19.65	5.18	15.89	39.47	89.68	MR
	JK968	L1	晚熟	13 003.5	154	18	322	5.65	23 536.34	0.48	303	1.3	119	21.6	6	18.4	44.2	41.8	MR
	ZD958	L2	晚熟	13 182.67	157	19	269	5.68	25 657.73	0.52	387	0.8	117.4	20.4	5.36	17.2	36.2	91.13	HR
Ⅱ	DK516	E1	早熟	11 618	103	18	261	5.51	19 285.88	0.59	289	0.78	112.5	14.6	4.3	17	37	84.2	HR
	NH101	E2	早熟	11 325.67	108	21	296	5.47	19 593.4	0.55	367	1.23	101	15.48	4.58	16.05	29.8	37.9	MR
	XY987	M1	中熟	9 057.33	116	18	341.67	5.31	16 937.21	0.51	343.21	2	119.11	20.4	5.4	17.2	38.4	88.76	LR
	XY335	**M2**	中熟	**11 304.25**	**118**	**19**	**286**	**5.62**	**18 312.89**	**0.61**	**393**	**1.1**	**103**	**18.5**	**5.6**	**15.8**	**39.2**	**86.92**	**MR**
	JK968	L1	晚熟	9 416	128	18	270	5.61	15 348.08	0.59	295	1.6	115	18.03	5	15.67	37.11	34.4	MR
	ZD958	L2	晚熟	12 260.67	129	19	240	5.35	19 862.28	0.58	330	0.8	100	20	5.4	15	37	89	MR
Ⅲ	CD30	E1	早熟	8 505.25	112	18	261.7	5.28	16 840.4	0.49	275	1.4	92.91	15.3	4.4	17.6	34.4	82	MR
	ZD958	E2	早熟	10 186.33	117	20	206.4	5.34	18 437.26	0.55	283	0.61	68.73	14.7	4.5	13.73	33.93	89	MR
	YD30	M1	中熟	9 875.33	125	19	220	5.53	17 676.85	0.58	321	1.3	70	18	5	14	37	85	MR
	YR8	M2	中熟	9 469.75	125	18	281	5.46	18 371.32	0.54	309.4	1.4	108.21	16.2	4.8	14.66	29.63	79	LR
	JD13	**L1**	晚熟	**9 522**	**132**	**20**	**270**	**5.76**	**17 139.6**	**0.58**	**378**	**1.6**	**125.3**	**21.3**	**5**	**15.6**	**35.3**	**83**	**HR**
	GD8	L2	晚熟	8 174.75	129	18	243.5	5.47	16 758.24	0.61	326.7	1.49	94.1	17.7	4.4	12.3	31	79	MR

注：*标记的性状来源于文献综述；加粗的为区域最优品种；HR、MR 和 LR 分别代表高抗、中抗和低抗。

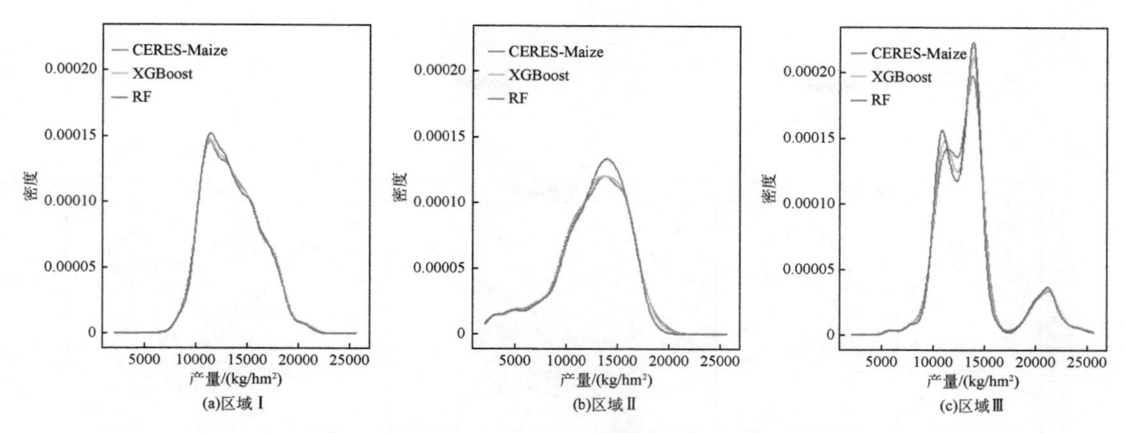

图 S1 每个区域一个随机品种的 CERES-Maize 模型模拟产量与机器学习预测产量的分布

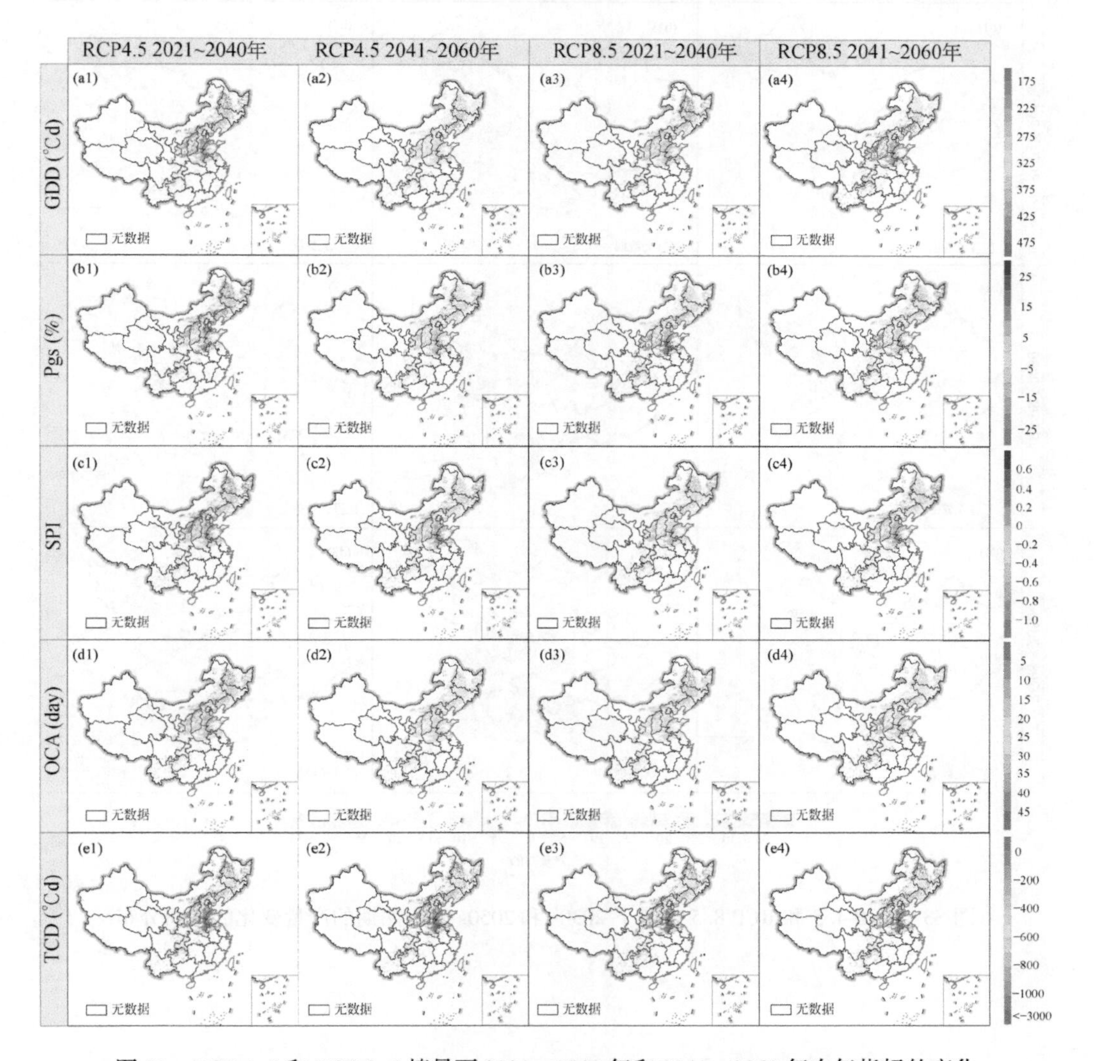

图 S2 RCP 4.5 和 RCP 8.5 情景下 2021 ~ 2040 年和 2041 ~ 2060 年农气指标的变化

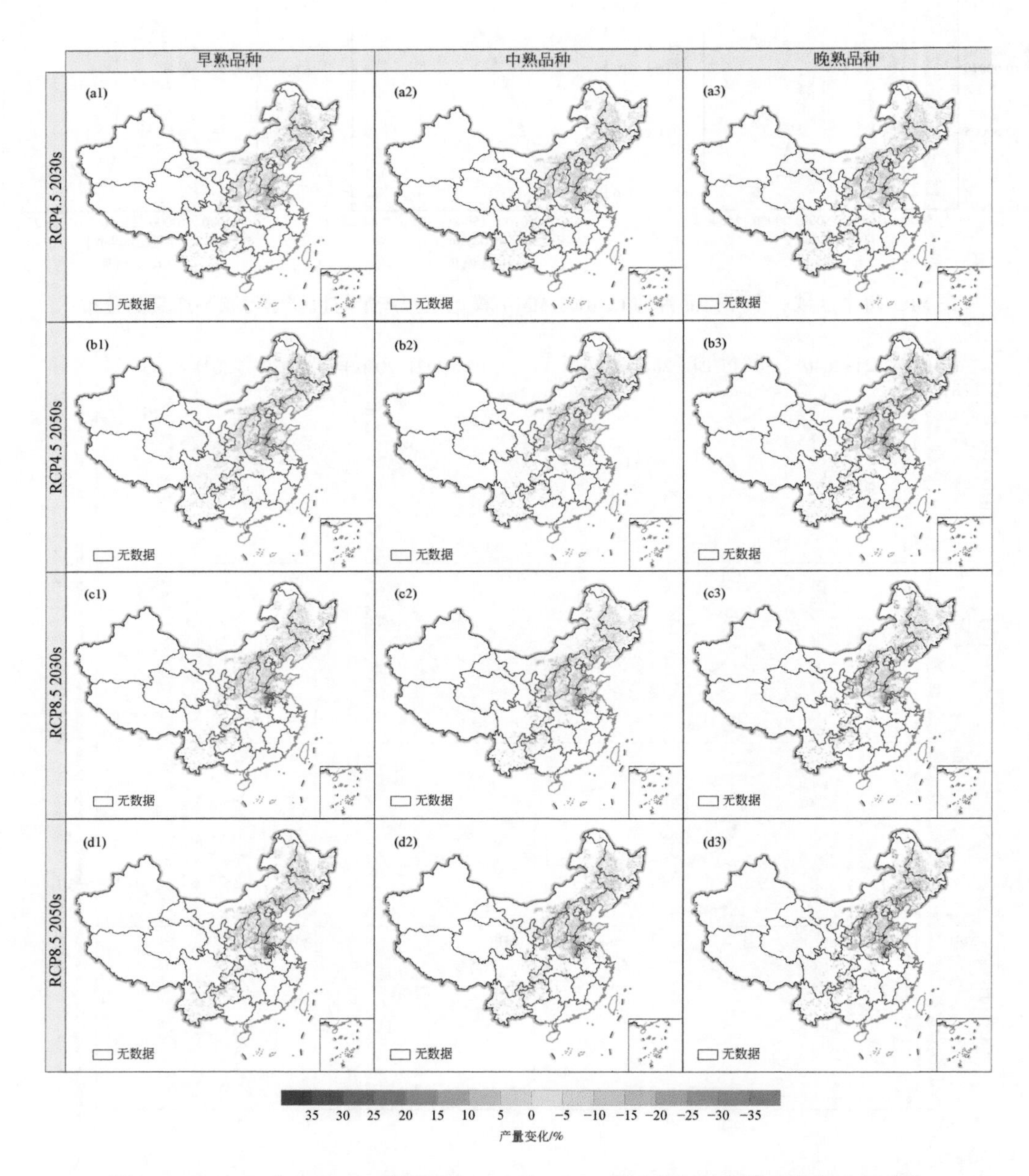

图 S3　RCP 4. 5 和 RCP 8. 5 情景下 2030s 和 2050s 基于熟期的产量变化的空间分布

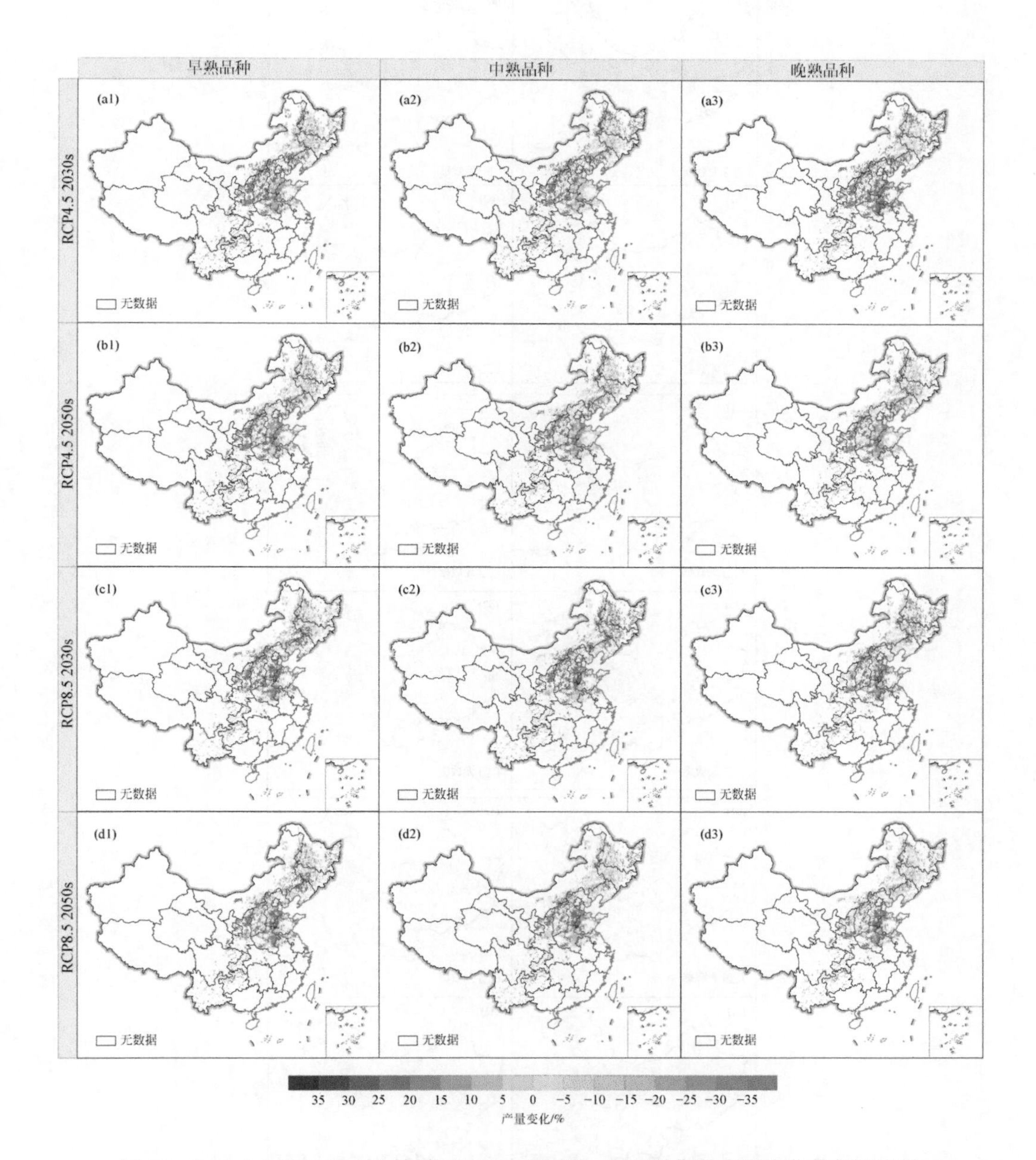

图 S4　RCP 4.5 和 RCP 8.5 情景下 2030s 和 2050s 基于熟期的产量变化的年际变异

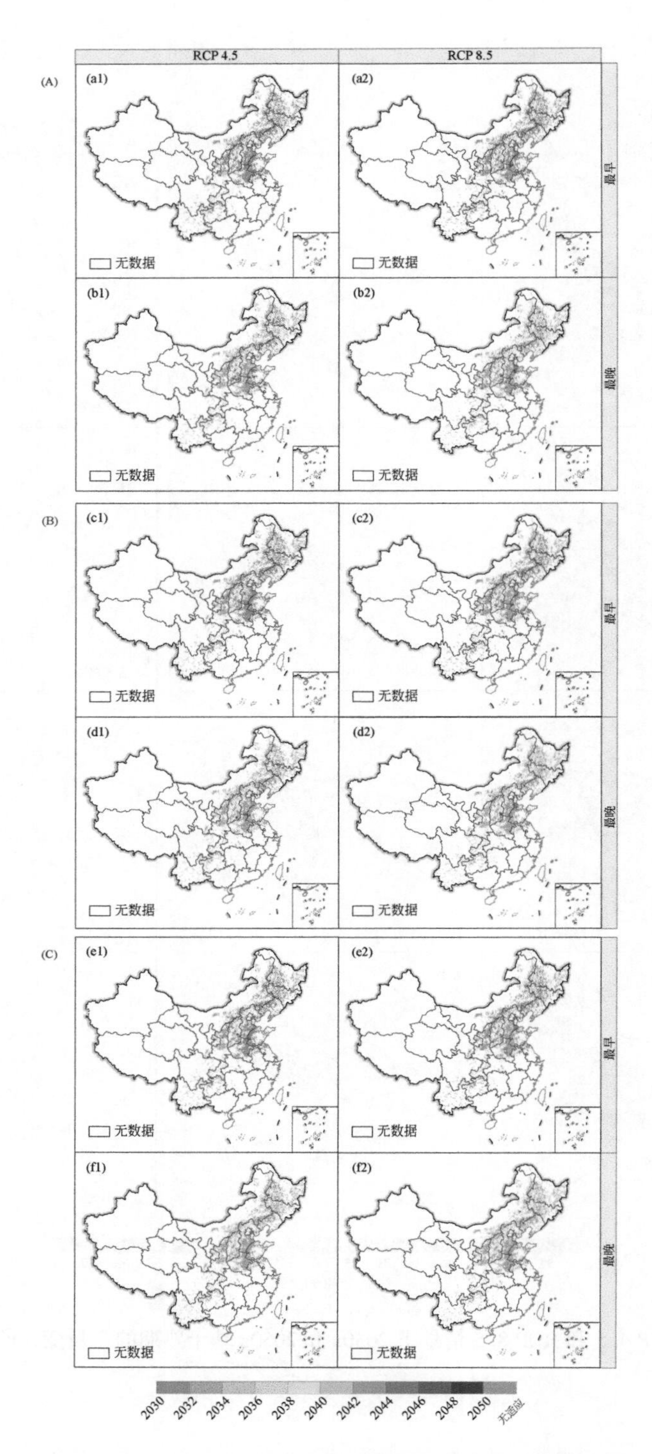

图 S5　RCP 4.5 和 RCP 8.5 情景下最早和最晚的品种适应时间

A 为低风险，T=5%；B 为中等风险，T=10%；C 为高风险，T=15%

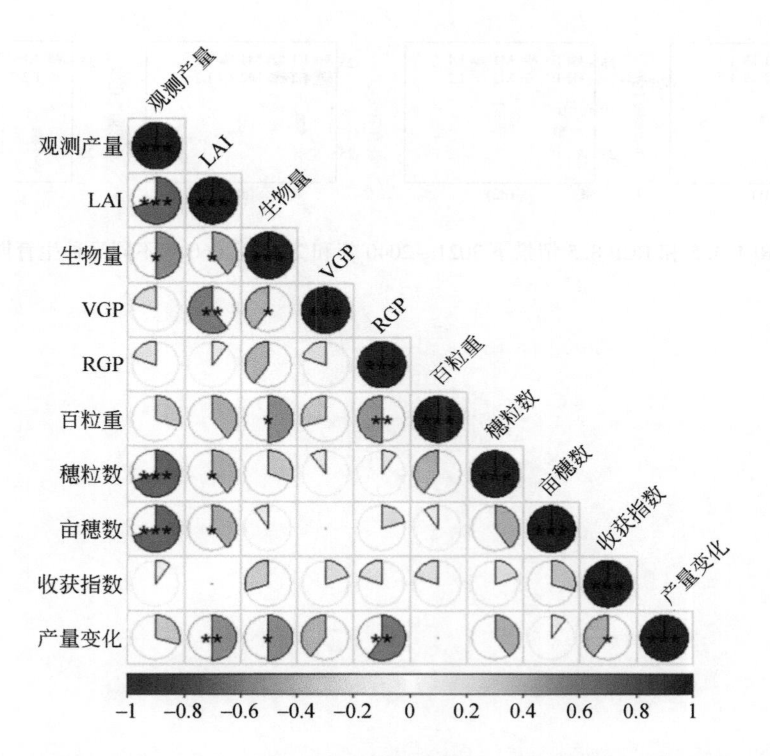

图 S6 ‘郑单 958’ 和 ‘先玉 335’ 预测产量变化、观测产量和品种性状的关系

*、**和***分别表示显著性 $p<0.1$、$p<0.05$ 和 $p<0.01$

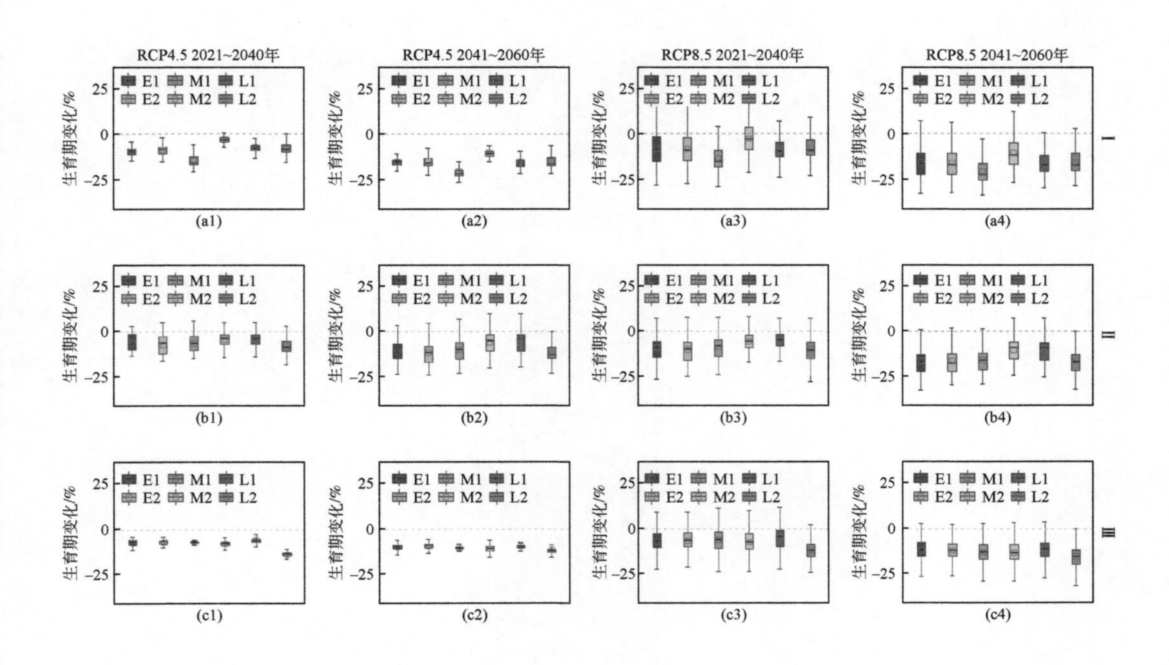

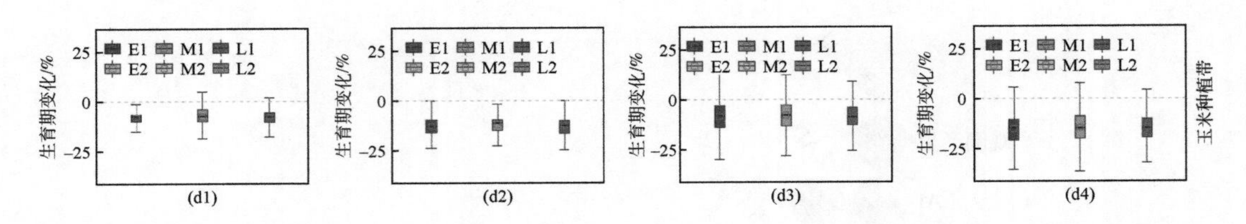

图 S7　RCP 4.5 和 RCP 8.5 情景下 2021～2040 年和 2041～2060 年不同品种生育期的变化

参考文献

蔡延江，丁维新，项剑 . 2012. 农田土壤 N_2O 和 NO 排放的影响因素及其作用机制 . 土壤，44（6）：881-887.

陈嘉博 . 2017. 机器学习算法研究及前景展望 . 信息通信，（6）：5-6.

陈凯，朱钰 . 2007. 机器学习及其相关算法综述 . 统计与信息论坛，（5）：105-112.

陈源源 . 2021. 气候变化对中国粮食生产的影响 . 中国农学通报，37（12）：51-57.

范兰，吕昌河，陈朝 . 2011. 作物产量差及其形成原因综述 . 自然资源学报，26（12）：2155-2166.

方修琦，余卫红 . 2002. 物候对全球变暖响应的研究综述 . 地球科学进展，17（5）：714-719.

何清，李宁，罗文娟，等 . 2014. 大数据下的机器学习算法综述 . 模式识别与人工智能，27（4）：327-336.

侯鹏，陈新平，崔振岭，等 . 2013. 基于 Hybrid-Maize 模型的黑龙江春玉米灌溉增产潜力评估 . 农业工程学报，29（9）：103-112.

胡亚南，柴绍忠，许吟隆，等 . 2008. CERES-Maize 模型在中国主要玉米种植区域的适用性 . 中国农业气象，29（4）：383-386.

黄少辉，杨云马，刘克桐，等 . 2018. 河北省小麦产量潜力，产量差与效率差分析 . 作物杂志，34（2）：118-122.

巨晓棠，谷保静 . 2014. 我国农田氮肥施用现状、问题及趋势 . 植物营养与肥料学报，（4）：783-795.

李勤英，姚凤梅，张佳华，等 . 2018. 不同农艺措施对缩小冬小麦产量差和提高氮肥利用率的评价 . 中国农业气象，39（6）：370.

林而达，许吟隆，吴绍洪 . 2007. 气候变化国家评估报告（Ⅱ）：气候变化的影响与适应 . 气候变化研究进展，（z1）：6-11.

刘保花，陈新平，崔振岭，等 . 2015. 三大粮食作物产量潜力与产量差研究进展 . 中国生态农业学报，23（5）：525-534.

刘国华，傅伯杰 . 2001. 全球气候变化对森林生态系统的影响 . 自然资源学报，16（1）：71-78.

刘靖文 . 2021. 世界主要玉米生产国生产与出口潜力研究（Master's thesis，中国农业科学院）.

刘峻明，和晓彤，王鹏新，等 . 2019. 长时间序列气象数据结合随机森林法早期预测冬小麦产量 . 农业工程学报，35：158-166.

刘晓菲，张朝，帅嘉冰，等 . 2012. 黑龙江省冷害对水稻产量的影响 . 地理学报，67（9）：1223-1232.

刘玉洁，葛全胜，戴君虎 . 2020. 全球变化下作物物候研究进展 . 地理学报，75（1）：14-24.

陆佩玲，于强，贺庆棠 . 2006. 植物物候对气候变化的响应 . 生态学报，（3）：923-929.

马文才，刘芳 . 2021. 中国玉米贸易现状，问题与应对策略 . 对外经贸实务，（12）：53-56.

马小龙，王朝辉，曹寒冰，等 . 2017. 黄土高原旱地小麦产量差异与产量构成及氮磷钾吸收利用的关系 .

植物营养与肥料学报，23（5）：1135-1145.
莫非，赵鸿，王建永，等 . 2011. 全球变化下植物物候研究的关键问题 . 生态学报，31（9）：2593-2601.
倪玉雪 . 2013. 中国农田土壤硝态氮累积，淋洗与径流损失及 N_2O 排放 . 保定：河北农业大学 .
潘文博 . 2009. 东北地区水稻生产潜力及发展战略研究 . 沈阳：沈阳农业大学 .
朴世龙，方精云 . 2003. 1982–1999 年我国陆地植被活动对气候变化响应的季节差异 . 地理学报，58（1）：119-125.
史文娇，陶福禄，张朝 . 2012. 基于统计模型识别气候变化对农业产量贡献的研究进展 . 地理学报，67（9）：1213-1222.
唐国平，Fisch G. 2000. 气候变化对中国农业生产的影响 . 地理学报，55（2）：129-138.
佟屏亚 . 1992. 中国玉米种植区划 . 北京：中国农业科技出版社 .
王珏，石纯一 . 2003. 机器学习研究 . 广西师范大学学报（自然科学版），2：1-15.
王鹏新，齐璇，李俐，等 . 2019. 基于随机森林回归的玉米单产估测 . 农业机械学报，7：237-245.
王品，魏星，张朝，等 . 2014. 气候变化背景下水稻低温冷害和高温热害的研究进展 . 资源科学，36（11）：2316-2326.
王芊 . 2021. 基于文献调研的我国部分地区单位产量氮流失量影响因子研究 . 中国农业大学学报，26（1）：151-163.
吴良泉，武良，崔振岭，等 . 2015. 中国玉米区域氮磷钾肥推荐用量及肥料配方研究 . 土壤学报，52（4）：802-817.
吴良泉，武良，崔振岭，等 . 2016. 中国水稻区域氮磷钾肥推荐用量及肥料配方研究 . 中国农业大学学报，21（9）：1-13.
吴良泉，武良，崔振岭，等 . 2019. 中国小麦区域氮磷钾肥推荐用量及肥料配方研究 . 中国农业大学学报，24（11）：30-40.
武良，张卫峰，陈新平，等 . 2016. 中国农田氮肥投入和生产效率 . 中国土壤与肥料，(4)：76-83.
徐雨晴，陆佩玲，于强 . 2004. 气候变化对植物物候影响的研究进展 . 资源科学，26（1）：129-136.
杨明智，裴源生，李旭东 . 2019. 中国粮食自给率研究 . 自然资源学报，34（4）：881-889.
杨晓光，刘志娟 . 2014. 作物产量差研究进展 . 中国农业科学，47（14）：2731-2741.
姚凡云，刘志铭，曹玉军，等 . 2021. 不同类型氮肥对东北春玉米土壤 N_2O 和 CO_2 昼夜排放的影响 . 中国农业科学，54（17）：3680-3690.
叶欣，李俊，王迎红，等 . 2005. 华北平原典型农田土壤氧化亚氮的排放特征 . 农业环境科学学报，24（6）：1186-1191.
叶优良，李生秀 . 2002. 石灰性土壤起始 NO_3^--N 对土壤供氮能力测定方法的影响 . 植物营养与肥料学报，8（3）：310-317.
张福锁，崔振岭，王激清，等 . 2007. 中国土壤和植物养分管理现状与改进策略 . 植物学报，24（6）：687-694.
张福锁，王激清，张卫峰，等 . 2008. 中国主要粮食作物肥料利用率现状与提高途径 . 土壤学报，(5)：915-924.
张丽霞，陈晓龙，辛晓歌 . 2019. CMIP6 情景模式比较计划（ScenarioMIP）概况与评述 . 气候变化研究进展，15（5）：519-525.
赵彦茜，肖登攀，柏会子，等 . 2019. 中国作物物候对气候变化的响应与适应研究进展 . 地理科学进展，38（2）：224-235.
赵营 . 2012. 宁夏引黄灌区不同类型农田氮素累积与淋洗特征研究 . 农业资源环境学报，（1）：23-31.
赵影星，宋彤，陈源泉，等 . 2022. 华北平原麦-玉年际轮作的土壤氮磷钾分布及淋洗研究 . 中国农业大学学报，27（2）：1-14.
郑景云，葛全胜，郝志新 . 2002. 气候增暖对我国近 40 年植物物候变化的影响 . 科学通报，47（20）：1582-1587.
周丽娜，刘汝亮，张爱平，等 . 2014. 引黄灌区灌淤土氮素淋失特征土柱模拟研究 . 农业资源与环境学报，31（6）：513-520.
周天军，陈晓龙，吴波 . 2019. 支撑“未来地球”计划的气候变化科学前沿问题 . 科学通报，64（19）：1967-1974.
周天军，陈梓明，陈晓龙，等 . 2021. IPCC AR6 报告解读：未来的全球气候——基于情景的预估和近期信息 . 气候变化研究进展，17（6）：652-663.
朱聪，曲春红，王永春，等 . 2022. 新一轮国际粮食价格上涨：原因及对中国市场的影响 . 中国农业资源与区划，43（3）：69-80.
竺可桢 . 1972. 中国近五千年来气候变迁的初步研究 . 考古学报，（1）：15-38.
Abbas G，Ahmad S，Ahmad A，et al. 2017. Quantification the impacts of climate change and crop management on phenology of maize- based cropping system in Punjab，Pakistan. Agricultural and Forest Meteorology，247：42-55.
Agnström A. 1924. Solar and terrestrial radiation. Monthly Weather Review，52（8）：397.
Ahmed M，Stöckle C O，Nelson R，et al. 2019. Novel multimodel ensemble approach to evaluate the sole effect of elevated CO_2 on winter wheat productivity. Scientific Reports，9（1）：1-15.
Alexander L V，Bador M，Roca R，et al. 2020. Intercomparison of annual precipitation indices and extremes over global land areas from in situ，space- based and reanalysis products. Environmental Research Letters，15（5）：055002.
Ali A，Erenstein O. 2017. Assessing farmer use of climate change adaptation practices and impacts on food security and poverty in Pakistan. Climate Risk Management，16，183-194.
Angra S，Ahuja S. 2017. Machine learning and its applications：A review. 2017. Chirala：International Conference on Big Data Analytics and Computational Intelligence（ICBDAC）：57-60.
Aryal J P，Sapkota T B，Khurana R，et al. 2020. Climate change and agriculture in South Asia：Adaptation options in smallholder production systems. Environment，Development and Sustainability，22（6）：5045-5075.
Asseng S，Martre P，Maiorano A，et al. 2018. Climate change impact and adaptation for wheat protein. Global Change Biology. 25（1）：155-173.
Asseng S，Martre P，Maiorano A，et al. 2019. Climate change impact and adaptation for wheat protein. Global Change Biology，25（1）：155-173.
Atlin G N，Cairns J E，Das B. 2017. Rapid breeding and varietal replacement are critical to adaptation of cropping

systems in the developing world to climate change. Global Food Security, 12: 31-37.

Azzari G, Jain M, Lobell D B. 2017. Towards fine resolution global maps of crop yields: Testing multiple methods and satellites in three countries. Remote Sensing of Environment, 202: 129-141.

Bahuguna R N, Solis C A, Shi W, et al. 2017. Post-flowering night respiration and altered sink activity account for high night temperature-induced grain yield and quality loss in rice (*Oryza sativa L.*) Physiol. Plant, 159: 59-73.

Bai H, Wang J, Fang Q, et al. 2019. Modeling the sensitivity of wheat yield and yield gap to temperature change with two contrasting methods in the North China Plain. Climatic Change, 156 (4): 589-607.

Bailey-Serres J, Parker J E, Ainsworth E A, et al. 2019. Genetic strategies for improving crop yields. Nature, 575 (7781): 109-118.

Ballantyne A, Smith W, Anderegg W, et al. 2017. Accelerating net terrestrial carbon uptake during the warming hiatus due to reduced respiration. Nature Climate Change, 7 (2): 148-152.

Bishop K A, Betzelberger A M, Long S P, et al. 2015. Is there potential to adapt soybean (G lycine max M err.) to future [CO_2]? An analysis of the yield response of 18 genotypes in free - air CO_2 enrichment. Plant, Cell & Environment, 38 (9): 1765-1774.

Bonelli L E, Monzon J P, Cerrudo A, et al. 2016. Maize grain yield components and source-sink relationship as affected by the delay in sowing date. Field Crops Research, 198: 215-225.

Bostian M B, Barnhart B L, Kurkalova L A, et al. 2021. Bilevel optimization of conservation practices for agricultural production. Journal of Cleaner Production, 300: 126874.

Breiman L. 2001. Random forests. Machine Learning, 45 (1): 5-32.

Brisson N, Gate P, Gouache D, et al. 2010. Why are wheat yields stagnating in Europe? A comprehensive data analysis for France. Field Crops Research, 119 (1): 201-212.

Burke M, Emerick K. 2016. Adaptation to climate change: Evidence from US agriculture. American Economic Journal: Economic Policy, 8 (3): 106-140.

Burke M, Lobell D B. 2017. Satellite-based assessment of yield variation and its determinants in smallholder African systems. Proceedings of the National Academy of Sciences, 114 (9): 2189-2194.

Butler E E, Huybers P, 2013. Adaptation of US maize to temperature variations. Nature Climate Change, 3 (1): 68-72.

Cairns J E, Crossa J, Zaidi P H, et al. 2013. Identification of drought, heat, and combined drought and heat tolerant donors in maize. Crop Science, 53 (4): 1335-1346.

Cao H Z, Li Y N, Chen G F, et al. 2019. Identifying the limiting factors driving the winter wheat yield gap on smallholder farms by agronomic diagnosis in North China Plain. Journal of Integrative Agriculture, 18 (8): 1701-1713.

Cardozo N P, De OliveiraBordonal R, La Scala Jr N. 2016. Greenhouse gas emission estimate in sugarcane irrigation in Brazil: is it possible to reduce it, and still increase crop yield. Journal of Cleaner Production, 112: 3988-3997.

Carlson K M, Gerber J S, Mueller N D, et al. 2017. Greenhouse gas emissions intensity of global croplands.

Nature Climate Change, 7 (1): 63-68.

Cassman K G, Grassini P. 2020. A global perspective on sustainable intensification research. Nature Sustainability, 3 (4): 262-268.

Challinor A J, Koehler A K, Ramirez-Villegas J, et al. 2016. Current warming will reduce yields unless maize breeding and seed systems adapt immediately. Nature Climate Change, 6 (10): 954-958.

Challinor A J, Watson J, Lobell D B, et al. 2014. A meta-analysis of crop yield under climate change and adaptation. Nature Climate Change, 4 (4): 287-291.

Chen J, Liu Y, Zhou W, et al. 2021a. Effects of climate change and crop management on changes in rice phenology in China from 1981 to 2010. Journal of the Science of Food and Agriculture, 101 (15): 6311-6319.

Chen X, Ma C, Zhou H, et al. 2021b. Identifying the main crops and key factors determining the carbon footprint of crop production in China, 2001-2018. Resources, Conservation and Recycling, 172: 105661.

Chen S, Gong B. 2021. Response and adaptation of agriculture to climate change: Evidence from China. Journal of Development Economics, 148: 102557.

Chen T, Guestrin C. 2016. Xgboost: A scalable tree boosting system. San Francisco: The 22nd acm sigkdd international conference on knowledge discovery and data mining.

Chen X P, Cui Z L, Vitousek P M, et al. 2011. Integrated soil-crop system management for food security. Proceedings of the National Academy of Sciences, 108 (16): 6399-6404.

Chen X, Cui Z, Fan M, et al. 2014. Producing more grain with lower environmental costs. Nature, 514 (7523): 486-489.

Chen Y, Wang P, Zhang Z, et al. 2017. Rice yield development and the shrinking yield gaps in China, 1981-2008. Regional Environmental Change, 17 (8): 2397-2408.

Chen Y, Zhang Z, Tao F, et al. 2017. Spatio-temporal patterns of winter wheat yield potential and yield gap during the past three decades in North China. Field Crops Research, 206: 11-20.

Chen Y, Zhang Z, Tao F. 2018. Impacts of climate change and climate extremes on major crops productivity in China at a global warming of 1.5 and 2.0 ℃. Earth System Dynamics, 9 (2): 543-562.

Cooper M, Gho C, Leafgren R, et al. 2014. Breeding drought-tolerant maize hybrids for the US corn-belt: discovery to product. Journal of Experimental Botany, 65 (21): 6191-6204.

Cooper M, Technow F, Messina C, et al. 2016. Use of crop growth models with whole-genome prediction: application to a maize multi-environment trial. Crop Science, 56 (5): 2141-2156.

Cowling W A, Li L, Siddique K H, et al. 2019. Modeling crop breeding for global food security during climate change. Food and Energy Security, 8 (2): e00157.

Crane-Droesch A. 2018. Machine learning methods for crop yield prediction and climate change impact assessment in agriculture. Environmental Research Letters, 13 (11): 114003.

Craufurd P Q, Wheeler T R. 2009. Climate change and the flowering time of annual crops. Journal of Experimental Botany. 60: 2529-2539.

Cui Z, Chen X, Zhang F. 2010. Current nitrogen management status and measures to improve the intensive wheat-maize system in China. Ambio, 39 (5): 376-384.

Cui Z, Chen X, Zhang F. 2013. Development of regional nitrogen rate guidelines for intensive cropping systems in China. Agronomy Journal, 105 (5): 1411-1416.

Cui Z, Zhang H, Chen X, et al. 2018. Pursuing sustainable productivity with millions of smallholder farmers. Nature, 555 (7696): 363-366.

Dalin C, Qiu H, Hanasaki N, et al. 2015. Balancing water resource conservation and food security in China. Proceedings of the National Academy of Sciences, 112 (15): 4588-4593.

De Los Campos G, Pérez-Rodríguez P, Bogard M, et al. 2020. A data-driven simulation platform to predict cultivars' performances under uncertain weather conditions. Nature Communications, 11 (1): 1-10.

De Souza A P, Long S P. 2018. Toward improving photosynthesis in cassava: characterizing photosynthetic limitations in four current African cultivars. Food and Energy Security, 7 (2): e00130.

Deb K, Jain H. 2013. An evolutionary many-objective optimization algorithm using reference-point-based non-dominated sorting approach, part I: solving problems with box constraints. IEEE Transactions on Evolutionary Computation, 18 (4): 577-601.

Deihimfard R, Mahallati M N, Koocheki A. 2015. Yield gap analysis in major wheat growing areas of Khorasan province, Iran, through crop modelling. Field Crops Research, 184: 28-38.

Deines J M, Patel R, Liang S Z, et al. 2021. A million kernels of truth: Insights into scalable satellite maize yield mapping and yield gap analysis from an extensive ground dataset in the US Corn Belt. Remote Sensing of Environment, 253: 112174.

Deng N, Grassini P, Yang H, et al. 2019. Closing yield gaps for rice self-sufficiency in China. Nature Communications, 10 (1): 1-9.

Deryng D, Conway D, Ramankutty N, et al. 2014. Global crop yield response to extreme heat stress under multiple climate change futures. Environmental Research Letters, 9 (3): 034011.

Diffenbaugh N S, Davenport F V, Burke M. 2021. Historical warming has increased US crop insurance losses. Environmental Research Letters, 16 (8): 084025.

Ding Y, Wang W, Zhuang Q, et al. 2020. Adaptation of paddy rice in China to climate change: the effects of shifting sowing date on yield and irrigation water requirement. Agricultural Water Management, 228: 105890.

Dingkuhn M, De Vries F P, De Datta S K, et al. 1991. Concepts for a new plant type for direct seeded flooded tropical rice. Direct Seeded Flooded Rice in the Tropics, 1: 17-18.

Easterling D R, Horton B, Jones P D, et al. 1997. Maximum and minimum temperature trends for the globe. Science, 277 (5324): 364-367.

Elliott J, Deryng D, Müller C, et al. 2014a. Constraints and potentials of future irrigation water availability on agricultural production under climate change. Proceedings of the National Academy of Sciences, 111 (9): 3239-3244.

Elliott J, Kelly D, Chryssanthacopoulos J, et al. 2014b. The parallel system for integrating impact models and sectors (pSIMS). Environmental Modelling & Software, 62: 509-516.

Espe M B, Cassman K G, Yang H, et al. 2016. Yield gap analysis of US rice production systems shows opportunities for improvement. Field Crops Research, 196: 276-283.

Ettinger A K, Chamberlain C J, Morales- Castilla I, et al. 2020. Winter temperatures predominate in spring phenological responses to warming. Nature Climate Change, 10 (12): 1137-1142.

Fan F, Li B, Zhang W, et al. 2021. Evaluation of Sustainability of Irrigated Crops in Arid Regions, China. Sustainability, 13 (1): 342.

Fan Y, He L, Kang S, et al. 2021. A novel approach to dynamically optimize the spatio- temporal distribution of crop water consumption. Journal of Cleaner Production, 310: 127439.

Fan M, Shen J, Yuan L, et al. 2012. Improving crop productivity and resource use efficiency to ensure food security and environmental quality in China. Journal of Experimental Botany, 63 (1): 13-24.

Fang Q, Yu Q, Wang E, et al. 2006. Soil nitrate accumulation, leaching and crop nitrogen use as influenced by fertilization and irrigation in an intensive wheat-maize double cropping system in the North China Plain. Plant and Soil, 284 (1): 335-350.

Fatima Z, Ahmed M, Hussain M, et al. 2020. The fingerprints of climate warming on cereal crops phenology and adaptation options. Scientific Reports, 10: 18013.

Feng P, Wang B, Liu D, et al. 2019. Incorporating machine learning with biophysical model can improve the evaluation of climate extremes impacts on wheat yield in south- eastern Australia. Agricultural and Forest Meteorology, 275: 100-113.

Feng P, Wang B, Liu D, et al. 2020. Dynamic wheat yield forecasts are improved by a hybrid approach using a biophysical model and machine learning technique. Agricultural and Forest Meteorology, 285: 107922.

Fischer G, Nachtergaele F, Prieler S, et al. 2012. Global Agro - Ecological Zones (GAEZ v3. 0) - Model Documentation. Laxenburg: International Institute for Applied Systems Analysis (IIASA) .

Folberth C, Baklanov A, Balkovič J, et al. 2019. Spatio- temporal downscaling of gridded crop model yield estimates based on machine learning. Agricultural and Forest Meteorology, 264: 1-15.

Frank S, Havlík P, Stehfest E, et al. 2019. Agricultural non- CO_2 emission reduction potential in the context of the 1. 5 ℃ target. Nature Climate Change, 9 (1): 66-72.

Fu Y H, Zhang X, Piao S, et al. 2019. Daylength helps temperate deciduous trees to leaf-out at the optimal time. Global Change Biology, 25 (7): 2410-2418.

Fu Y H, Zhao H, Piao S, et al. 2015. Declining global warming effects on the phenology of spring leaf unfolding. Nature, 526 (7571): 104-107.

Gao L, Jin Z, Huang Y, et al. 1992. Rice clock model- a computer model to simulate rice development. Agricultural and Forest Meteorology, 60 (1): 1-16.

Gao Z, Feng H Y, Liang X G, et al. 2021. Adjusting the sowing date of spring maize did not mitigate against heat stress in the North China Plain. Agricultural and Forest Meteorology, 298: 108274.

García-Mozo H, Oteros J, Galán C. 2015. Phenological changes in olive (*Ola europaea* L.) reproductive cycle in southern Spain due to climate change. Annals of Agricultural and Environmental Medicine, 22 (3): 421-428.

Godfray H C J, Beddington J R, Crute I R, et al. 2010. Food security: the challenge of feeding 9 billion people. Science, 327 (5967): 812-818.

Goldberg D E, Holland J H. 1988. Genetic Algorithms and Machine Learning. Machine Learning, 3: 95-99.

Goodwin B K，Ker A P. 2000. Nonparametric estimation of crop insurance rates revisited. American Journal of Agricultural Economics，83：463-478.

Grassini P，Yang H，Irmak S，et al. 2011. High-yield irrigated maize in the Western US Corn Belt：II. Irrigation management and crop water productivity. Field Crops Research，120（1）：133-141.

Güereña D，Lehmann J，Hanley K，et al. 2013. Nitrogen dynamics following field application of biochar in a temperate North American maize-based production system. Plant and Soil，365（1）：239-254.

Guo J H，Liu X J，Zhang Y，et al. 2010. Significant acidification in major Chinese croplands. Science，327（5968）：1008-1010.

Guo J，Wang Y，Fan T，et al. 2016. Designing corn management strategies for high yield and high nitrogen use efficiency. Agronomy Journal，108（2）：922-929.

Guo M，Chen X，Bai Z，et al. 2017. How China's nitrogen footprint of food has changed from 1961 to 2010. Environmental Research Letters，12（10）：104006.

Guo Y，Chen Y，Searchinger T D，et al. 2020. Air quality，nitrogen use efficiency and food security in China are improved by cost-effective agricultural nitrogen management. Nature Food，1（10）：648-658.

Güsewell S，Furrer R，Gehrig R，et al. 2017. Changes in temperature sensitivity of spring phenology with recent climate warming in Switzerland are related to shifts of the preseason. Global Change Biology，23（12）：5189-5202.

Han E，Ines A，Koo J. 2015. Global high-resolution soil profile database for crop modeling applications. Harvard Dataverse，1：1-37.

He G，Cui Z，Ying H，et al. 2017. Managing the trade-offs among yield increase，water resources inputs and greenhouse gas emissions in irrigated wheat production systems. Journal of Cleaner Production，164：567-574.

He G，Wang Z，Cui Z. 2020. Managing irrigation water for sustainable rice production in China. Journal of Cleaner Production，245：118928.

He L，Asseng S，Zhao G，et al. 2015. Impacts of recent climate warming，cultivar changes，and crop management on winter wheat phenology across the Loess Plateau of China. Agricultural and Forest Meteorology，200：135-143.

Hengl T，De Jesus J M，MacMillan R A，et al. 2014. SoilGrids1km-global soil information based on automated mapping. PloS one，9（8）：e105992.

Hengl T，Heuvelink G B，Kempen B，et al. 2015. Mapping soil properties of Africa at 250 m resolution：Random forests significantly improve current predictions. PloS One，10（6）：e0125814.

Holland J H. 1992. Genetic algorithms. Scientific American，267（1）：66-73.

Hoogenboom G，et al. 2019. Decision support system for agrotechnology transfer（DSSAT）version 4.7.5. Gainesville：DSSAT Foundation.

Hou P，Gao Q，Xie R，et al. 2012. Grain yields in relation to N requirement：Optimizing nitrogen management for spring maize grown in China. Field Crops Research，129：1-6.

Hu Q，Weiss A，Feng S，et al. 2005. Earlier winter wheat heading dates and warmer spring in the US Great Plains. Agricultural and Forest Meteorology，135（1-4）：284-290.

Hu X K, Su F, Ju X T, et al. 2013. Greenhouse gas emissions from a wheat-maize double cropping system with different nitrogen fertilization regimes. Environmental Pollution, 176: 198-207.

Hu X, Huang Y, Sun W, et al. 2017. Shifts in cultivar and planting date have regulated rice growth duration under climate warming in China since the early 1980s. Agricultural and Forest Meteorology, 247: 34-41.

Huang J, Tian L, Liang S, et al. 2015. Improving winter wheat yield estimation by assimilation of the leaf area index from Landsat TM and MODIS data into the WOFOST model. Agricultural and Forest Meteorology, 204: 106-121.

Huang Q, Rozelle S, Lohmar B, et al. 2006. Irrigation, agricultural performance and poverty reduction in China. Food Policy, 31 (1): 30-52.

Huang S, Lv L, Zhu J, et al. 2018. Extending growing period is limited to offsetting negative effects of climate changes on maize yield in the North China Plain. Field Crops Research, 215: 66-73.

Hunt J R, Lilley J M, Trevaskis B, et al. 2019. Early sowing systems can boost Australian wheat yields despite recent climate change. Nature Climate Change, 9 (3): 244-247.

Iizumi T, Sakai T. 2020. The global dataset of historical yields for major crops 1981-2016. Scientific Data, 7: 97.

Impa S M, Raju B, Hein N T, et al. 2021. High night temperature effects on wheat and rice: current status and way forward. Plant Cell Environment, 44: 2049-2065.

IPCC, 2021. Summary for Policymakers// Masson-Delmotte V P, Zhai A, Pirani S L, et al. 2021. Climate Change 2021: The Physical Science Basis. Contribution of Working Group I to the Sixth Assessment Report of the Intergovernmental Panel on Climate Change. Cambridge: Cambridge University Press.

Ishibuchi H, Imada R, Setoguchi Y, et al. 2016. Performance comparison of NSGA-II and NSGA-III on various many-objective test problems// Vancouver: 2016 IEEE Congress on Evolutionary Computation (CEC): 3045-3052.

Jagadish S, Craufurd P, Wheeler T. 2007. High temperature stress and spikelet fertility in rice (*Oryza sativa* L.). Journal of Experimental Botany, 58 (7): 1627-1635.

Jain M, Prasad P V, Boote K J, et al. 2007. Effects of season-long high temperature growth conditions on sugar-to-starch metabolism in developing microspores of grain sorghum (*Sorghum bicolor L.* Moench). Planta, 227: 67-79.

Janssens C, Havlík P, Krisztin T, et al. 2020. Global hunger and climate change adaptation through international trade. Nature Climate Change, 10 (9): 829-835.

Jeong S J, HO C H, Gim H J, et al. 2011. Phenology shifts at start vs. end of growing season in temperate vegetation over the Northern Hemisphere for the period 1982-2008. Global Change Biology, 17 (7): 2385-2399.

Jiang W, Zhu A, Wang C, et al. 2021. Optimizing wheat production and reducing environmental impacts through scientist-farmer engagement: Lessons from the North China Plain. Food and Energy Security, 10 (1): e255.

Jiang Y, Van Groenigen K J, Huang S, et al. 2017. Higher yields and lower methane emissions with new rice cultivars. Global Change Biology, 23 (11): 4728-4738.

Jin Z, Zhuang Q, Wang J, et al. 2017. The combined and separate impacts of climate extremes on the current and future US rainfed maize and soybean production under elevated CO_2. Global Change Biology, 23 (7): 2687-2704.

Jones J W, Hoogenboom G, Porter C H, et al. 2003. The DSSAT cropping system model. European Journal of Agronomy, 18 (3-4): 235-265.

Jones P G, Thornton P K. 2009. Croppers to livestock keepers: livelihood transitions to 2050 in Africa due to climate change. Environmental Science & Policy, 12 (4): 427-437.

Joshi M, Hawkins E, Sutton R, et al. 2011. Projections of when temperature change will exceed 2 degrees ℃ above pre-industrial levels. Nature Climate Change, 1 (8): 407-412.

Ju X T, Xing G X, Chen X P, et al. 2009. Reducing environmental risk by improving N management in intensive Chinese agricultural systems. Proceedings of the National Academy of Sciences, 106 (9): 3041-3046.

Kahiluoto H, Kaseva J, Balek J, et al. 2019. Decline in climate resilience of European wheat. Proceedings of the National Academy of Sciences, 116 (1): 123-128.

Kang S, Eltahir E A. 2018. North China Plain threatened by deadly heatwaves due to climate change and irrigation. Nature Communications, 9 (1): 1-9.

Kang Y H, Ozdogan M, Zhu X J, et al. 2020. Comparative assessment of environmental variables and machine learning algorithms for maize yield prediction in the US Midwest. Environmental Research Letters, 15: 064005.

Kassie B T, Van Ittersum M K, Hengsdijk H, et al. 2014. Climate-induced yield variability and yield gaps of maize (*Zea mays* L.) in the Central Rift Valley of Ethiopia. Field Crops Research, 160: 41-53.

Katoch S, Chauhan S S, Kumar V. 2021. A review on genetic algorithm: past, present, and future. Multimedia Tools and Applications, 80 (5): 8091-8126.

Kearney J. 2010. Food consumption trends and drivers. Philosophical Transactions of the Royal Society B: Biological Sciences, 365 (1554): 2793-2807.

Keenan T F, Gray J, Friedl M A, et al. 2014. Net carbon uptake has increased through warming-induced changes in temperate forest phenology. Nature Climate Change, 4 (7): 598-604.

Kim T, Jin Z, Smith T M, et al. 2021. Quantifying nitrogen loss hotspots and mitigation potential for individual fields in the US Corn Belt with a metamodeling approach. Environmental Research Letters, 16 (7): 075008.

Kropp I, Nejadhashemi A P, Deb K, et al. 2019. A multi-objective approach to water and nutrient efficiency for sustainable agricultural intensification. Agricultural Systems, 173: 289-302.

Laborde D, Mamun A, Martin W, et al. 2021. Agricultural subsidies and global greenhouse gas emissions. Nature Communications, 12 (1): 1-9.

Lawes R, Chen C, Whish J, et al. 2021. Applying more nitrogen is not always sufficient to address dryland wheat yield gaps in Australia. Field Crops Research, 262: 108033.

Lecun Y, Bengio Y, Hinton G. 2015. Deep learning. Nature, 521: 436-444.

Lesk C, Rowhani P, Ramankutty N. 2016. Influence of extreme weather disasters on global crop production. Nature, 529 (7584): 84-87.

Li C, Wang X, Guo Z, et al. 2022. Optimizing nitrogen fertilizer inputs and plant populations for greener wheat production with high yields and high efficiency in dryland areas. Field Crops Research, 276: 108374.

Li K, Yang X, Liu Z, et al. 2014. Low yield gap of winter wheat in the North China Plain. European Journal of Agronomy, 59: 1-12.

Li L C, Wang B, Feng P Y, et al. 2021. Crop yield forecasting and associated optimum lead time analysis based on multi-source environmental data across China. Agricultural and Forest Meteorology, 308: 108558.

Li R, Li M, Ashraf U, et al. 2019. Exploring the Relationships Between Yield and Yield-Related Traits for Rice Varieties Released in China From 1978 to 2017. Frontiers in Plant Science, 10: 00543.

Li Y, Hou R, Tao F. 2020. Interactive effects of different warming levels and tillage managements on winter wheat growth, physiological processes, grain yield and quality in the North China Plain. Agriculture Ecosystems and Environment, 295: 106923.

Lian X, Piao S, Li L Z, et al. 2020. Summer soil drying exacerbated by earlier spring greening of northern vegetation. Science advances, 6 (1): eaax0255.

Liu B, Asseng S, Müller C, et al. 2016. Similar estimates of temperature impacts on global wheat yield by three independent methods. Nature Climate Change, 6 (12): 1130-1136.

Liu Q, Fu Y H, Zhu Z, et al. 2016. Delayed autumn phenology in the Northern Hemisphere is related to change in both climate and spring phenology. Global Change Biology, 22 (11): 3702-3711.

Liu B, Chen X, Meng Q, et al. 2017. Estimating maize yield potential and yield gap with agro-climatic zones in China-Distinguish irrigated and rainfed conditions. Agricultural and Forest Meteorology, 239: 108-117.

Liu B, Liu L, Tian L, et al. 2014. Post-heading heat stress and yield impact in winter wheat of China. Global Change Biology, 20 (2): 372-381.

Liu L, Wang E, Zhu Y, et al. 2013. Effects of warming and autonomous breeding on the phenological development and grain yield of double-rice systems in China. Agriculture, Ecosystems & Environment, 165: 28-38.

Liu Z, Hubbard K G, Lin X, et al. 2013. Negative effects of climate warming on maize yield are reversed by the changing of sowing date and cultivar selection in Northeast China. Global Change Biology, 19 (11): 3481-3492.

Liu Y, Chen Q, Ge Q, et al. 2018. Modelling the impacts of climate change and crop management on phenological trends of spring and winter wheat in China. Agricultural and Forest Meteorology, 248: 518-526.

Liu Y, Chen Q, Ge Q, et al. 2018a. Modelling the impacts of climate change and crop management on phenological trends of spring and winter wheat in China. Agricultural and Forest Meteorology, 248: 518-526.

Liu Y, Chen Q, Ge Q, et al. 2018b. Effects of climate change and agronomic practice on changes in wheat phenology. Climatic Change, 150 (3): 273-287.

Liu Y, Dai L. 2020. Modelling the impacts of climate change and crop management measures on soybean phenology in China. Journal of Cleaner Production, 262: 121271.

Liu Y, Qin Y, Wang H, et al. 2020. Trends in maize (Zea mays L.) phenology and sensitivity to climate factors in China from 1981 to 2010. International Journal of Biometeorology, 64 (3): 461-470.

Liu Y, Zhou W, Ge Q. 2019. Spatiotemporal changes of rice phenology in China under climate change from 1981 to 2010. Climatic Change, 157 (2): 261-277.

Liu Z, Yang X, Hubbard K G, et al. 2012. Maize potential yields and yield gaps in the changing climate of northeast China. Global Change Biology, 18 (11): 3441-3454.

Liu Z, Ying H, Chen M, et al. 2021. Optimization of China's maize and soy production can ensure feed sufficiency at lower nitrogen and carbon footprints. Nature Food, 2 (6): 426-433.

Lobell D B, Asseng S. 2017. Comparing estimates of climate change impacts from process-based and statistical crop models. Environmental Research Letters, 12 (1): 15001.

Lobell D B, Schlenker W, Costa-Roberts J. 2011a. Climate trends and global crop production since 1980. Science, 333 (6042): 616-620.

Lobell D B, Bänziger M, Magorokosho C, et al. 2011b. Nonlinear heat effects on African maize as evidenced by historical yield trials. Nature climate change, 1 (1): 42-45.

Lobell D B, Burney J A. 2021. Cleaner air has contributed one-fifth of US maize and soybean yield gains since 1999. Environmental Research Letters, 16 (7): 074049.

Lobell D B, Cassman K G, Field C B. 2009. Crop yield gaps: their importance, magnitudes, and causes. Annual Review of Environment and Resources, 34: 179-204.

Lobell D B, Field C B. 2008. Estimation of the carbon dioxide (CO_2) fertilization effect using growth rate anomalies of CO_2 and crop yields since 1961. Global Change Biology, 14 (1): 39-45.

Lobell D B, Hammer G L, McLean G, et al. 2013. The critical role of extreme heat for maize production in the United States. Nature Climate Change, 3 (5): 497-501.

Lobell D B, Roberts M J, Schlenker W, et al. 2014. Greater sensitivity to drought accompanies maize yield increase in the US Midwest. Science, 344 (6183): 516-519.

Lobell D B, Thau D, Seifert C, et al. 2015. A scalable satellite-based crop yield mapper. Remote Sensing of Environment, 164: 324-333.

Lobell D B. 2013. The use of satellite data for crop yield gap analysis. Field Crops Research, 143: 56-64.

Lobell D, Burke M. 2010. On the use of statistical models to predict crop yield responses to climate change. Agricultural and Forest Meteorology, 150 (11): 1443-1452.

Lobell D B, Field C B. 2007. Global scale climate-crop yield relationships and the impacts of recent warming. Environmental Research Letters, 2 (1), 014002.

Long S P, Ainsworth E A, Leakey A D, et al. 2006. Food for thought: lower-than-expected crop yield stimulation with rising CO_2 concentrations. Science, 312 (5782): 1918-1921.

Lu C, Fan L. 2013. Winter wheat yield potentials and yield gaps in the North China Plain. Field Crops Research, 143: 98-105.

Lu Y, Jenkins A, Ferrier R C, et al. 2015. Addressing China's grand challenge of achieving food security while ensuring environmental sustainability. Science Advances, 1 (1): e1400039.

Luo Y, Zhang Z, Cao J, et al. 2020a. Drivers of planting area and yield shifts for three staple crops across China, 1950–2013. Climate Research, 80: 73-84.

Luo Y, Zhang Z, Chen Y, et al. 2020b. ChinaCropPhen1km: a high-resolution crop phenological dataset for three staple crops in China during 2000-2015 based on leaf area index (LAI) products. Earth System Science

Data, 12 (1): 197-214.

Luo Y, Zhang Z, Zhang L, et al. 2022. Weakened Maize phenological response to climate warming over 1981-2018 due to cultivar shifts. Advances in Climate Change Research, 13 (5): 710-720.

Lv S, Yang X, Lin X, et al. 2015. Yield gap simulations using ten maize cultivars commonly planted in Northeast China during the past five decades. Agricultural and Forest Meteorology, 205: 1-10.

Maaz T M, Sapkota T B, Eagle A J, et al. 2021. Meta - analysis of yield and nitrous oxide outcomes for nitrogen management in agriculture. Global Change Biology, 27 (11): 2343-2360.

Madhu M, Hatfield J L. 2014. Interaction of carbon dioxide enrichment and soil moisture on photosynthesis, transpiration, and water use efficiency of soybean. Agricultural Sciences, 5 (5): 410-429.

Maharjan B, Venterea R T, Rosen C. 2014. Fertilizer and irrigation management effects on nitrous oxide emissions and nitrate leaching. Agronomy Journal, 106 (2): 703-714.

Maraun D, Shepherd T G, Widmann M, et al. 2017. Towards process-informed bias correction of climate change simulations. Nature Climate Change, 7 (11): 764-773.

Mason-D' Croz D, Bogard J R, Herrero M, et al. 2020. Modelling the global economic consequences of a major African swine fever outbreak in China. Nature Food, 1 (4): 221-228.

Matsui T, Namuco O S, Ziska L H, et al. 1997. Effects of high temperature and CO_2 concentration on spikelet sterility in indica rice. Field Crops Research, 51: 213-219.

Meng L, Mao J, Zhou Y, et al. 2020. Urban warming advances spring phenology but reduces the response of phenology to temperature in the conterminous United States. Proceedings of the National Academy of Sciences, 117 (8): 4228-4233.

Meng Q, Hou P, Wu L, et al. 2013. Understanding production potentials and yield gaps in intensive maize production in China. Field Crops Research, 143: 91-97.

Meng Q, Sun Q, Chen X, et al. 2012. Alternative cropping systems for sustainable water and nitrogen use in the North China Plain. Agriculture, Ecosystems & Environment, 146 (1): 93-102.

Mirjalili S. 2019. Genetic algorithm. In Evolutionary algorithms and neural networks. Cham: Springer.

Mo F, Sun M, Liu X Y, et al. 2016. Phenological responses of spring wheat and maize to changes in crop management and rising temperatures from 1992 to 2013 across the Loess Plateau. Field Crops Research, 196: 337-347.

Mohammed A R, Tarpley L. 2009. High nighttime temperatures affect rice productivity through altered pollen germination and spikelet fertility. Agricultural and Forest Meteorology, 149: 999-1008.

Monfreda C, Ramankutty N, Foley J A. 2008. Farming the planet: 2. Geographic distribution of crop areas, yields, physiological types, and net primary production in the year 2000. Global Biogeochemical Cycle, 22: 2007GB002947.

Mueller N D, Gerber J S, Johnston M, et al. 2012. Closing yield gaps through nutrient and water management. Nature, 490 (7419): 254-257.

Müller C, Elliott J, Chryssanthacopoulos J, et al. 2017. Global gridded crop model evaluation: benchmarking, skills, deficiencies and implications. Geoscientific Model Development, 10 (4): 1403-1422.

Müller C, Elliott J, Kelly D, et al. 2019. The Global Gridded Crop ModelIntercomparison phase 1 simulation dataset. Scientific Data, 6: 50.

Nelson G C, Valin H, Sands R D, et al. 2014. Climate change effects on agriculture: Economic responses to biophysical shocks. Proceedings of the National Academy of Sciences, 111 (9): 3274-3279.

Olesen J E, Trnka M, Kersebaum K C, et al. 2011. Impacts and adaptation of European crop production systems to climate change. European Journal of Agronomy, 34 (2): 96-112.

O'Neill B C, Tebaldi C, VanVuuren D P, et al. 2016. The scenario model intercomparison project (ScenarioMIP) for CMIP6. Geoscientific Model Development, 9 (9): 3461-3482.

Owe M, DeJeu R, Holmes T. 2008. Multisensor historical climatology of satellite-derived global land surface moisture. Journal of Geophysical Research, 113: F 01002.

Papademetriou M K, Dent F J, Herath E M. 2000. Bridging the rice yield gap in the Asia- Pacific Region. Bangkok: FAO Regional Office for Asia and the Pacific.

Parent B, Leclere M, Lacube S, et al. 2018. Maize yields over Europe may increase in spite of climate change, with an appropriate use of the genetic variability of flowering time. Proceedings of the National Academy of Sciences, 115 (42): 10642-10647.

Peng B, Guan K, Tang J, et al. 2020. Towards a multiscale crop modelling framework for climate change adaptation assessment. Nature Plants, 6 (4): 338-348.

Peng S, Huang J, Sheehy J E, et al. 2004. Rice yields decline with higher night temperature from global warming. Proceedings of the National Academy, 101: 9971-9975.

Peng S, Piao S, Ciais P, et al. 2013. Asymmetric effects of daytime and night- time warming on Northern Hemisphere vegetation. Nature, 501 (7465): 88-92.

Peraudeau S, Lafarge T, Roques S, et al. 2015. Effect of carbohydrates and night temperature on night respiration in rice. Journal of Experimental Botany, 66: 3931-3944.

Piao S, Liu Q, Chen A, et al. 2019. Plant phenology and global climate change: Current progresses and challenges. Global Change Biology, 25 (6): 1922-1940.

Piao S, Liu Z, Wang T, et al. 2017. Weakening temperature control on the interannual variations of spring carbon uptake across northern lands. Nature Climate Change, 7 (5): 359-363.

Pironon S, Etherington T R, Borrell J S, et al. 2019. Potential adaptive strategies for 29 sub-Saharan crops under future climate change. Nature Climate Change, 9 (10): 758-763.

Pittelkow C M, Liang X, Linquist B A, et al. 2015. Productivity limits and potentials of the principles of conservation agriculture. Nature, 517 (7534): 365-368.

Porter J R, Gawith M. 1999. Temperatures and the growth and development of wheat: a review. European Journal of Agronomy, 10 (1): 23-36.

Prescott J A. 1940. Evaporation from a water surface in relation to solar radiation. Transactions of the Royal Society of South Australia, 46: 114-118.

Priestley C H B, Taylor R J. 1972. On the assessment of surface heat flux and evaporation using large-scale parameters. Monthly Weather Review, 100 (2): 81-92.

Ranum P, Peña-Rosas J P, Garcia-Casal M N. 2014. Global maize production, utilization, and consumption. Annals of the New York Academy of Sciences, 1312 (1): 105-112.

Ravasi R A, Paleari L, Vesely F M, et al. 2020. Ideotype definition to adapt legumes to climate change: A case study for field pea in Northern Italy. Agricultural and Forest Meteorology, 291: 108081.

Ray D K, Gerber J S, MacDonald G K, et al. 2015. Climate variation explains a third of global crop yield variability. Nature Communications, 6 (1): 1-9.

Ray D K, Ramankutty N, Mueller N D, et al. 2012. Recent patterns of crop yield growth and stagnation. Nature Communications, 3 (1): 1-7.

Raza A, Razzaq A, Mehmood S S, et al. 2019. Impact of climate change on crops adaptation and strategies to tackle its outcome: A review. Plants, 8 (2): 34.

Reay D S, Davidson E A, Smith K A, et al. 2012. Global agriculture and nitrous oxide emissions. Nature Climate Change, 2 (6): 410-416.

Reich P B, Sendall K M, Stefanski A, et al. 2018. Effects of climate warming on photosynthesis in boreal tree species depend on soil moisture. Nature, 562 (7726): 263-267.

Reichstein M, Camps-Valls G, Stevens B, et al. 2019. Deep learning and process understanding for data-driven Earth system science. Nature, 566 (7743): 195-204.

Ren Y, Gao C, Han H, et al. 2018. Response of water use efficiency and carbon emission to no-tillage and winter wheat genotypes in the North China Plain. Science of the Total Environment, 635: 1102-1109.

Rezaei E E, Siebert S, Ewert F. 2017. Climate and management interaction cause diverse crop phenology trends. Agricultural and Forest Meteorology, 233: 55-70.

Rezaei E E, Siebert S, Hüging H, et al. 2018. Climate change effect on wheat phenology depends on cultivar change. Scientific Reports, 8 (1): 1-10.

Rezaei E E, Webber H, Gaiser T, et al. 2015. Heat stress in cereals: Mechanisms and modelling. European Journal of Agronomy, 64: 98-113.

Richardson A D, Hufkens K, Milliman T, et al. 2018. Ecosystem warming extends vegetation activity but heightens vulnerability to cold temperatures. Nature, 560 (7718): 368-371.

Richardson A D, Keenan T F, Migliavacca M, et al. 2013. Climate change, phenology, and phenological control of vegetation feedbacks to the climate system. Agricultural and Forest Meteorology, 169: 156-173.

Rippke U, Ramirez-Villegas J, Jarvis A, et al. 2016. Timescales of transformational climate change adaptation in sub-Saharan African agriculture. Nature Climate Change, 6 (6): 605-609.

Rizzo G, Monzon J P, Tenorio F A, et al. 2022. Climate and agronomy, not genetics, underpin recent maize yield gains in favorable environments. Proceedings of the National Academy of Sciences, 119: e2113629119.

Roberts M J, Braun N O, Sinclair T R, et al. 2016. Comparing and combining process-based crop models and statistical models with some implications for climate change. Environmental Research Letters, 12 (9): 95010.

Rosa L, Chiarelli D D, Rulli M C, et al. 2020. Global agricultural economic water scarcity. Science Advances, 6 (18): eaaz6031.

Rotili D H, Sadras V O, Abeledo L G, et al. 2021. Impacts of vegetative and reproductive plasticity associated with tillering in maize crops in low-yielding environments: A physiological framework. Field Crops Research, 265: 108107.

Rötter R P, Tao F, Höhn J G, et al. 2015. Use of crop simulation modelling to aid ideotype design of future cereal cultivars. Journal of Experimental Botany, 66 (12): 3463-3476.

Sakai H, Cheng W, Chen C P, et al. 2022. Short-term high nighttime temperatures pose an emerging risk to rice grain failure. Agricultural and Forest Meteorology, 314: 108779.

Sakamoto T. 2020. Incorporating environmental variables into aMODIS-based crop yield estimation method for United States corn and soybeans through the use of a random forest regression algorithm. ISPRS Journal of Photogrammetry and Remote Sensing, 160: 208-228.

Samaniego L, Thober S, Kumar R, et al. 2018. Anthropogenic warming exacerbates European soil moisture droughts. Nature Climate Change, 8: 421-426.

Sánchez B, Rasmussen A, Porter J R. 2014. Temperatures and the growth and development of maize and rice: a review. Global Change Biology, 20 (2): 408-417.

Saxton K E, Rawls W, Romberger J S, et al. 1986. Estimating generalized soil-water characteristics from texture. Soil Science Society of America Journal, 50: 1031-1036.

Schaarschmidt S, Lawas L M F, Kopka J, et al. 2021. Physiological and molecular attributes contribute to high night temperature tolerance in cereals. Plant Cell Environment, 44: 2034-2048.

Schlaepfer D R, Bradford J B, Lauenroth W K, et al. 2017. Climate change reduces extent of temperate drylands and intensifies drought in deep soils. Nature Communications, 8 (1): 1-9.

Senapati N, Semenov M A. 2020. Large genetic yield potential and genetic yield gap estimated for wheat in Europe. Global Food Security, 24: 100340.

Senapati N, Stratonovitch P, Paul M J, et al. 2019. Drought tolerance during reproductive development is important for increasing wheat yield potential under climate change in Europe. Journal of Experimental Botany, 70 (9): 2549-2560.

Shcherbak I, Millar N, Robertson G P. 2014. Global metaanalysis of the nonlinear response of soil nitrous oxide (N_2O) emissions to fertilizer nitrogen. Proceedings of the National Academy of Sciences, 111 (25): 9199-9204.

Shew A M, Tack J B, Nalley L L, et al. 2020. Yield reduction under climate warming varies among wheat cultivars in South Africa. Nature communications, 11 (1): 1-9.

Shi W, Tao F, Zhang Z. 2013. A review on statistical models for identifying climate contributions to crop yields. Journal of Geographical Sciences, 23 (3): 567-576.

Singh A, Thakur N, Sharma A. 2016. A review of supervised machine learning algorithms. 2016. New Delhi: 3rd International Conference on Computing for Sustainable Global Development (INDIACom): 1310-1315.

Solomon S, Manning M, Marquis M, et al. 2007. Climate change 2007- the physical science basis: Working group I contribution to the fourth assessment report of the IPCC (Vol. 4). Cambridge: Cambridge University Press.

Stevanović M, Popp A, Lotze-Campen H, et al. 2016. The impact of high-end climate change on agricultural welfare. Science Advances, 2 (8): e1501452.

Su B, Huang J, Fischer T, et al. 2018. Drought losses in China might double between the 1. 5 C and 2. 0℃ warming. Proceedings of the National Academy of Sciences, 115 (42): 10600-10605.

Su Y, Gabrielle B, Makowski D. 2021. The impact of climate change on the productivity of conservation agriculture. Nature Climate Change, 11 (7): 628-633.

Sun H, Zhang X, Wang E, et al. 2016. Assessing the contribution of weather and management to the annual yield variation of summer maize using APSIM in the North China Plain. Field Crops Research, 194: 94-102.

Sun L, Wang S, Zhang Y, et al. 2018. Conservation agriculture based on crop rotation and tillage in the semi-arid Loess Plateau, China: Effects on crop yield and soil water use. Agriculture, Ecosystems & Environment, 251: 67-77.

Sun Q, Kröbel R, Müller T, et al. 2011. Optimization of yield and water-use of different cropping systems for sustainable groundwater use in North China Plain. Agricultural Water Management, 98 (5): 808-814.

Sun W, Huang Y. 2011. Global warming over the period 1961-2008 did not increase high-temperature stress but did reduce low-temperature stress in irrigated rice across China. Agricultural and Forest Meteorology, 151 (9): 1193-1201.

Tanaka A, Takahashi K, Masutomi Y, et al. 2015. Adaptation pathways of global wheat production: Importance of strategic adaptation to climate change. Scientific Reports, 5 (1): 1-10.

Tao F, Rötter R P, Palosuo T, et al. 2017. Designing future barley ideotypes using a crop model ensemble. European Journal of Agronomy, 82: 144-162.

Tao F, Yokozawa M, Liu J, et al. 2008. Climate-crop yield relationships at provincial scales in China and the impacts of recent climate trends. Climate Research, 38 (1): 83-94.

Tao F, Yokozawa M, Xu Y, et al. 2006. Climate changes and trends in phenology and yields of field crops in China, 1981-2000. Agricultural and Forest Meteorology. 138 (1-4): 82-92.

Tao F, Yokozawa M, Zhang Z. 2009a. Modelling the impacts of weather and climate variability on crop productivity over a large area: a new process-based model development, optimization, and uncertainties analysis. Agricultural and Forest Meteorology, 149 (5): 831-850.

Tao F L, Zhang Z, Liu J, Yokozawa M, 2009b. Modelling the impacts of weather and climate variability on crop productivity over a large area: A new super-ensemble-based probabilistic projection. Agricultural and Forest Meteorology, 149 (8): 1266-1278.

Tao F, Zhang L, Zhang Z, et al. 2022a. Designing wheat cultivar adaptation to future climate change across China by coupling biophysical modelling and machine learning. European Journal of Agronomy, 136: 126500.

Tao F, Zhang L, Zhang Z, et al. 2022b. Climate warming outweighed agricultural managements in affecting wheat phenology across China during 1981-2018. Agricultural and Forest Meteorology, 316: 108865.

Tao F, Zhang S, Zhang Z, et al. 2014. Maize growing duration was prolonged across China in the past three decades under the combined effects of temperature, agronomic management, and cultivar shift. Global Change Biology, 20 (12): 3686-3699.

Tao F, Zhang S, Zhang Z, et al. 2015a. Temporal and spatial changes of maize yield potentials and yield gaps in the past three decades in China. Agriculture, Ecosystems & Environment, 208: 12-20.

Tao F, Zhang Z, Zhang S, et al. 2015b. Heat stress impacts on wheat growth and yield were reduced in the Huang-Huai-Hai Plain of China in the past three decades. European Journal of Agronomy, 71: 44-52.

Tao F, Zhang S, Zhang Z. 2012. Spatiotemporal changes of wheat phenology in China under the effects of temperature, day length and cultivar thermal characteristics. European Journal of Agronomy, 43: 201-212.

Tao F, Zhang Z, Shi W, et al. 2013. Single rice growth period was prolonged by cultivars shifts, but yield was damaged by climate change during 1981-2009 in C hina, and late rice was just opposite. Global Change Biology, 19 (10): 3200-3209.

Thompson L M. 1975. Weather variability, climate change, and grain production. Science, 188 (4188): 535-541.

Tian H R, Wang P X, Tansey K, et al. 2021. An LSTM neural network for improving wheat yield estimates by integrating remote sensing data and meteorological data in the Guanzhong Plain, PR China. Agricultural and Forest Meteorology, 310: 108629.

Tigchelaar M, Battisti D S, Naylor R L, et al. 2018. Future warming increases probability of globally synchronized maize production shocks. Proceedings of the National Academy of Sciences, 115 (26): 6644-6649.

Tilman D, Balzer C, Hill J, et al. 2011. Global food demand and the sustainable intensification of agriculture. Proceedings of the National Academy of Sciences, 108 (50): 20260-20264.

Tollenaar M, Fridgen J, Tyagi P, et al. 2017. The contribution of solar brightening to the US maize yield trend. Nature Climate Change, 7 (4): 275-278.

Tran A T M, Eitzinger J, Manschadi A M. 2020. Response of maize yield under changing climate and production conditions in Vietnam. Italian Journal of Agrometeorology, (1): 73-84.

Tubiello F N, Salvatore M, Ferrara A F, et al. 2015. The contribution of agriculture, forestry and other land use activities to global warming, 1990-2012. Global Change Biology, 21 (7): 2655-2660.

VanIttersum M K, Cassman K G, Grassini P, et al. 2013. Yield gap analysis with local to global relevance—A review. Field Crops Research, 143: 4-17.

Van Wart J, Kersebaum K C, Peng S, et al. 2013. Estimating crop yield potential at regional to national scales. Field Crops Research, 143: 34-43.

Vermeulen S J, Campbell B M, Ingram J S. 2012. Climate change and food systems. Annual Review of Environment and Resources, 37: 195-222.

Vitasse Y, Signarbieux C, Fu Y H. 2018. Global warming leads to more uniform spring phenology across elevations. Proceedings of the National Academy of Sciences, 115 (5): 1004-1008.

Vogel E, Donat M G, Alexander L V, et al. 2019. The effects of climate extremes on global agricultural yields. Environmental Research Letters, 14 (5): 054010.

Voss-Fels K P, Stahl A, Wittkop B, et al. 2019. Breeding improves wheat productivity under contrasting agrochemical input levels. Nature Plants, 5 (7): 706-714.

Waha K, Müller C, Bondeau A, et al. 2013. Adaptation to climate change through the choice of cropping system and sowing date in sub-Saharan Africa. Global Environmental Change, 23 (1): 130-143.

Wang C, Wang X, Jin Z, et al. 2022. Occurrence of crop pests and diseases has largely increased in China since 1970. Nature Food, 3 (1): 57-65.

Wang D, Heckathorn S A, Barua D, et al. 2008. Effects of elevated CO_2 on the tolerance of photosynthesis to acute heat stress in C3, C4, and CAM species. American Journal of Botany, 95 (2): 165-176.

Wang G, Chen X, Cui Z, et al. 2014. Estimated reactive nitrogen losses for intensive maize production in China. Agriculture, Ecosystems & Environment, 197: 293-300.

Wang G L, Ye Y L, Chen X P, et al. 2014. Determining the optimal nitrogen rate for summer maize in China by integrating agronomic, economic, and environmental aspects. Biogeosciences, 11 (11): 3031-3041.

Wang H, Wang X, Bi L, et al. 2019a. Multi-objective optimization of water and fertilizer management for potato production in sandy areas of northern China based on TOPSIS. Field Crops Research, 240: 55-68.

Wang S, Azzari G, Lobell D B. 2019b. Crop type mapping without field-level labels: Random forest transfer and unsupervised clustering techniques. Remote Sensing of Environment, 222: 303-317.

Wang S, Yang L, Su M, et al. 2019c. Increasing the agricultural, environmental and economic benefits of farming based on suitable crop rotations and optimum fertilizer applications. Field Crops Research, 240: 78-85.

Wang X, Xiao J, Li X, et al. 2019d. No trends in spring and autumn phenology during the global warming hiatus. Nature Communications, 10 (1): 1-10.

Wang J, Wang E, Feng L, et al. 2013. Phenological trends of winter wheat in response to varietal and temperature changes in the North China Plain. Field Crops Research, 144: 135-144.

Wang J, Wang E, Yang X, et al. 2012. Increased yield potential of wheat-maize cropping system in the North China Plain by climate change adaptation. Climatic Change, 113 (3): 825-840.

Wang J, Zhang J, Bai Y, et al. 2020. Integrating remote sensing-based process model with environmental zonation scheme to estimate rice yield gap in Northeast China. Field Crops Research, 246: 107682.

Wang P, Zhang Z, Chen Y, et al. 2016. How much yield loss has been caused by extreme temperature stress to the irrigated rice production in China? Nature Climate Change, 134: 635-650.

Wang T, Lu C, Yu B. 2011. Production potential and yield gaps of summer maize in the Beijing-Tianjin-Hebei Region. Journal of Geographical Sciences, 21 (4): 677-688.

Wang X, Ciais P, Li L, et al. 2017. Management outweighs climate change on affecting length of rice growing period for early rice and single rice in China during 1991-2012. Agricultural and Forest Meteorology, 233: 1-11.

Wang X, Li T, Yang X, et al. 2018. Rice yield potential, gaps and constraints during the past three decades in a climate-changing Northeast China. Agricultural and Forest Meteorology, 259: 173-183.

Watson A, Ghosh S, Williams M J, et al. 2018. Speed breeding is a powerful tool to accelerate crop research and breeding. Nature Plants, 4 (1): 23-29.

West P C, Gerber J S, Engstrom P M, et al. 2014. Leverage points for improving global food security and the environment. Science, 345 (6194): 325-328.

Wheeler T, Von Braun J. 2013. Climate change impacts on global food security. Science, 341 (6145): 508-513.

Wiebe K, Lotze-Campen H, Sands R, et al. 2015. Climate change impacts on agriculture in 2050 under a range of plausible socioeconomic and emissions scenarios. Environmental Research Letters, 10 (8): 085010.

World Health Organization. 2018. The state of food security and nutrition in the world 2018: building climate resilience for food security and nutrition. Rome: Food & Agriculture Orgnization.

Wu C, Wang J, Ciais P, et al. 2021. Widespread decline in winds delayed autumn foliar senescence over high latitudes. Proceedings of the National Academy of Sciences, 118 (16): e2015821118.

Wu C, Wang X, Wang H, et al. 2018. Contrasting responses of autumn-leaf senescence to daytime and night-time warming. Nature Climate Change, 8 (12): 1092-1096.

Wu L, Chen X, Cui Z, et al. 2014. Establishing a regional nitrogen management approach to mitigate greenhouse gas emission intensity from intensive smallholder maize production. PLoS One, 9 (5): e98481.

Xiao D, Moiwo J P, Tao F, et al. 2015. Spatiotemporal variability of winter wheat phenology in response to weather and climate variability in China. Mitigation and Adaptation Strategies for Global Change, 20 (7): 1191-1202.

Xiao D, Qi Y, Shen Y, et al. 2016. Impact of warming climate and cultivar change on maize phenology in the last three decades in North China Plain. Theoretical and Applied Climatology, 124 (3): 653-661.

Xiao D, Tao F, Liu Y, et al. 2013. Observed changes in winter wheat phenology in the North China Plain for 1981-2009. International Journal of Biometeorology, 57 (2): 275-285.

Xiao D, Tao F. 2016. Contributions of cultivar shift, management practice and climate change to maize yield in North China Plain in 1981-2009. International Journal of Biometeorology, 60 (7): 1111-1122.

Xie J. 2009. Addressing China's water scarcity: recommendations for selected water resource management issues. Washington D. C.: World Bank Publications.

Xie W, Xiong W, Pan J, et al. 2018. Decreases in global beer supply due to extreme drought and heat. Nature Plants, 4 (11): 964-973.

Xin Y, Tao F. 2019. Optimizing genotype-environment-management interactions to enhance productivity and eco-efficiency for wheat-maize rotation in the North China Plain. Science of the Total Environment, 654: 480-492.

Xin Y, Tao F. 2020. Developing climate-smart agricultural systems in the North China Plain. Agriculture, Ecosystems & Environment, 291: 106791.

Xu J, Zhang Z, Zhang X, et al. 2020a. Green food development in China: Experiences and challenges. Agriculture, 10 (12): 614.

Xu Z, Chen X, Liu J, et al. 2020b. Impacts of irrigated agriculture on food-energy-water-CO_2 nexus across metacoupled systems. Nature communications, 11 (1): 1-12.

Yadi R, Heravan I M, Heidari Sharifabad H. 2021. Identifying the superior traits for selecting the ideotype of rice cultivars. Cereal Research Communications, 49 (3): 475-484.

Yan P, Yue S, Qiu M, et al. 2014. Using maize hybrids and in-season nitrogen management to improve grain yield and grain nitrogen concentrations. Field Crops Research, 166: 38-45.

Yang P, Bai J, Yang M, et al. 2022. Negative pressure irrigation for greenhouse crops in China: A review. Agricultural Water Management, 264: 107497.

Yang X, Chen F, Lin X, et al. 2015. Potential benefits of climate change for crop productivity in China.

Agricultural and Forest Meteorology, 208: 76-84.

Yang Y, Xu W, Hou P, et al. 2019. Improving maize grain yield by matching maize growth and solar radiation. Scientific Reports, 9 (1): 1-11.

Yao Z, Zhang W, Chen Y, et al. 2021. Nitrogen leaching and grey water footprint affected by nitrogen fertilization rate in maize production: a case study of Southwest China. Journal of the Science of Food and Agriculture, 101 (14): 6064-6073.

Ye T, Zong S, Kleidon A, et al. 2019. Impacts of climate warming, cultivar shifts, and phenological dates on rice growth period length in China after correction for seasonal shift effects. Climatic Change, 155 (1): 127-143.

Yi J H, Xing L N, Wang G G, et al. 2020. Behavior of crossover operators in NSGA- III for large- scale optimization problems. Information Sciences, 509: 470-487.

Yin Y, Wang Z, Tian X, et al. 2022. Evaluation of variation in background nitrous oxide emissions: A new global synthesis integrating the impacts of climate, soil, and management conditions. Global Change Biology, 28 (2): 480-492.

Yin Y, Ying H, Xue Y, et al. 2019. Calculating socially optimal nitrogen (N) fertilization rates for sustainable N management in China. Science of the Total Environment, 688: 1162-1171.

You L Z, Wood S, Wood- Sichra U, et al. 2014. Generating global crop distribution maps: From census to grid. Agricultural Systems, 127: 53-60.

Yu Q Y, You L Z, Wood- Sichra U, et al. 2020. A cultivated planet in 2010- Part 2: The global gridded agricultural- production maps. Earth System Science Data, 12: 3545-3572.

Yu W S, Cao L J. 2015. China's meat and grain imports during 2000-2012 and beyond: A comparative perspective. Journal of Integrative Agriculture, 14 (6): 1101-1114.

Zarch M A A, Sivakumar B, Sharma A. 2015. Droughts in a warming climate: A global assessment of Standardized precipitation index (SPI) and Reconnaissance drought index (RDI) . Journal of Hydrology, 526: 183-195.

Zhang H, Tao F, Xiao D, et al. 2016a. Contributions of climate, varieties, and agronomic management to rice yield change in the past three decades in China. Frontiers in Earth Science, 10: 315-327.

Zhang H, Tao F, Zhou G. 2019. Potential yields, yield gaps, and optimal agronomic management practices for rice production systems in different regions of China. Agricultural Systems, 171, 100-112.

Zhang L L, Zhang Z, Luo Y C, et al. 2021. Integrating satellite-derived climatic and vegetation indices to predict smallholder maize yield using deep learning. Agricultural and Forest Meteorology, 311: 108666.

Zhang L L, Zhang Z, Tao F F, et. al. , 2021a. Planning maize hybrids adaptation to future climate change by integrating crop modelling with machine learning. Environmental Research Letters, 16: 124043.

Zhang L, Zhang Z, Tao F, et al. 2022a. Adapting to climate change precisely through cultivars renewal for rice production across China: When, where, and what cultivars will be required? Agricultural and Forest Meteorology, 316: 108856.

Zhang L L, Zhang Z, Zhang J, et. al. 2022b. Response of rice phenology to climate warming weakened across

China during 1981-2018: did climatic or anthropogenic factors play a role? Environmental Research Letters, 17: 064029.

Zhang L, Zhang Z, Chen Y, et al. 2018. Exposure, vulnerability, and adaptation of major maize-growing areas to extreme temperature. Natural Hazards, 91 (3): 1257-1272.

Zhang L, Zhang Z, Luo Y, et al. 2020. Optimizing genotype-environment-management interactions for maize farmers to adapt to climate change in different agro-ecological zones across China. Science of the Total Environment, 728: 138614.

Zhang T, Tan Q, Zhang S, et al. 2020. A robust multi-objective model for supporting agricultural water management with uncertain preferences. Journal of Cleaner Production, 255: 120204.

Zhang Q, Li T, Yin Y, et al. 2021. Targeting Hotspots to Achieve Sustainable Nitrogen Management in China's Smallholder-Dominated Cereal Production. Agronomy, 11 (3): 557.

Zhang S, Tao F, Zhang Z. 2014. Rice reproductive growth duration increased despite of negative impacts of climate warming across China during 1981-2009. European Journal of Agronomy, 54: 70-83.

Zhang T, Yang X, Wang H, et al. 2014. Climatic and technological ceilings for Chinese rice stagnation based on yield gaps and yield trend pattern analysis. Global Change Biology, 20 (4): 1289-1298.

Zhang W, Cao G, Li X, et al. 2016. Closing yield gaps in China by empowering smallholder farmers. Nature, 537 (7622): 671-674.

Zhang X, Davidson E A, Mauzerall D L, et al. 2015. Managing nitrogen for sustainable development. Nature, 528 (7580): 51-59.

Zhang Y, Zhao Y, Wang C, et al. 2017. Using statistical model to simulate the impact of climate change on maize yield with climate and crop uncertainties. Theoretical and Applied Climatology, 130 (3): 1065-1071.

Zhang Z, Song X, Tao F, et al. 2016. Climate trends and crop production in China at county scale, 1980 to 2008. Theoretical and Applied Climatology, 123 (1-2): 291-302.

Zhao C, Liu B, Piao S, et al. 2017. Temperature increase reduces global yields of major crops in four independent estimates. Proceedings of the National Academy of Sciences, 114 (35): 9326-9331.

Zhao C, Piao S, Wang X, et al. 2016. Plausible rice yield losses under future climate warming. Nature Plants, 3 (1): 1-5.

Zhao J, Yang X, Liu Z, et al. 2020. Greater maize yield improvements in low/unstable yield zones through recommended nutrient and water inputs in the main cropping regions, China. Agricultural Water Management, 232: 106018.

Zhao J, Yang X, Sun S. 2018. Constraints on maize yield and yield stability in the main cropping regions in China. European Journal of Agronomy, 99: 106-115.

Zhao Z, Qin X, Wang E, et al. 2015. Modelling to increase the eco-efficiency of a wheat-maize double cropping system. Agriculture, Ecosystems & Environment, 210: 36-46.

Zou H, Fan J, Zhang F, et al. 2020. Optimization of drip irrigation and fertilization regimes for high grain yield, crop water productivity and economic benefits of spring maize in Northwest China. Agricultural Water Management, 230: 105986.

后 记

本书紧紧围绕气候变化对农业生产的影响及应对这一重大命题，针对当前作物物候对气候变化的响应和适应机制尚不太清晰、产量限制的关键因子仍未明确、可持续性粮食生产的潜力还未明了、气候变化适应性措施不够精准四个关键科学问题，基于大量的田间实验数据，长时间、高密度的农气和气象观测数据，精细订正的区域气候模式数据和高分辨率玉米种植面积，结合统计方法、机理模型、多目标优化算法和机器学习，系统研究了气候变化对我国三大粮食作物生产过程和产量的影响，厘清了物候和产量的时空动态，甄别了关键影响因子，综合产量、资源和环境目标优化了水肥管理，并评估了现有品种未来适应性水平，回答了未来气候变化情景下何时、何地需要何种性状的品种，并尝试设计了最新气候情景下水稻热害保险产品，评价了社会效益。

本研究抓住了气候变化对农业生产影响亟须解决的关键科学问题，综合了多方可得的高质量数据，制定了针对性的研究方案，全面系统地研究了气候变化对我国玉米生产的影响并给出了丰产减排、趋利避害的应对策略，创新点主要体现在以下 4 个方面。

1）基于目前时间序列最长、站点最密的物候观测数据，解析了 20 世纪 80 年代以来玉米物候对气候变化的响应和适应，提供了作物物候对气候变化敏感性下降的观测证据，揭示了昼夜增温的不对称影响及人为因素的作用超过了气候变暖，加深了对气候变化影响的理解，研究结果为品种培育、区域农业生产应对气候变暖提供了重要参考。

2）基于四大主产区 24 个代表性品种的田间实验数据和上百个站点的实际水肥管理数据，剖析了气候变化对玉米产量的影响，在全国尺度上量化了品种和水肥导致的产量差，明晰了限制产量提升的关键因子，揭示了品种对提升作物产量、适应气候变化的重要性。

3）首次构建了国内“作物模型-多目标优化”系统，在权衡产量、资源和环境多标准的基础上优化了全国玉米水肥管理，明确了优化潜力，识别了减排热点，给出了区域水肥控制量并评估了社会环境效益，为区域可持续管理提供了科学依据，为农业生产与资源环境协同发展提供了实现途径。

4）耦合作物模型和机器学习发展了一种多尺度混合建模框架，完成了多情景、多品种气候变化影响评估，首次回答了现有玉米品种能否应对气候变化？如果不能，何时何地需要更换品种？以及怎样的品种有望适应未来气候条件？为精准应对气候变化提供了新的思路和方法，对加速作物育种、保障我国乃至全球粮食安全具有重要的现实意义。

本书虽然从科学问题、数据资料、技术方法等方面提升和完善了气候变化影响和适应研究，也取得了一些新的进展和成果，但受限于研究时间、数据和个人能力，研究仍然存在一些不确定性和需要改进的地方，主要体现在以下三方面。

1）数据的不确定性：本研究收集了全国 272 个站点近 40 年农业气象观测数据，但由于站点分布并不均匀，且在剔除一些异常值之后，部分区域的观测站较少（主要是西北和西南玉米区），区域比对存在一定的不确定性。另外，生态联网实验主要在玉米种植带进行，西北玉米区品种试验不足。第 4 章用农业气象站数据弥补了数据缺失，但是专家实验和大田观测的品种和栽培管理水平存在一定的差异，为结果引入了一定的不确定性。此外，东北三省和西南地区的玉米通常被认为是雨养的，农业气象站水肥纪录较少，但在实际生产中农民为了保障产量尤其在遭遇干旱和热害的情况下仍然会实施灌溉。为了全面把握可持续管理潜力，本书根据各省农业灌溉用水定额设定了灌溉上限，可能高估或低估了上述两个区域的优化潜力。

2）方法的不确定性：本研究虽然改进了每个问题的研究方案，结合统计分析和作物生理学原理、作物模型和多目标优化算法，过程模型和机器学习突破了单一研究方法的局限，但是同一类型不同方法的原理存在一定的差异。多方法、多模型集合研究有助于提升结果的稳健性。例如，第 6 章基于 CERES-Maize 模型的多情景模拟训练 RF 和 XGBoost 构建混合评估模型，虽然代理模型的精度较高，结果也可验证、可解释。但是不同的机理模型对作物生长过程的刻画各有侧重，不同机器学习对问题的解决能力也有所不同，后续研究可耦合多种作物模型和机器学习算法构建混合模型集合，降低评估结果的不确定性。此外，对于遗传算法，理论上运行次数越多、样本量越大，结果更稳健。由于本研究在全国尺度上开展近百个站点长达 38 年的多目标优化，为降低计算成本而限制了优化次数。后续研究可在高性能计算平台如计算机集群上搭建优化系统，提高大尺度研究的运算效率和结果的鲁棒性。

3）研究成果的落地：本研究构建的“作物模型-多目标优化”系统和“作物模型-机器学习”混合建模框架有望为应对粮食安全、气候变化和环境退化的三重挑战提供解决途径，但是将其应用到实际生产仍存在重重困难。一方面，这两项技术需要具有作物模型模拟和编程能力的研究人员，操作存在一定的门槛，实施成本较高。另一方面，我国是典型的小农农业生产系统，农民文化水平普遍较低，接受新事物的能力有限，而且可持续的生产方式存在减产风险，大范围推广面临较大的挑战。总而言之，我国实现农业与资源环境协同发展、粮食生产自给自足任重道远，需要持久的、全社会的共同努力。